世界一
わかりやすい
ネットワーク
の授業

網野衛二 著
EIJI AMINO

3分間 DNS 基礎講座

[Domain Name System]

技術評論社

はじめに

　早いもので、「3分間〜基礎講座」という、TCP/IP技術を説明するこのシリーズも3冊目となりました。

　1冊目の「3分間ネットワーク基礎講座」ではTCP/IPネットワークの基礎的な部分を、2冊目の「3分間ルーティング基礎講座」ではネットワークのバックボーンとなる部分の説明をしてきました。これら2冊では、現在の生活にすっかり定着した「インターネット」を構成している技術、特に基本・基盤となる技術を説明してきました。

　今回は、「3分間DNS基礎講座」と題して、インターネットで使用されているサービスである「名前解決」「リモートログイン」「ファイル転送」の3つに着目して説明しています。これら3つのサービスは、現在のインターネットではあまり目立つサービスではありませんが、インターネットでのサービスの基礎として、またなくてはならないサービスとして存在しています。

　特に、「名前解決」サービス、そしてそれを実現するDNSは、みなさんのすぐそばで「URL」として使用されているわりには、今一つその動作や内容が知られていないことも事実です。「使われているけれど、どうやって動いているかわからない」ものの典型といっても過言ではないでしょう。そして、DNSはインターネットのインフラストラクチャーとして最重要なものであることも事実です。

　本書ではインターネットで最重要なDNSを中心として、TELNET、FTPについて説明しています。それにより「ネットワークエンジニア」と呼ばれるネットワーク専門のプロフェッショナルになる方々だけでなく、「インターネットがどうやって動いているのか」という疑問に持つ方々にも役に立つ内容となっています。

　本書の特徴は、先生役である「博士」と、ネットワークについて素人である「助手」の対話形式であるという点です。特に「助手」がよくある疑問点や不思議に思う点について質問することにより、難しく思われるところやわかりにくいところを明確にし、豊富なイラストやわかりやすい解説で解きほどいてくれます。

　本書によりネットワークをより深く知ることができ、「ネットワークが楽しい」と思っていただければ幸いです。

2009年5月　網野 衛二

登場人物紹介

インター博士（通称：博士）
某所の某大学にて、情報処理技術を教える博士。専門はネットワーク。
たった1人しかいないゼミ生であるネット君をこきつかう。
わかりやすい授業を行うが、毒舌家で、黒板に大量に書く授業をするため、評判が悪い。

ネット助手（通称：ネット君）
インター博士のただ1人のゼミ生。ネットワークについては全くの素人。
インター博士のゼミに入ったのは、評判の悪い博士から知識を奪い取り、いずれ取って代わろうという策略から。

おねーさん
博士の娘で、父と2人暮らしをしている高校生。名前は「絵美」。
幼い頃から父のウンチクを聞く羽目になってしまうという不幸な少女時代を送ったせいで、ネットワークに妙に詳しい。
家事全般得意で、明るくて元気だけど、親譲りの毒舌家。

目次

1章　TCP/IPによるデータ転送の基本　9

- **第1回　TCP/IPとアプリケーションプロコトル**……………10
  - TCP/IP
  - カプセル化
- **第2回　IPの役割**……………16
  - IPの役割
  - IPアドレスの基本
- **第3回　IPアドレス**……………22
  - プレフィックス長
  - プライベートとグローバル
- **第4回　ポート番号**……………28
  - アプリケーションの識別と多重化
  - ポート番号の選択
- **第5回　TCPの役割**……………34
  - TCPヘッダと機能
  - コネクションと確認応答
- **第6回　TCPの利点**……………40
  - ウィンドウ制御とフロー制御
  - TCPを使う利点
- **第7回　UDP**……………46
  - TCPの欠点とUDP
  - UDPを使うアプリケーション
- **第8回　クライアント・サーバシステム**……………52
  - サービス
  - クライアント・サーバシステム

　　補講①……………58

2章　ドメインネーム　　59

第9回　名前解決 60
宛先の特定
名前解決

第10回　名前解決の歴史 66
ドメイン名を使う利点
Hosts

第11回　ドメイン名前空間 72
ドメイン名を管理する

第12回　レジストリとレジストラ 78
ドメイン名の管理組織
ドメイン名の登録

第13回　ドメイン名の構造 84
TLDとSLD
FQDN

補講② 90

3章　DNSの構造　　91

第14回　ネームサーバとゾーン 92
ドメイン名の管理
ゾーンとオーソリティ

第15回　リソースレコード 98
ゾーン情報の中身
リソースレコードの中身

第16回　AレコードとCNAMEレコード 104
問い合わせとAレコード
CNAMEレコード

第17回　NSレコードと権限委譲 110
NSレコード
サブドメインと権限委譲

第18回　MXレコード 116
メールアドレスとメールボックス
MXレコードの記述

第19回 **ネームサーバの配置** 122
　　　　ゾーンファイル
　　　　ネームサーバの配置
　　🌸 **補講③** 128

4章　DNSの動作　　129

第20回 **スタブリゾルバ** 130
　　　　スタブリゾルバ
　　　　スタブリゾルバの動作
第21回 **フルサービスリゾルバ** 136
　　　　フルサービスリゾルバとコンテンツサーバ
　　　　フォワーダとスレーブ
第22回 **ルートサーバ** 142
　　　　ルートサーバとコンテンツサーバ
　　　　ルートサーバの検索と利用
第23回 **DNS問い合わせ** 148
　　　　問い合わせの種類
　　　　DNSメッセージ
第24回 **DNSメッセージ・1** 154
　　　　DNSヘッダ
　　　　質問セクション
第25回 **DNSメッセージ・2** 160
　　　　回答セクション
　　　　DNSメッセージのやり取り
第26回 **SOAレコード** 166
　　　　ネームサーバの冗長性
　　　　SOAレコード
第27回 **ゾーン転送** 172
　　　　ゾーン転送とサーバ
　　　　ゾーン転送の動作
第28回 **動的更新** 178
　　　　ゾーンの静的な変更
　　　　DNS Dynamic Update

第29回	**Notifyと差分**	184
	Notifyを使ったゾーン転送	
	差分ゾーン転送	
第30回	**ゾーン情報のセキュリティ**	190
	セキュリティの問題点	
	TSIG	
第31回	**逆引き**	196
	逆引きのドメイン名	
	逆引き問い合わせ	
第32回	**nslookup**	202
	DNSの問い合わせの確認	
	nslookupを使った問い合わせ	
第33回	**nslookup（詳細デバックモード）**	208
	nslookup（詳細デバックモード）	
	DNS・まとめ	
	🍵 補講④	214

5章　アプリケーションの基礎 TELNET 215

第34回	**リモートログイン**	216
	TELNETと端末	
	仮想端末	
第35回	**TELNETの基礎**	222
	ネットワーク仮想端末	
	TELNETのやり取り	
第36回	**TELNETの制御**	228
	NVT制御文字	
	TELNET制御コマンド	
第37回	**TELNETオプション**	234
	オプション交渉	
	TELNETオプション	
	🍵 補講⑤	240

6章 ファイル転送 FTP　　　241

第38回 ファイル転送 242
　　リモートログインとファイル転送
　　ファイル転送プロトコル
第39回 FTPの構造 248
　　FTPの構造
　　PIとDTP
第40回 コマンドとレスポンス 254
　　コマンドとレスポンス
　　ログイン・ログアウト
第41回 データコネクションの確立 260
　　データコネクションの確立
　　パッシブオープン
第42回 データタイプとデータ転送 266
　　データタイプ
　　データ転送
第43回 ファイル転送の動作 272
　　ディレクトリ操作
　　FTPの動作
ネット君のまとめノート 278
索引 284

注意事項　　　※ご購入・ご利用の前に必ずお読みください

本書に記載された内容は、情報の提供のみを目的としています。したがって、本書を用いた運用は、必ずお客様自身の責任と判断によって行ってください。これらの情報の運用の結果、いかなる障害が発生しても、技術評論社および著者はいかなる責任も負いません。

本書記載の情報は、2009年6月現在のものを掲載しております。ご利用時には、変更されている可能性があります。あらかじめご了承ください。

本書は著作権法上の保護を受けています。本書の一部あるいは全部について、いかなる方法においても無断で複写、複製することは禁じられています。

以上の注意事項をご承諾いただいた上で、本書をご利用願います。これらの注意事項に関わる理由に基づく、返金、返本を含む、あらゆる対処を、技術評論社および著者は行いません。あらかじめ、ご承知おきください。

1章
TCP／IPによるデータ転送の基本

第1回 TCP/IPとアプリケーションプロトコル

●TCP/IP

 3分間DNS基礎講座!!

 どんどんどん♪

 さて、今回の講座はネットワークで使われるアプリケーションのプロトコルについてわかりやすく説明する講座だ。これでネット君をちょっとはましなネットワークエンジニアに育成するのが目的だ。

 育成って、あーなんかまっとうな言葉ですね。

 ま、そろそろな。ともかくだ、今回まず最初に話しておくべきことは、アプリケーションのプロトコルのための予備知識、ネットワークではどのようにしてデータを送っているか、という話からだ。

 ははぁ、ホントに基礎から説明するのですね。

 うむ。「急いては人を制す」というからな。

 「急いては事を仕損じる」と「先んずれば人を制す」が混ざってますよ。っていうか、それは単に「急げ」って言ってるだけのような。

 ゴホン。で、今回の講座の主役はアプリケーションのプロトコルで、その話ばかりになってしまう。なので、それを知る前にまず基本を思い出してほしいわけだ。

第1回 TCP／IPとアプリケーションプロトコル

図1-1　ネットワークモデル

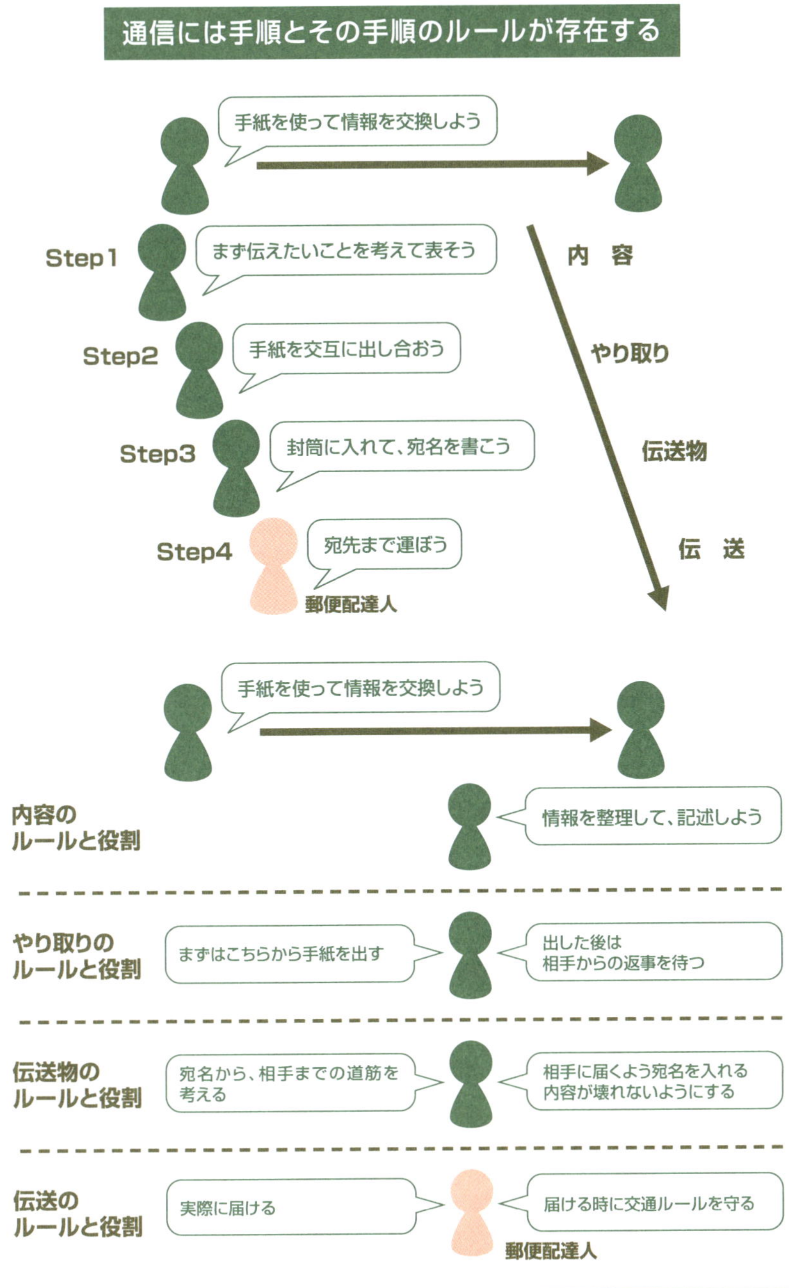

通信には手順とその手順のルールが存在する

Step1：まず伝えたいことを考えて表そう　→　内　容

Step2：手紙を交互に出し合おう　→　やり取り

Step3：封筒に入れて、宛名を書こう　→　伝送物

Step4：宛先まで運ぼう（郵便配達人）　→　伝　送

「手紙を使って情報を交換しよう」

内容のルールと役割：情報を整理して、記述しよう

やり取りのルールと役割：まずはこちらから手紙を出す／出した後は相手からの返事を待つ

伝送物のルールと役割：宛名から、相手までの道筋を考える／相手に届くよう宛名を入れる　内容が壊れないようにする

伝送のルールと役割：実際に届ける／届ける時に交通ルールを守る（郵便配達人）

🐱 基本、ですか。どこらへんからですかね。

🎓 ネットワークモデルの話からいこう。ネットワークによる通信は、簡単に言えば「内容」「やり取り」「伝送物」「伝送」という段階から成り立っている。

🐱 あー、そこらへんは前著「3分間ネットワーク基礎講座」に詳しいですよね。

🎓 露骨な宣伝ありがとう。で、それぞれの段階にはルールが存在する。手紙に例えるとこうだな。(図1-1)

🐱 よく見かける図ですね、これ。博士って手紙に例えるのが好きですよね。

🎓 そうかもしれん。やはり手紙も通信の一つだからな。データ通信を説明するには使いやすいのだよ。ともかく、**手順を順番にこなし、手順のルールを守る**。これにより通信が可能になるわけだ。

🐱 手順をすっとばしたり、手順のルールをいい加減にしたらダメってことですね。

🎓 そういうことだな。それで、この「手順のルール」が「プロトコル」だ。現在の事実上の標準（デファクトスタンダード）は**TCP／IP**だ。

🐱 事実上の標準って、特に決められているわけではないけれど、みんなが使っているので標準になっている、って意味でしたよね。

🎓 うむ。そして、TCP／IPは手順ごとのプロトコルの集合体、**プロトコル群**(*1) だ。その代表格であるTCP、IPの2つのプロトコルから「TCP／IPプロトコル群」と呼ばれている。(図1-2)

🐱 図の最上位にあるのが、今回の講座の主役ですよね。DNSとかFTPとか。

(*1) プロトコル群 [Protocol Suite]　TCP／IPプロトコル群は、その中核であるTCP [Transmission Control Protocol] とIP [Internet Protocol] からその名がついている。

第1回　TCP/IPとアプリケーションプロトコル

図1-2　TCP/IPプロトコル群

手順ごとに存在するプロトコルの集合体

手順	プロトコル			
内容・やり取り （アプリケーションの プロトコル）	HTTP　FTP TELNET SMTP　POP　IMAP		DNS	SNMP　NTP
伝送物 （TCP/IPの中核）	TCP			UDP
	IP			
伝送 （LAN・WANの技術）	イーサネット・PPPなど			

そうだ。DNSやFTPを使うためには、それより下位のTCPやUDP、IPが使われる、ということをわかってほしい。データ転送を行うには、複数の手順を踏む必要があり、その手順ごとにプロトコルがあるのだ。

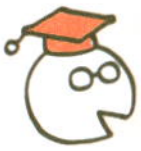

どれか1つのプロトコルだけでなく、いくつものプロトコルによって「データをネットワークで送る」ことが可能になるってことですね。

いいぞ、ネット君。その通りだ。確かに今回の講座の主役は上位のプロトコルだが、まずその前に下位のことも知っておかなければならない。そうでないと「あれーじゃあ実際どうやって届いているんだろ？」とか言い出しかねないからな。

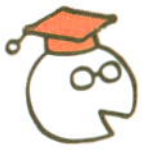

誰がですか？

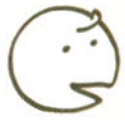

それは言うまでもないな。

●カプセル化

 さて、あと話しておかなければならないものとしては、**カプセル化**があるな。

 カプセル化ってあれでしたよね、データを追加していく。

 そうだ。送りたい中身のデータに加えて、**通信を行うためには制御データ**が必要になる。この制御データを**付加していくことをカプセル化**という。これはプロトコルごとに行われるから？

行われるから？　通信には複数のプロトコルが使われるから、いくつも制御データがくっつくってことですか？

 そうだ。この制御データを**ヘッダ**と呼ぶが、元のデータにヘッダがいくつもつくことになる。これがカプセルでつつむようなので、カプセル化と呼ばれる。(図1-3)

図1-3　カプセル化

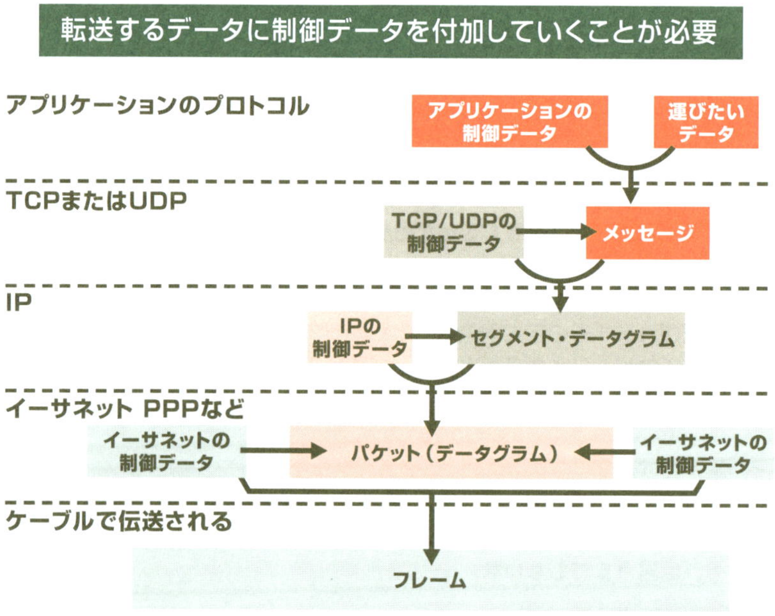

転送するデータに制御データを付加していくことが必要

アプリケーションのプロトコル	アプリケーションの制御データ → 運びたいデータ
TCPまたはUDP	TCP/UDPの制御データ → メッセージ
IP	IPの制御データ → セグメント・データグラム
イーサネット PPPなど	イーサネットの制御データ → パケット(データグラム) ← イーサネットの制御データ
ケーブルで伝送される	フレーム

第1回 TCP／IPとアプリケーションプロトコル

なるほどなるほど。このヘッダには何が書かれているんですか？

通信の制御に必要なデータ、アドレスなどだ。この**ヘッダを見ればそのプロトコルがどのような制御を行なっているかわかる**ので、とても大事だ。

どのような制御をしているか知りたければヘッダを見ろ、ってことですね。

そういうことだ。では今回はここまでとしよう。

あいあい。3分間DNS基礎講座でした〜♪

(ネット君の今日のポイント)

- ●アプリケーションのプロトコルを学ぶ基礎として下位のプロトコルを学ぼう。
- ●通信では段階に応じて、複数のプロトコルを使用する。
- ●プロトコルごとに必要なヘッダを追加していくことをカプセル化と呼ぶ。
- ●ヘッダには、そのプロトコルで行われる制御に必要なデータが書かれている。

○月○日
曇
ネット君

第2回

IPの役割

○月○日 日直△△

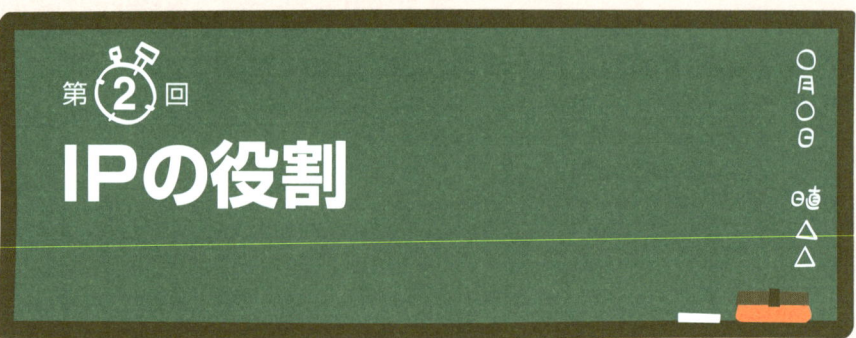

●IPの役割

さてさて、まず最初に話すべきことはIP（Internet Protocol）だな。TCP／IPの名前からもわかる通り、TCP／IPプロトコルの中核の1つだ。

「の1つ」ってことは、他にもあるんですか？

ネット君、TCP／IPの中核の1つがIPなんだから、もう1つはTCPに決まっているだろう。いつも言っている通り、もう少し考えたまえ。

はぅっ。と、ともかく、IPは何をするプロトコルなんですか？

IPは宛先の機器までデータを届ける役割を担う。いや、これは曖昧な表現だな。正確には**宛先の位置の特定とそこまでの経路の決定**を担う。

位置の特定と、経路の決定？　データを送る先を決めるのと、そこまでの道筋を決めるってことですか？

その通り。位置の特定とは、すなわちアドレスのことだ。IPなので**IPアドレス**と呼ばれる。それと、経路の決定とは、すなわち**ルーティング（*1）**のことだ。

宛先、住所であるIPアドレスと、道筋（ルート）の決定のルーティング、ですね。

IPヘッダを見ると、ルーティングとアドレスに関係する項目があることがわかる。（図2-1）

図2-1 IPヘッダ

アドレスとルーティングで使用する値が含まれている

IPデータグラム（IPパケット）と呼ぶ

IPヘッダ	ペイロード（TCPセグメント/UDPデータグラムなどが入る）
160ビット+α（オプション）	64キロビット

上から順に並んでいる

	名前	ビット	説明
1	バージョン	4	IPのバージョン
2	ヘッダ長	4	IPヘッダの長さ
3	サービスタイプ	8	データグラムの優先度/重要度
4	データ長	16	IPヘッダとペイロードを合わせた長さ
5	ID	16	データグラムの識別番号
6	フラグ	3	データグラムを分割しているかどうかの判別
7	フラグメントオフセット	13	分割した場合、元に戻す際に使う
8	TTL	8	ルーティングで使用されるデータグラムの生存時間
9	プロトコル	8	上位プロトコルの指定
10	ヘッダチェックサム	16	IPヘッダのエラーチェック用コード
11	送信元IPアドレス	32	送信元の論理アドレス
12	宛先IPアドレス	32	宛先の論理アドレス
(13)	オプション	n	特別な設定をする際に使うなくてもよい

(*1) ルーティング【Routing】 決定される経路はパス（Path）もしくはルート（Route）と呼ばれる。

確かに、IPアドレスっていう項目がありますね。TTLとかもそうですか。

そうだ。ここでのポイントは、アドレスとルーティングによってIPがデータの転送を担う。つまり、**アプリケーションのプロトコルはデータ転送について考える必要はない**ということだ。

そうなんですか？　でも、データを運ばないと困りませんか？

だから、その役割はIPの役割なのだ。いいか、ネット君。手紙で考えると、手紙の中味を決めるのがアプリケーション、手紙を運ぶのがIPだ。役割が違うのだよ。

あー、そういえばそうでしたね。つまり、アプリケーションのプロトコルはデータの中味を考えて、それを運ぶのがIPの役割だから、アプリケーションのプロトコルはそのことを考える必要がないってことですね。

そういうことだ。たまに混ざっている人がいるから注意するように。ではIPの役割を順番に見ていこう。まずルーティング。これをしっかり説明すると本1冊分の分量になってしまうから、必要なところだけいこう。

詳しく知りたい場合は前著「3分間ルーティング基礎講座」で学ぶといいですよね。

またも露骨な宣伝をありがとう。ともかく、だ。宛先までの経路を決める必要がある。そうしないと、どこをどう通って届けていいかわからないからだ。これを決めるのが、ネットワークをつなぐ機器、**ルータ**だ。

コンピュータが決めないんですか？

コンピュータが決めてもいいが、通常コンピュータは自分のいるネットワークの出入り口になる機器、ルータだが、そこまでの経路を知るだけだ。ネットワークの出入り口にあるルータが他のネットワークへの経路を判断して、データを送りだすわけだ。(図2-2)

ルータは経路情報を持っていて、次にどこへ送れば宛先まで届くか知っている、ってことですか。

第2回　IPの役割

図2-2　ルーティング

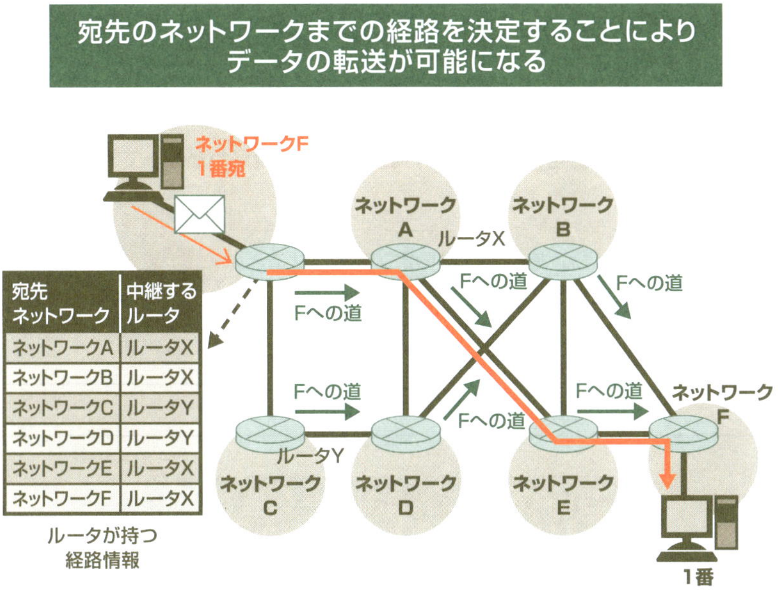

宛先のネットワークまでの経路を決定することによりデータの転送が可能になる

ルータが持つ経路情報

宛先 ネットワーク	中継する ルータ
ネットワークA	ルータX
ネットワークB	ルータX
ネットワークC	ルータY
ネットワークD	ルータY
ネットワークE	ルータX
ネットワークF	ルータX

 そうだ。そして次のルータはさらに次にどこへ送ればいいか知っており、さらにその次のルータは…、という形で宛先までの「経路」が作られるわけだな。

●IPアドレスの基本

 さて、もう1つがアドレス、IPアドレスだったな。今回の講座は「DNS基礎講座」と名前にある通り、DNSがメインだ。DNSとIPアドレスは深い関係にあるから、IPアドレスについてはしっかり理解したまえ。

 どういう関係なんですか？

 それはDNSの解説の時にわかる。今のところは「**DNSを理解したかったらIPアドレスを理解しなければいけない**」と思っておけばいい。
さて、IPアドレスだが、これはIPのバージョンによって違いがある。今回は、現在の主流であるIPバージョン4（IPv4）についての説明を行う。

他のバージョンもあるんですか？

ある。IPバージョン6（**IPv6**）**(*2)** だな。それはともかくとして、IPアドレスは2つのフィールドから成り立っている。所属するネットワークを示す「ネットワーク部」と、機器を示す「ホスト部」だ。

自分の居場所と自分の番号ですね。それで位置がわかるって寸法ですね。

そういうことだ。そして、この2つを合わせると**32ビット**になる。これを記述するときは、8ビット（**オクテット**）**(*3)** ごとに区切りを入れて、それぞれを10進数で表記したものを使う。**(図2-3)**

図2-3　IPアドレス

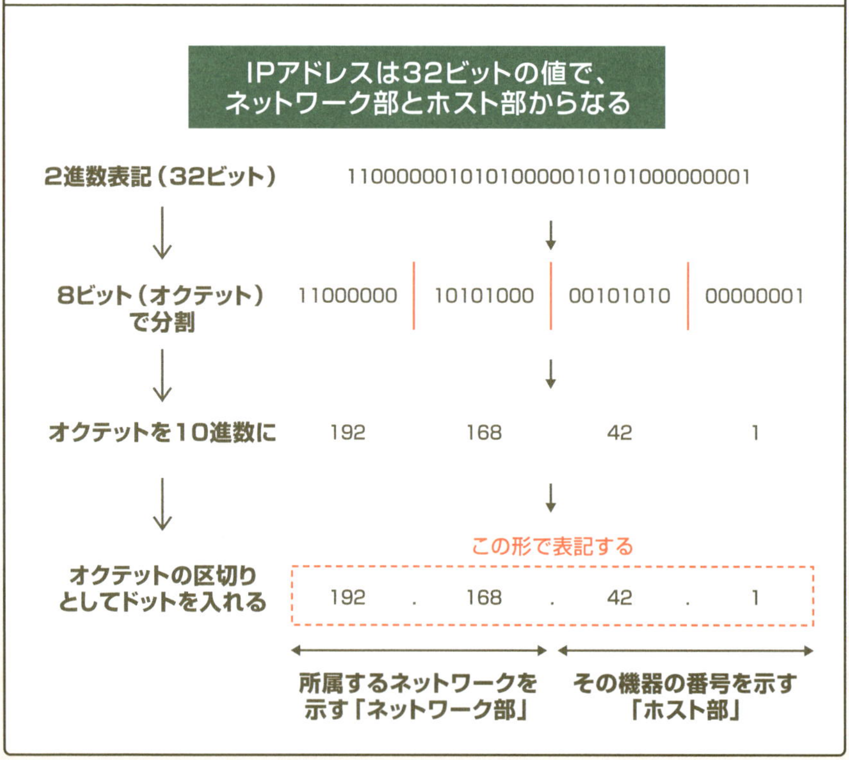

IPアドレスは32ビットの値で、ネットワーク部とホスト部からなる

2進数表記（32ビット）	11000000101010000010101000000001		
8ビット（オクテット）で分割	11000000 | 10101000 | 00101010 | 00000001		
オクテットを10進数に	192　168　42　1		
オクテットの区切りとしてドットを入れる	192 . 168 . 42 . 1 （この形で表記する）		

所属するネットワークを示す「ネットワーク部」 ／ その機器の番号を示す「ホスト部」

(*2) IPv6　現在普及が進んでいるIPの次期バージョン。IPv6ではIPアドレスが128ビットに拡張され、その他にも改良がされている。

第2回 IPの役割

ふむふむ。4つの数字をドットで区切って表記するんですね。で、それぞれの数字は8ビットだから、0〜255までの値が入るってことですか。

うむ。まずここではIPアドレスの意味と記述方法を理解してくれ。

ネットワークとホストの番号からなる32ビットで、4つの数字から成り立つ、ですね。

そういうことだ。では今回はここまでとしよう。

はい。3分間DNS基礎講座でした〜♪

(*3) オクテット【Octet】 8ビットの区切りのこと。一般的に8ビットの区切りはバイト（Byte）だが、通信ではバイト＝8ビットではない機器も存在するため、オクテットという言葉を使う。

ネット君の今日のポイント

- IPはアドレスとルーティングを担う。
- データの転送はIPの役割であり、アプリケーションのプロトコルはそれをIPに任せている。
- IPアドレスはネットワークとホストの番号からなる32ビットの値。

第3回 IPアドレス

●プレフィックス長

IPアドレスは、ネットワーク部とホスト部からなる32ビットの値で、これで機器の場所を特定して、ルーティングによって届ける。これがIPの役割だ。

です。

ではネット君、32ビットのどこまでがネットワーク部で、どこからがホスト部なのかね？

……16ビット目？ 真ん中だから。

まぁ、前回の図（P20参照）では確かにそうなっていたが、必ずしもそうではない。ホスト部のビット数が、そのネットワークに所有できるアドレス数を決める。1ビットだと0と1しかないが、2ビットなら0、1、2（10）、3（11）の4つあるからな。よって、大きいネットワークではネットワーク部が小さく、ホスト部が大きくなる。小さいネットワークではその逆だ。イメージは電話の市外局番だな。

東京は大きい都市で番号がいっぱい必要だから、市外局番2ケタですね。大きい都市は3桁。市町村だと4桁〜6桁。確かに市外局番の桁数はその都市の大きさと関係してますよね。

そういうことだ。IPアドレスも同じで、ネットワーク部のビット数がそのネットワークの大きさと関連している。さてネット君、さっきと同じ質問をしよう。32ビットのどこまでがネットワーク部で、どこからがホスト部なのかね？（図3-1）

図3-1 ネットワーク部とホスト部のビット数

ネットワーク部とホスト部のそれぞれのビット数は
ネットワークの大きさに関係する

10	0	1	1
00001010	00000000	00000000	00000001

← ネットワーク →←──── ホスト ────→

ネットワーク部8ビット
ホスト部24ビット
↓
約1600万個の
アドレスが利用可能

172	16	4	1
10101100	00010000	00000100	00000001

←──── ネットワーク ────→←── ホスト ──→

ネットワーク部16ビット
ホスト部16ビット
↓
約65,000個の
アドレスが利用可能

192	168	5	1
11000000	10101000	00000101	00000001

←──────── ネットワーク ────────→← ホスト →

ネットワーク部24ビット
ホスト部8ビット
↓
256個の
アドレスが利用可能

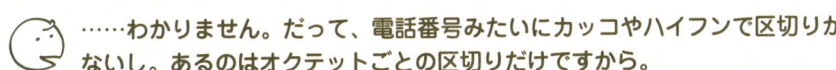

……わかりません。だって、電話番号みたいにカッコやハイフンで区切りがないし。あるのはオクテットごとの区切りだけですから。

そうだな。なので、**プレフィックス長**というものをIPアドレスに併記する。これは**ネットワーク部の長さを表している**。

あれ？ サブネットマスクってのも聞いたことがあるんですけど、それは？

細かく言うと意味が違うが、運用上では同じものとして扱われているな。サブネットマスクはネットワーク部のビットを1、ホスト部のビットを0にした32ビットの値だ。これをIPアドレスと一緒に併記する。**(図3-2)**

ふーん。どちらにしても、「ネットワーク部とホスト部の区別」をつけるためにあるものなんですね。

図3-2 プレフィックス長とサブネットマスク

ネットワーク部の長さを判別するために、
プレフィックス長またはサブネットマスクを記述する

IPアドレス 172.16.4.1でネットワーク部22ビットの場合

- プレフィックス長表記…172.16.4.1/22 ── IPアドレスの後ろにネットワーク部のビット数を記述
- サブネットマスク表記…IPアドレス 172.16.4.1
  サブネットマスク 255.255.252.0

172	16	4		1
10101100	00010000	000001	00	00000001
ネットワーク部				ホスト部

↓サブネットマスク

11111111	11111111	111111	00	00000000
255	255	252		0
ネットワーク部のビットは1				ホスト部のビットは0

そういうことだ。あぁ、あと**ネットワークそれ自体を表す場合、ホスト部のビットを0にして表す**ということを覚えておいてくれ。たとえば、10.0.0.0／8とかだな。これは10.0.0.0～10.255.255.255のアドレスを持つネットワーク、という意味だ。

ははぁ、「10.0.0.0～10.255.255.255のアドレスを持つ機器が集まっているネットワーク」っていうのは長いので「10.0.0.0／8」って書くわけですね。

うむ。これを**ネットワークアドレス**と呼ぶ。

(*1) ICANN〔Internet Corporation for Assigned Names and Numbers〕
読みは「アイキャン」。インターネットで使用されるIPアドレスなどの資源を管理する非営利団体。

●プライベートとグローバル

今回の講座のメインであるDNSは組織内でも使うが、むしろインターネットでの利用の方が多い。そこでインターネットで使われているIPアドレスについても話しておこう。まず、IPアドレスで大事なのは**同じIPアドレスを持つ機器があってはならない**という点だ。これはわかるな？

同じIPアドレスを持つ機器が2つあったら、どっちの機器を指すアドレスなのかわからないからですね。

そうだ。これが組織内なら、その組織の管理者が重複しないようにアドレスを割り振ればいい。じゃあ、インターネットなら？

そりゃインターネットの管理者が割り振るんじゃないですか？

そうだな。インターネットそのものを管理している団体は存在しないが、IPアドレスを管理する団体は存在する。**ICANN（*1）** と呼ばれる団体だ。ICANNはDNSでも登場するので覚えておいてくれ。

アイキャン。ここがIPアドレスを割り振るんですね。

そういうことだ。正確にはICANNに委託された下部組織が割り振るのだが、このICANNが割り振る、インターネットで使えるIPアドレスのことを**グローバルアドレス**と呼ぶ。

グローバル、世界的なアドレスってことですね。

そういうことだ。基本的にIPアドレスはICANNの持ち物で、それを「借りて」使っているというイメージでよい。このアドレスでなければインターネットでは使えない。管理されていないアドレスが入り込むと困るからだ。

好き勝手にアドレス決められて、重複したら困りますもんね。

うむ。一方で、特にインターネットとは関係なく、組織の中で自由にアドレスを使いたい場合がある。このような場合は、**プライベートアドレス**と呼ばれるIPアドレスを使う。ICANNが、組織で自由に使ってよい、として決めているアドレスだ。**RFC**1918で規定されている。**(*2)**

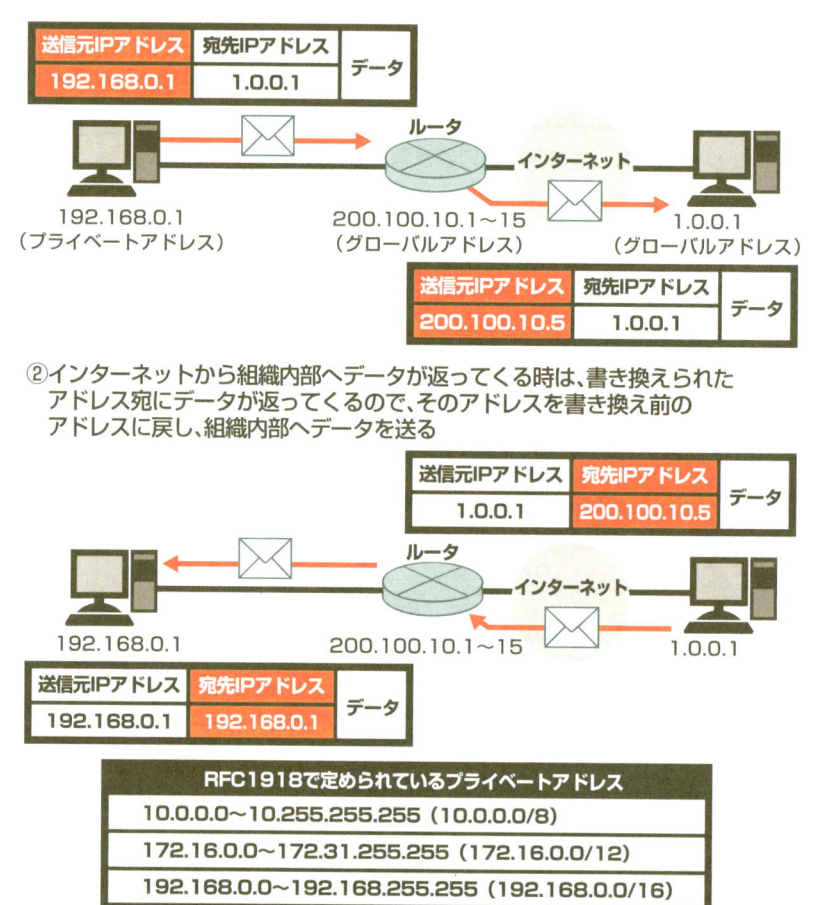

図3-3 NATとプライベートアドレス

(*2) RFC【Request For Comment】 インターネットの技術仕様を決める団体であるIETF【Internet Engineering Task Force】が発行する文書。事実上、これに書かれたものがインターネットでの標準となる。

(*3) NAT【Network Address Translation】

ははぁ、プライベート。私的に使えるIPアドレスですか。でも博士、今時インターネットに接続していない組織なんかないんじゃないですか？ だから、こんなプライベートアドレスなんてあっても無駄でしょ。インターネットにつなぐためのグローバルがないと。

確かにその通り。だが、プライベートアドレスは使われている。というか、普通、組織内ではプライベートアドレスを使って、インターネットにデータを送るときだけグローバルアドレスにする。**NATというしくみによってアドレスの変換を行う**のだ。(*3) (図3-3)

ふむふむー。内部ではプライベートのままで。インターネットに行くときだけそれをグローバルに変更。なるほどうまく考えてますね。

さて、IPアドレスについての基本的な事柄はこれぐらいだ。前にも話したが、IPアドレスはDNSと深い関連性があるので、きっちり理解しておくように。

了解ですよ、博士。完璧っす。

……いまいち信用できないのだが…。ま、よしとしよう。今回はここまで。

はいな。3分間DNS基礎講座でした～♪

ネット君の今日のポイント

- IPアドレスのネットワーク部とホスト部を区別するためにプレフィックス長を併記する。
- ホスト部がすべて0のアドレスは、ネットワークを示すネットワークアドレス。
- IPアドレスにはグローバルアドレスとプライベートアドレスがある。

○月○日 暗ネッド君

●アプリケーションの識別と多重化

🎓 さて、ネット君。データ転送というのは、ユーザがアプリケーションに指示をして、アプリケーションがデータを作って送る、だよな。

🐱 そうですね。Webページを見たいなら、ブラウザに「このページが見たい」って指示を出して、それをブラウザが実行するわけですよね。

🎓 まぁ、必ずしもユーザが指示しなくても、自動でアプリケーションがデータを送る場合もあるけどな。で、現在のコンピュータはマルチタスクのオペレーティングシステム（OS）だ。

🐱 マルチタスク？ 複数のタスク（仕事）を実行できるってことですよね。ブラウザ見ながら、メールも確認とか。

🎓 そういうことだ。つまり、通信機能を持つアプリケーションが複数同時に実行されているということになる。ではここで問題だ。コンピュータが受信したデータが、どのアプリケーションのものかどうやって識別するのだ？

🐱 ん、ん〜〜〜。データの中身、かな？

🎓 ふむ、悪くないが。ブラウザを2つ立ち上げていたらどうする？ どっちもWebページだぞ。こっちのブラウザで見ているページの次のページが、隣のブラウザで表示されたらおかしいだろう。

🐱 それは変ですよね。う〜〜〜ん。

第4回 ポート番号

図4-1 アプリケーションとポート番号

アプリケーションごとにポート番号がつけられ、データに宛先と送信元のポート番号がつけられることにより送受信するアプリケーションを識別する

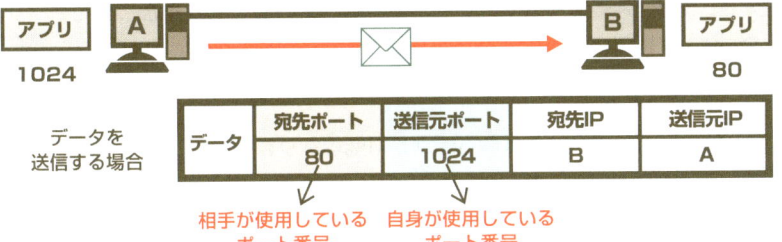

宛先のポート番号が異なるので、複数のデータを受け取ったとしても、データを渡すアプリケーションを明確に区別できる

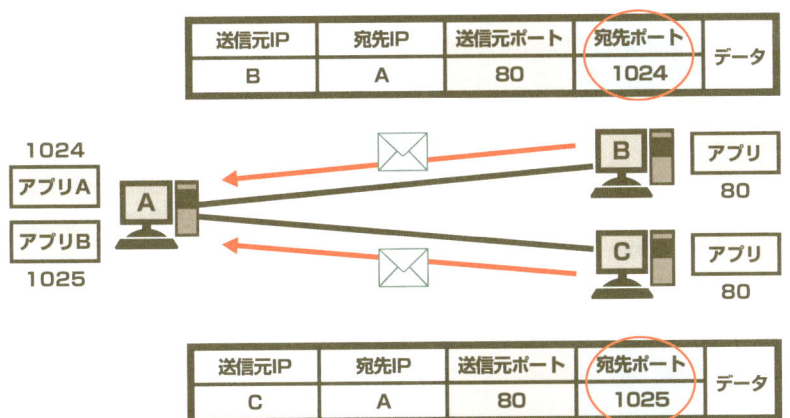

よって、**アプリケーションを識別する番号**が必要だ。これを**ポート番号**と呼ぶ。ポート番号はTCPまたはUDPヘッダに記載される**16ビットの値**だ。

16ビットってことは、0〜65535までですね。(*1)

そうだ。通信するアプリケーションは自分のポート番号と、宛先アプリケーションのポート番号を指定することにより、どのアプリケーションからどのアプリケーションに宛てたデータなのかを明記するわけだ。(図4-1)

なるほど。確かにこれなら識別が可能になりますね。

これにより、複数のアプリケーションが同時に通信しても、データが混ざったりしなくなるわけだ。これがないと、「通信できるアプリケーションは1つだけ」になってしまう。

そうか。通信するアプリケーションが1つだけしか使えないなら、届いたデータはそのアプリケーションのものということがわかるから識別なんていらないですよね。でも、今のOSはそうじゃない、と。

●ポート番号の選択

では、どのポート番号を使うか、という話だが。まず重要なことだが、**相手のアプリケーションのポート番号を知ることはできない。**

え？　ええ？　じゃあどうやってデータを送ればいいんですか？　相手のアプリケーションが使っているポート番号がわからないと、どこに送っていいかわからないじゃないですか。

まぁ、その疑問はもっともだ。なので方法は2つある。1つは、受信側アプリケーションが使用するポート番号を固定しておいて、送信側アプリケーションがそのポート番号を使うようにしておく方法だ。そうすればデータを送信する際に宛先のポート番号が確定する。

まぁ、確かに。事前にどのポート番号を使うか決めておけばいいわけですね。

(*1) 0〜65535まで　実際は0は予約済みで使えないので、1からになる。

第4回　ポート番号

もう1つは、**一般的に使われるアプリケーションは「お約束」のポート番号を使う**ようにする、ということだ。これを**Well-Knownポート**と呼ぶ。

お約束？　一般的に使われる？　どんなのですか？

ネットワークでよく使われるプロトコルだ。HTTP、DNS、TELNET、FTPなど。これらはよく使われていて、さらに不特定多数に提供するものだ。なので、お約束を決めておいてあるわけだな。**1～1023番**のポート番号は、このWell-Knownポートのために予約された番号だ。（**図4-2**）

ははぁ、たとえばHTTPを使う場合は80番、とかですね。

ただし、これはサーバアプリケーション側のポート番号、つまりデータを提供する側のポート番号が予約されているということだ。つまり、「不特定多数にWebページの閲覧を提供したい。でも自分のアプリケーションが使っているポート番号は教える手段がない」。だから？

図4-2　Well-Knownポート一覧

データを提供する側が一般的に使用するポート番号

ポート番号	アプリケーション	ポート番号	アプリケーション
20	FTPデータ	69	TFTP
21	FTPコントロール	80	HTTP
23	TELNET	110	POP3
25	SMTP	123	NTP
53	DNS	161	SNMPリクエスト
67	DHCPサーバ	162	SNMPトラップ
68	DHCPクライアント	443	HTTPS

「だから、お約束のWell-Knownの80番を使う」ですか？　確かにそうすれば、要求する側は宛先のポート番号をいちいち教えてもらわなくても、Well-Knownのポート番号に要求すればいいだけですよね。じゃあ要求する側は何番なんですか？

要求する側は、要求する際に自分のポート番号を教えるので、任意の番号でかまわない。Well-Knownで予約されていない、1024番以上を使う。

なるほど。要求する側は1024番以上の任意、提供する側は「お約束」ですね。

ただし、あくまでも「お約束」なので、必ずHTTPは80番で、という形で決まっているわけではない。その気になれば別の番号、たとえば8080番でもかまわない。だが、どうなる？

だけど、そうなった場合、要求する側が「8080番を使っている」ことを知らなきゃダメ、ですよね。

そう、お約束から外れた番号なので、相手はそれを知る方法がない。事前に教えておかなきゃダメなわけだな。**(図4-3)**
ただし、どのポート番号を使っているか知る方法がないから、教えてもらってない人は要求ができなくなる。

ですよね。

まぁ、その気になれば知る方法はあるんだけどな。ともかく、Well-Knownポートじゃなきゃダメってわけではない、ということは知っておきたまえ。たまに「HTTPは必ず80番！！」とかいう人もいるからな。

確かにWell-Knownポートだけ教えてもらうと、それが絶対って思っちゃう気持ちもわからないでもないなあ。

ポート番号についてはここまで。ではまた次回。

いぇっさー。3分間DNS基礎講座でした〜♪

図4-3　Well-Knownポートを変更した場合

Well-Knownポート番号以外で提供すると、それを通知しないと接続できない

Webサーバソフト（HTTPを使う）がWell-Knownポート番号をそのまま使用している場合、データを送る側は特にポート番号を教えてもらわなくても接続できる

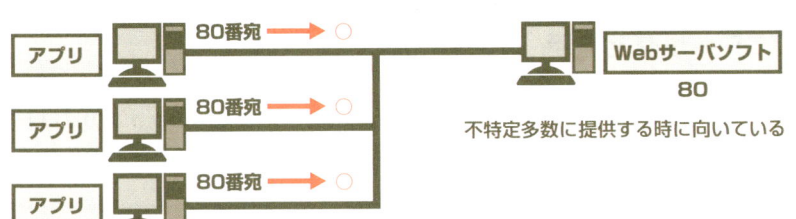

不特定多数に提供する時に向いている

WebサーバソフトがWell-Knownポート番号を利用せず、任意の番号を使用した場合、その番号を知っている場合のみ接続できる。通常のWell-Knownポート番号宛に送信してもつながらない

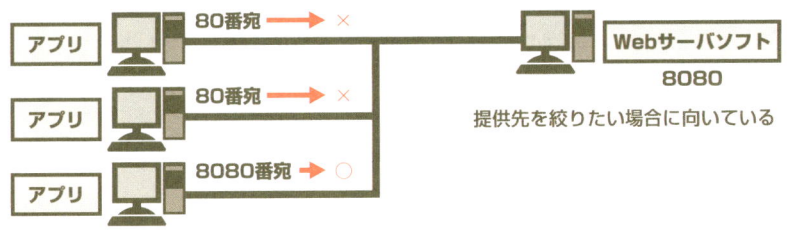

提供先を絞りたい場合に向いている

（ネット君の今日のポイント）

- ●通信するアプリケーションを特定するものがポート番号。
- ●一般的に使用されるアプリケーションにはWell-Knownポート番号が割り振られている。

第5回 TCPの役割

●TCPヘッダと機能

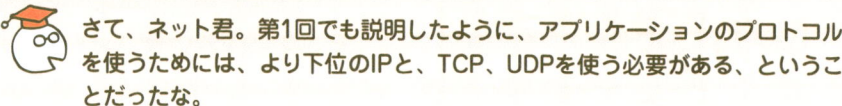

🎓 さて、ネット君。第1回でも説明したように、アプリケーションのプロトコルを使うためには、より下位のIPと、TCP、UDPを使う必要がある、ということだったな。

🙂 でした。そのうちIPは「データ転送を担う」んでしたよね、アドレスとルーティングで。

🎓 そうだったな。今回はTCPとUDPのうち、TCPの話だ。重要な点として、**TCPかUDPのどちらかが使われる**ということがまず1つ。

🙂 そういえば、第1回の図（P11参照）でも並列に書かれていましたよね。

🎓 うむ。そこで今回はTCPの話をする。UDPは先で話す（P46参照）。さて、そのTCPだが、TCPは図のようなヘッダを使う。**(図5-1)**

🙂 ヘッダ。データにつける制御データでしたよね（P14参照）。なんかいっぱいくっつけるんですね。あ、ポート番号は前回やったから知ってる。

🎓 確かにTCPヘッダにはいろいろな値がある。ポート番号もその1つだな。これはTCPの役割のために必要なのだよ。

🙂 TCPの役割？　IPの役割は「データの転送」でしたよね。IPがデータの転送を担ってくれるおかげでアプリケーションのプロトコルはそれを考えなくていいって話で（P18参照）。

🎓 IPの役割はそれだったな。TCPは**データ転送の高い信頼性を得る**というのが役割だ。つまり、**確実なデータ転送を保証する**ってことだ。

第5回　TCPの役割

図5-1　TCPヘッダ

通信の信頼性を保証するため、シーケンス番号、確認応答番号、フラグなどを利用する

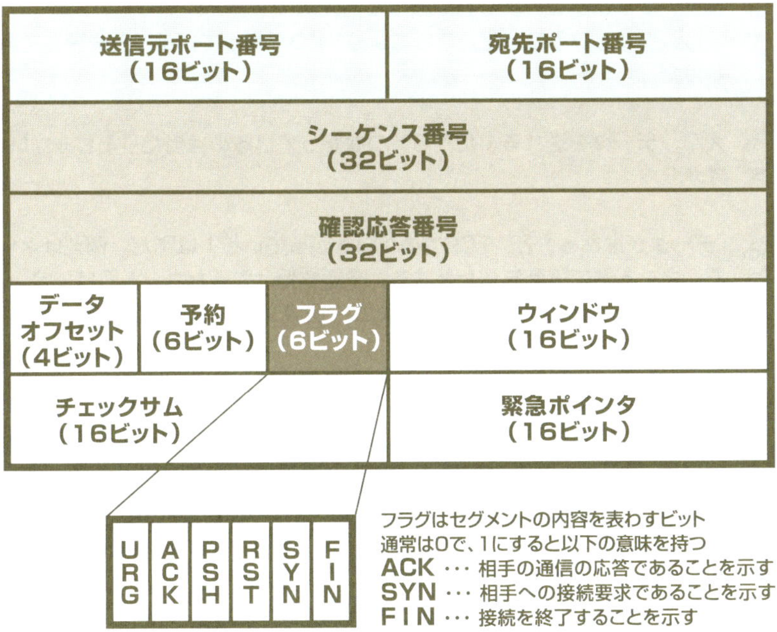

送信元ポート番号（16ビット）	宛先ポート番号（16ビット）
シーケンス番号（32ビット）	
確認応答番号（32ビット）	

データオフセット（4ビット）	予約（6ビット）	フラグ（6ビット）	ウィンドウ（16ビット）
チェックサム（16ビット）			緊急ポインタ（16ビット）

フラグの内訳：U R G / A C K / P S H / R S T / S Y N / F I N

フラグはセグメントの内容を表わすビット
通常は0で、1にすると以下の意味を持つ
ACK … 相手の通信の応答であることを示す
SYN … 相手への接続要求であることを示す
FIN … 接続を終了することを示す

🐥 確実な？　データ転送って確実じゃないんですか？

🧑‍🏫 全然確実じゃない。途中でデータが消失することだってあるし、データが破損することだってある。それが起きないことをTCPは保証する。

🐥 **データの消失や破損を防いで、確実に正しいデータを届ける**ってことですね。

🧑‍🏫 そういうことだ。そのためにTCPはいくつかの機能を持っている。そうだな、要約すると「コネクション」「セグメント化」「確認応答」「ウィンドウ制御」「フロー制御」の5つだな。

なにがなにやら、なんですが。

●コネクションと確認応答

まず、コネクション。これは簡単に言えば**事前に通信を行うことの確認をとる**ということだ。これにより、「つながっていることを確認できる」わけだ。

え？　データを送れるんだから、つながっているのは当たり前じゃないんですか？

「データが送れる」と、TCPでの「つながっている」は別だ。例えばネット君。ネット君に電話をしたとする。電話を受け取ったネット君は、今、とても忙しい。そうだな、う～ん、油もので天ぷらでも作っているとかどうだ。

あー、あんまり料理しないですけど。まぁ、そういう時は電話に出られる余裕はないですね。

その状態で一方的に要件をしゃべったとしてもダメだろう。ネット君は鍋の油が気になって話をロクに聞けない。なので、「今大丈夫？」って確認しないとまずいだろう。それに、聞き取れたかどうかの確認もしないとな。

確かにそうですね。……で、この例え話はどういう意味が？

つまり、**事前に通信を行う状態であることの確認**、それから**データを受信したことの確認**が必要だ、ということだ。これにより、「通信が行える」状態になることを**コネクションを確立**するという。

ははぁ。「今大丈夫？」とか「ちゃんと聞こえた？」とかで「相手と通信ができている」状態なわけですね。それがコネクション？

そういうことだな。この事前に行う通信の準備の確認のことを**スリーウェイハンドシェイク**と呼び、さらに受信したことの確認を**確認応答**と呼ぶ。**(図5-2)**

スリーウェイハンドシェイク。事前の確認準備をする、と。で、確認応答？

図5-2 スリーウェイハンドシェイク

事前に接続ができることを確認し、コネクションを確立する

スリーウェイハンドシェイク（コネクションの確立）

- SYN → コネクション確立要求を送る（フラグのSYNビットが1で送る）
- ACK+SYN ← 要求に対して応答（ACKビットが1）でありかつ逆方向のコネクション確立要求を送り返す
- ACK → 確立要求の応答を送る

コネクションが確立したのでデータのやり取りを行う

コネクションの切断

- FIN → データのやり取りが終わると、コネクションの切断要求を出す。受信側は応答する
- ACK ←
- FIN ← 逆方向のコネクションも切断する
- ACK →

時間の流れ

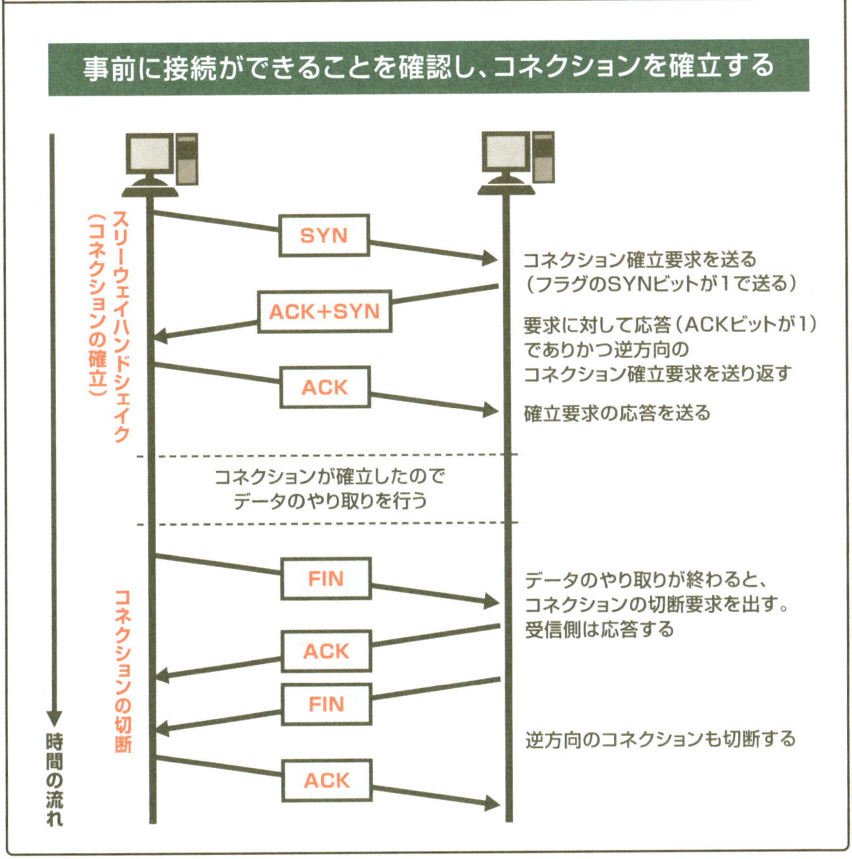

🎓 確認応答は「セグメント化」にも関連している。TCPではデータを**ある一定のサイズ（*1）**に分割する。分割されたデータを**セグメント**と呼ぶ。

🙂 へぇ、なんで分割するんですか？ 一気に全部送っちゃった方が楽なのに。

🎓 分割する理由は、大きい1つのデータを送るより、細かいデータを送った方が信頼性が高いからだ。まず、TCPではデータが届かなかったり、破損していたらそのデータを送りなおす**再送**を行う。

.....

(*1) **ある一定のサイズ** このサイズをMSS（Maximum Segment Size）と呼ぶ。

最初に説明した、「確実にデータを届ける」ために、ですね。

図5-3　確認応答

シーケンス番号・確認応答番号を使い確実にデータを受信したことを確認する

①データを送信する側は、データの1バイト目に任意の番号をつける

↑1バイト目＝101番

②データをあるサイズ（Maximum Segment Size:MSS）に分割する
これにより、1回分のデータのサイズができる
（下図ではMSS＝100バイト）それぞれのデータの先頭のビットは
①で決めた番号にバイト数を加えた番号がつく

↑101番　↑201番　↑301番　↑401番　↑501番

③シーケンス番号に、データの先頭の番号を入れて送信する
受信側は次に欲しいデータの先頭の番号を確認応答番号に入れた
確認応答を送り、データを受信したことを示す

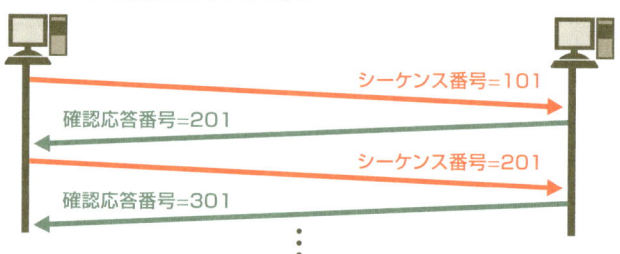

シーケンス番号＝101
確認応答番号＝201
シーケンス番号＝201
確認応答番号＝301
︙

④確認応答が返ってこない場合、一定時間待機してから再送する

確認応答待ち時間

待ち時間を過ぎても届かないので再送

シーケンス番号＝101
障害により消失
シーケンス番号＝101
確認応答番号＝201

第5回 TCPの役割

そうだ。ここでデータが大きいと、もしそのデータが消失・破損した場合、また大きなデータを送らなければならない。だが、小さいデータを複数送るならば、消失・破損したその一部分だけを再送すればよい。

ふむ。確かにそうですね。

ここで確認応答が使われる。つまり、受信側が**次に欲しいセグメントを通知する**ことにより、どれを再送すればよいかわかる、というしくみだ。これにはTCPヘッダの「シーケンス番号」と「確認応答番号」が使われる。（図5-3）

送信側は「何ビット目から始まるセグメントを送信するよ」って受信側に通知して、受信側はそれを受け取ったから「（次は）何ビット目から始まるセグメントを送れ」って返す、と。

これにより、確実に正しく相手にデータが届くわけだ。消失・破損があった場合は、確認応答が届かなかったら、届いていないわけだから、送ったのと同じ番号を再送すればよい。

なんか言われてみれば当然、って感じですね。

確かにそうだな。TCPはその「届いて当然」のしくみを作っているということだ。では、次回もTCPの話の続きをしよう。

あいあい。3分間DNS基礎講座でした～♪

ネット君の今日のポイント

- 通信ではTCPかUDPのどちらかが使用される。
- TCPは確実なデータ転送を保証する。
- コネクションを確立することにより、データが確実に届くことを確認する。
- 確認応答により、正しく届いたことを確認する。

○月○日
☺ ネット君

第6回 TCPの利点

●ウィンドウ制御とフロー制御

🎓 確実なデータ転送を保証するTCPだが、その機能のうち、「コネクション」「セグメント化」「確認応答」を説明したな。あとはなんだった？

😀 「ウィンドウ制御」と「フロー制御」です、博士。

🎓 うむ。その2つだな。まずウィンドウ制御。前回の図（P38参照）で説明したように、データを送ると確認応答が返ってくる。ただ、1個送るたびに確認応答を待っていたのでは、どうしても時間がかかってしまう。どうする？

😀 そうですねぇ、確認応答を待つのが面倒臭いので、一気に送っちゃうといいんじゃないでしょうか。

🎓 確かにそれも手だが、相手がデータを保存できる量（**バッファ量**）（*1）の問題がある。あまり一気にデータを送りすぎると、そのデータの処理が間に合わなくなってバッファがあふれてしまう（バッファオーバフロー）。

😀 う〜ん、送ったはいいけど、相手がいっぱいいっぱいになって、データを受け取る余裕がなくなっちゃうってことですか？

🎓 そうだ。なので、**相手が受け取れるデータ量を教えてもらい、その分だけ一気に送る**、という方式をとる。このデータ量のことを**ウィンドウサイズ**（*2）と呼ぶ。(図6-1)

😀 ははぁ、相手がためられるデータ量を確認しつつ、データを送るんですね。確かにこれなら大丈夫っぽいですね。これがウィンドウ制御ですね。

(*1) バッファ［Buffer］　一時的にデータを保存しておく記憶領域（メモリ）のこと。
(*2) ウィンドウサイズ［Window Size］

第6回 TCPの利点

図6-1 ウィンドウ制御

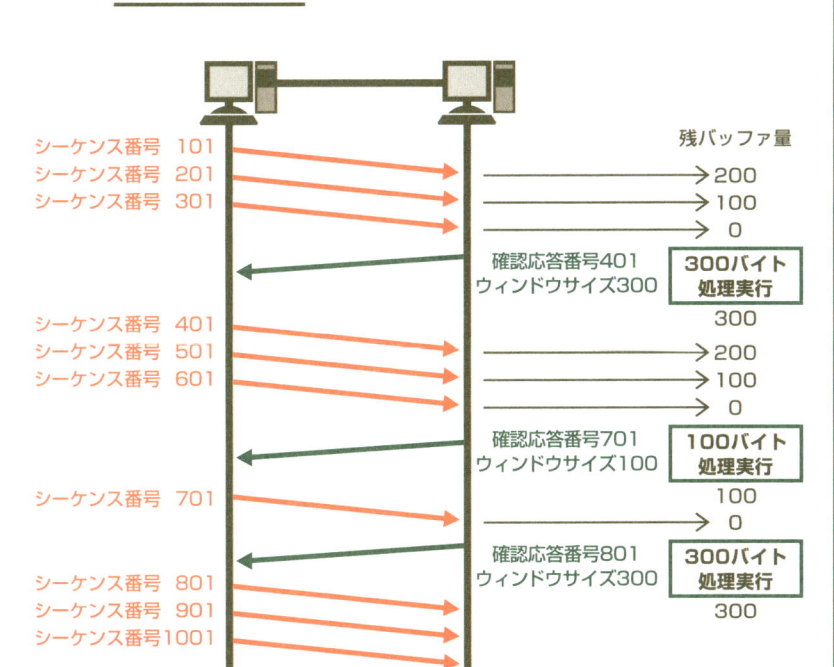

効率のよい転送を行うために、相手のウィンドウサイズ（バッファ量）に合わせて一度にデータを送信する

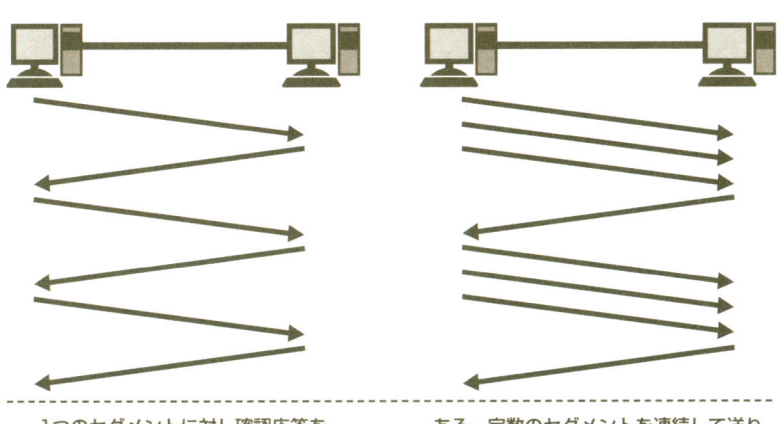

1つのセグメントに対し確認応答を受け取るまで次のセグメントを送らない
送信セグメント3つ ←――→ **送信セグメント6つ**
ある一定数のセグメントを連続して送り確認応答を受け取る

	残バッファ量
シーケンス番号 101	→ 200
シーケンス番号 201	→ 100
シーケンス番号 301	→ 0
確認応答番号401 ウィンドウサイズ300	**300バイト 処理実行**
	300
シーケンス番号 401	→ 200
シーケンス番号 501	→ 100
シーケンス番号 601	→ 0
確認応答番号701 ウィンドウサイズ100	**100バイト 処理実行**
	100
シーケンス番号 701	→ 0
確認応答番号801 ウィンドウサイズ300	**300バイト 処理実行**
	300
シーケンス番号 801	
シーケンス番号 901	
シーケンス番号1001	

1 TCP／IPによるデータ転送の基本

うむ。で、最後の1つが「フロー制御」だ。ウィンドウ制御は相手の受信できるデータ量を確認する方式だったが、フロー制御は通信回線のデータ量を確認する方式だ。

通信回線のデータ量？ 転送速度ですか？

そうだ、回線には転送できる限界量がある。これを超えて送ると転送しきれなくなって、データが消失する可能性がある。つまり、途中でデータが消えてしまうわけだな。これを**輻輳**と呼ぶ**(*3)**

う～ん、そうなるんですか。確かに10Mbpsの回線に、100Mbpsを送り込んだら、90Mbps分は送れないですよね。

なので、TCPではその限界点を探りつつ転送する。これを**スロースタートアルゴリズム**と呼ぶ。これにより、転送途中でデータが転送しきれなくなることを防ぐわけだな。**(図6-2)**

ははぁ、最初は少しずつセグメントを送り、だんだん増やしていくんですね。うまいこと考えますね。

●TCPを使う利点

さて、ネット君。TCPは確実なデータ転送を保証するということがわかったと思う。

はい、確かに。データを再送したり、なるべく消失が起きないようにしたり、かなりいろいろしてますよね。

で、アプリケーションのプロトコルは、下位にTCPを使うことが多い。何故かわかるかね？ IPのことを思い出して？

IPのこと？ IPは「データ転送を担う」わけですよね。これにより、アプリケーションのプロトコルは「データをどうやって送るか」ということを考えないですみますよ。

では、その考えでTCPを使うと？

(*3) **輻輳** 読みは「ふくそう」。回線にデータが集中し、転送できなくなる状態のこと。

第6回　TCPの利点

図6-2　スロースタートアルゴリズム

送信数を徐々に増やしていくことにより、輻輳が発生するセグメント数を見極めデータが消失しないようにしている

- 最初はウィンドウサイズに関係なく1セグメント
- 次は倍の2つのセグメント
- 次は倍の4つのセグメント
- 増やしていく途中で輻輳などが発生した場合
- 送る数をリセットしてまた1セグメントから

いったん送信数を1に戻すことにより輻輳が連続して発生しないようにしている

🤔 TCPは「確実なデータ転送を保証」するので、これによりアプリケーションのプロトコルは「データが確実に届いているか」を考えなくてすむ？

🎓 そういうことだ。**アプリケーションのプロトコル側で「データが届かなかったらどうするか」を考える必要がない**ということだな。

🤔 そうなりますね。そこらへんはデータが届くようにTCPが制御するから、わざわざアプリケーション側で考える必要はなくなりますね。

🎓 一方で、詳しくは次回説明するが、UDPはこの「確実なデータ転送」を行わない。つまり、UDPを下位に使うアプリケーションのプロトコルの場合、「データが届かないこともありうる」わけだ。どうする？

図6-3 TCPを使った場合とUDPを使った場合の違い

TCPを使えばアプリケーションはデータを正しい順序で受け取ることができるが、UDPでは受信した状態のまま

①**TCPを使う場合、アプリケーションは必ずすべてのデータが順番にそろった状態でデータを受けとる**

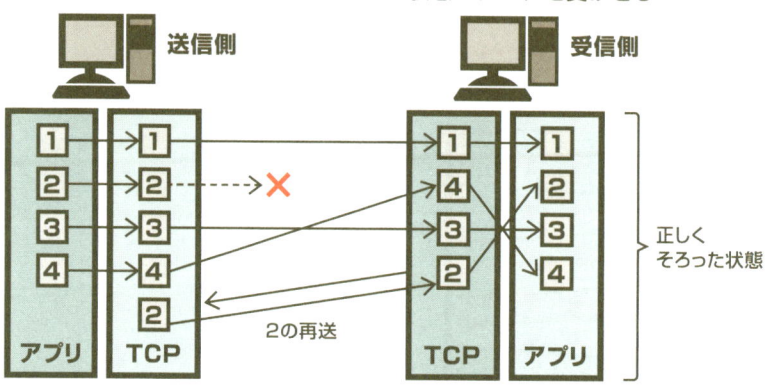

送信側 → 受信側

アプリ [1][2][3][4] → TCP [1][2][3][4] … ×（2の再送） … TCP [1][4][3][2] → アプリ [1][2][3][4]（正しくそろった状態）

②**UDPではアプリケーションは受信したままの状態でデータを受けとる**

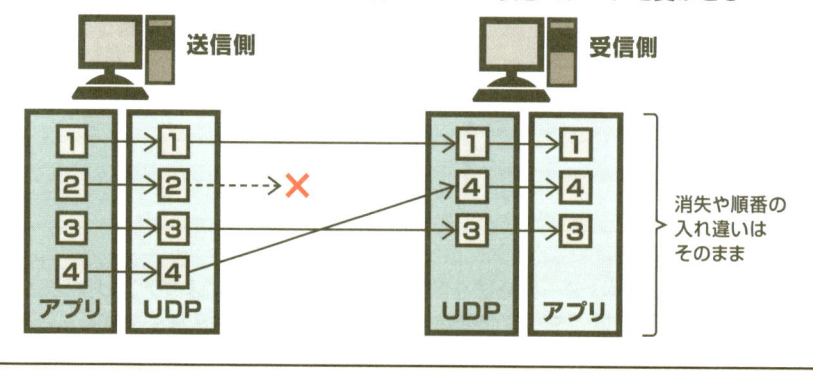

送信側 → 受信側

アプリ [1][2][3][4] → UDP [1][2][3][4] … × … UDP [1][4][3] → アプリ [1][4][3]（消失や順番の入れ違いはそのまま）

どうする、って。届かなかった時のことも考えないとまずくなりますね。

さらに、IP通信はその特性上「データが順番に届く」かどうかも怪しい。送った順にデータを受け取ることができるとは限らない。だが、**TCPは受信したデータを送信順に並べる**ことも行う。

第6回 TCPの利点

そんなことまでするんですか？ TCPすごいなぁ。

だが、UDPはそれも行わない。つまり、TCPを使った場合と、UDPを使った場合とでは、アプリケーション側での動作が異なるわけだ。**(図6-3)**

ふむふむ。UDPを使うと、データの並べ替えとか、消失・破損した場合の方法を、アプリケーション側で考えておく必要がある。一方、TCPはそれがない。

そういうことだ。TCP／IPのアプリケーションのプロトコルでは、TCPを使うプロトコルが多い。特によく使われるHTTP、FTP、SMTP、POP、TELNETなどはすべてTCPだ。理由はわかるな？

そうすれば「データが確実に届く」ことが保証されているから、プロトコルの設計上余計なことを考えずにすむってことですよね。じゃあ、UDPは何のためにあるんですか？

UDPを使うと消失・破損のことも考えなければいけないから、その分プロトコルの設計にいろいろと必要になる。だが、UDPにはUDPの使い道がある。

なんですか、UDPの使い道って。

それが次回のお話だ。ではまた次回。

了解っす。3分間DNS基礎講座でした〜♪

ネット君の今日のポイント

● **ウィンドウ制御により相手のバッファ量を確認しつつデータを送れる。**

● **フロー制御により、通信回線の転送量を考慮できる。**

● **TCPを使うことで、アプリケーションのプロトコルはデータが届かなかった場合のことを考えずにすむ。**

○月○日 ネット君

第7回 UDP

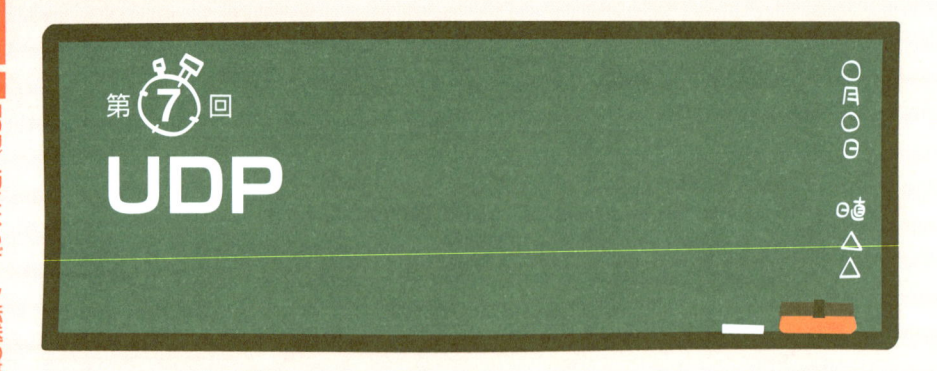

●TCPの欠点とUDP

> TCPを使うと、アプリケーションのプロトコル側で「データが届かなかった場合」のことを考えずにすむわけだった。じゃあすべてのアプリケーションがTCPを使っているかと言われれば、そういうわけではない。

> TCPを使ったら、アプリケーションのプロトコル側も楽になると思うのに。

> 確かに。だが、TCPには2つの欠点がある。「面倒くさい」のと、「同報通信ができない」という点だ。

> 面倒くさい？　ま、まぁ、確かにそうかな。最初にスリーウェイハンドシェイクをやって、確認応答して、相手のバッファ量を確認してウィンドウ制御をするし。さらにスロースタートアルゴリズムなんてのもしますよね。

> そうだろう？　一方、**UDPはまったくなにも制御しない**。それはUDPヘッダを見るとわかる。（図7-1）

> う〜ん、TCPに比べると見事に何もないですね。ポート番号とエラーチェックと、データ量の3つだけですよ。これでなにか制御しようと思っても難しいですよね。

> そうだ。つまり、「面倒くさくない」。TCPはいろいろ制御するため、その分効率を犠牲にしている。スリーウェイハンドシェイク、確認応答を待つ、スロースタートアルゴリズム、すべて「データを送る」以外の処理が入っている。

> 確かに効率が悪くなる、かな。データをズバっと送ってバシっと受け取るってわけにはいかないですからね。

第7回 UDP

図7-1　UDPヘッダ

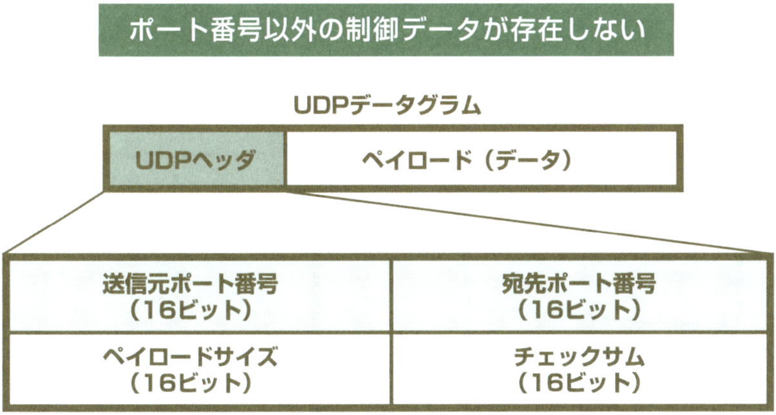

ポート番号以外の制御データが存在しない

UDPデータグラム

| UDPヘッダ | ペイロード（データ） |

送信元ポート番号 （16ビット）	宛先ポート番号 （16ビット）
ペイロードサイズ （16ビット）	チェックサム （16ビット）

● TCPヘッダが160ビットあるのに対し、UDPヘッダは64ビットしかない
　→その分総データ量が少なくなるため、
　　同じデータ量を送る場合はTCPよりも高速

● ポート番号以外の制御データは存在しない
　→IPヘッダにポート番号を追加しただけ、という扱い

🎓 説明文に擬音を使うなと以前レポートで添削したはずだが、ともかく、その通り。**TCPでは素早く送ることができない。**

🐧 でもそれは仕方がない気がしますよ。データを確実に送るためなんですから。

🎓 だが、「確実に送るよりもまず素早く送る」ことが必要な場合だってある。たとえば、**VoIP（*1）**のように音声を運ぶ場合だな。この場合、確実性よりも音声が遅れないように素早く送らなければならない。（図7-2）

🐧 確かに。電話で相手の声が遅れたりすると嫌ですしね。で、もう1つの欠点の「同報通信ができない」ってのはなんですか？

🎓 同報通信とは、同時に複数台へ同じデータを送ることだ。**ブロードキャスト、マルチキャスト（*2）**のことだ。TCPはコネクションを確立するため、まず相手とスリーウェイハンドシェイクを行う必要があった。

(*1) VoIP [Voice over IP]　TCP/IPを利用して音声データを転送する技術。IP電話などで利用されている。

図7-2 TCPとUDPの効率の違い

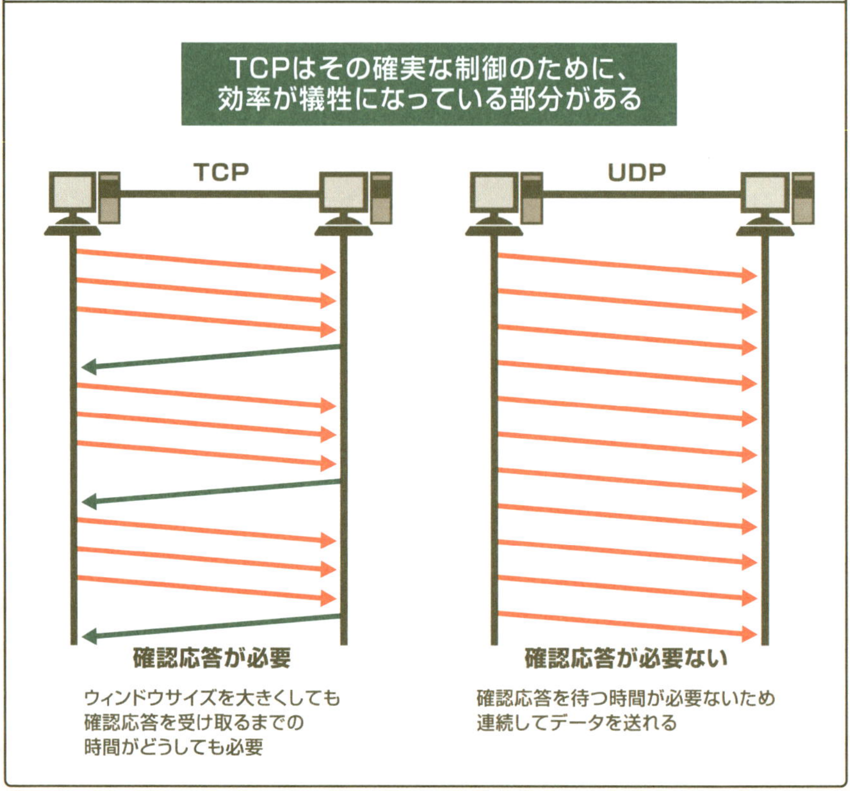

TCPはその確実な制御のために、効率が犠牲になっている部分がある

TCP — 確認応答が必要
ウィンドウサイズを大きくしても確認応答を受け取るまでの時間がどうしても必要

UDP — 確認応答が必要ない
確認応答を待つ時間が必要ないため連続してデータを送れる

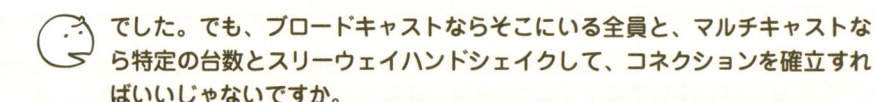

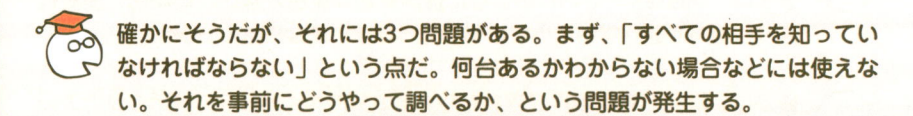

🐱 でした。でも、ブロードキャストならそこにいる全員と、マルチキャストなら特定の台数とスリーウェイハンドシェイクして、コネクションを確立すればいいじゃないですか。

🎓 確かにそうだが、それには3つ問題がある。まず、「すべての相手を知っていなければならない」という点だ。何台あるかわからない場合などには使えない。それを事前にどうやって調べるか、という問題が発生する。

🐱 う〜〜〜ん、確かにそうですね。あと2つは？

🎓 TCPではやり取りしている間は通信の管理が必要となる。相手の数が多い場合、その分メモリやCPUを消費することになる。

🐥 スペックの問題ですか。UDPだと、管理しないからそういう問題が発生しない？

👨‍🎓 そうだ。あともう1つは、データ量の問題だ。TCPで送信する、つまり**ユニキャスト（*3）**の場合、相手が10台いたら、10個のデータを送らなければならない。だが、マルチ／ブロードキャストなら1個だけ送れば、それを10台が受け取る。たとえば送信量が1Mビットだとどうなる？（**図7-3**）

🐥 TCPのユニキャストだと、合計10Mビットが流れることになりますね。でも、マルチ／ブロードキャストなら1Mビットですみます。

👨‍🎓 そういうことだ。UDPはこれらのTCPではできないことを行うプロトコルだ、ということだ。

●UDPを使うアプリケーション

👨‍🎓 さて、ではUDPを使うのはどのようなアプリケーションのプロトコルか、という話をしよう。TCPの欠点から考えるといいだろう。まず、「高速性やリアルタイム性が必要なアプリケーション」だ。

🐥 TCPは信頼性重視なので、やり取りに手間がかかって遅くなってしまうのは困るプロトコルですね。

👨‍🎓 そうだ。先ほど話したVoIPを使ったIP電話、映像・動画配信などがこれに当てはまる。そして2つ目。「同報通信が必要なアプリケーション」だ。

🐥 これもさっき説明がありましたよね。TCPはマルチ／ブロードキャストができないですからね。この2つですか？

👨‍🎓 もう1つある。それは「TCPだと極端に効率が下がるアプリケーション」だ。例えばやり取りされるデータ量が小さいアプリケーションなどがこれに当てはまる。ネット君、TCPでは本来のデータ以外のやり取りが多くないかね？

🐥 ん〜〜と、そうですね。スリーウェイハンドシェイクをやったり、確認応答をしたり、終わるときにも終了のやり取りがありますから、多いといえばそうですね。

（*2）**マルチキャスト・ブロードキャスト [Multicast／Broadcast]** マルチキャストは複数の台数に同時に同じデータを送る。ブロードキャストはネットワーク内の全台に送る。
（*3）**ユニキャスト [Unicast]** 特定の1台だけにデータを送る。

図7-3 同報通信

TCPでの同報通信は複数のユニキャストという形でしかできないが、UDPならばブロード／マルチキャストが使える

TCPで同報通信を行う場合

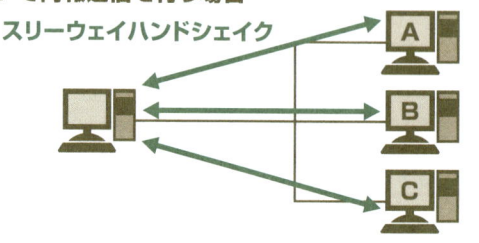

スリーウェイハンドシェイク

①まず、それぞれに対し
コネクションを確立する

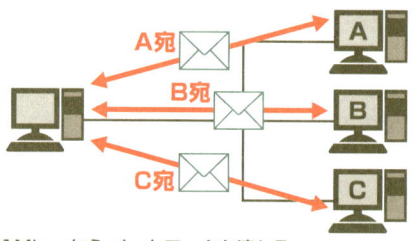

A宛
B宛
C宛

②それぞれに対しセグメントを
送信し、確認応答をもらい
ウィンドウ制御を行う

データ量が1Mbpsなら、ネットワークを流れる
総データ量は3Mbps＋確認応答などの分だけ必要

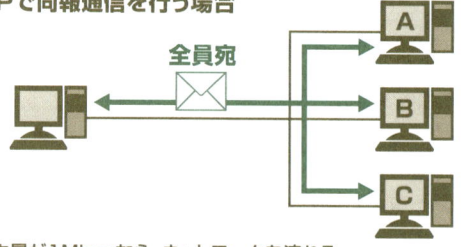

UDPで同報通信を行う場合

全員宛

複数宛に送信
それ以外の制御を行わない

データ量が1Mbpsなら、ネットワークを流れる
総データ量は1Mbpsですむ

TCPでの同報通信は
・すべての宛先を事前に知っておかなければならない
・不明な宛先へは送信できない

UDPでの同報通信は
・宛先が不明、数が把握できない状態でも送信できる

第7回　UDP

データ量が小さい場合、その分が送るデータ量を上回ってしまう場合だってある。TCPを使うまでもない、ってことだな。例えばDNSがそうだ。

DNSは前に出てきた図では確かにUDPを使う……あれ？　DNSはUDPとTCPの中間にありますよ？（P13参照）

うむ。**DNSはデータ量が増えるとUDPからTCPに切り替える**のだよ。ちょっと珍しいプロトコルだな。

へ〜、なんか面白いですね、それって。

詳しくはまた先で話そう。ネット君、TCPとUDPのそれぞれ役割と特徴は理解したかね？

TCPは「データを確実に届ける」。UDPは「TCPではできないことをやる」って感じですか？

要約しすぎだが、ま、いいだろう。では今回はここまでとしよう。

はいなー。3分間DNS基礎講座でした〜♪

（ネット君の今日のポイント）

- TCPには手間がかかる、同報通信ができないという欠点がある。
- UDPは全く制御を行わない。
- 高速性が必要、効率重視、同報通信の場合はUDPを使う。

○月○日
@ネット君

第8回 クライアント・サーバシステム

●サービス

> さて、TCP／IPの基礎編もこれで最後だ。今までアプリケーションのプロトコルで使われる下位のプロトコルの説明をしてきたわけだ。

> はい。IPとTCP／UDPですね。それぞれ「データ転送を担う」「信頼性を保証する」役割でした。おかげでアプリケーションのプロトコルはそんなことを考えなくてよくなった、ってことですね。

> そうだ。**通信を段階化して考える**ことは、ネットワークを理解するために非常に大事だからな。で、今回はこの講座のメインであるアプリケーションのプロトコルについて話そう。アプリケーションのプロトコルは数がとても多い、何故かね？

> ……考えたことなかったです。う〜〜〜〜ん、アプリケーションがいっぱいあるからかな？

> そうとも言えるな。つまり**ユーザが求めるものを提供するため**だ。ネットワークを利用して、何かをしたいというユーザの希望をかなえるため、目的に応じた数だけプロトコルが存在する、というわけだよ。

> ははぁ、ユーザのやりたいことがいっぱいあるから、それに応じていろいろなアプリケーションがあり、プロトコルもたくさんある、と。

> そうだな。Web閲覧、メール、リモート管理、ファイル転送、時刻合わせ、ネットワークゲーム、IP電話、動画配信などなど。ユーザがネットワークを使ってしたいことは多くある。このユーザが求めるものを**サービス**と呼ぶ。ネットワークの目的はこの**サービスをユーザに提供する**ことにある。

> ふむふむ。たとえば、僕が「情報を収集したい」という希望があるとすると、ネットワークは「Web閲覧」のサービスを僕に提供してくれるわけですね。

第8回 クライアント・サーバシステム

🎓 そういうことだ。これらのサービスを実現するのが通信アプリケーション、ブラウザなどだな。そしてこの**通信アプリケーションによるサービス実現のためのプロトコルがアプリケーションのプロトコル**というわけだ。(図8-1)

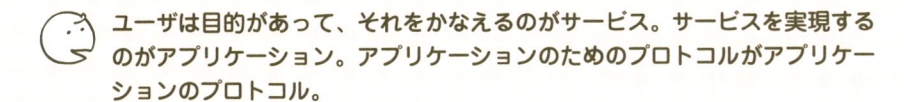

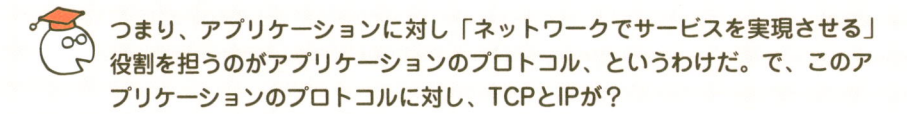

🐧 ユーザは目的があって、それをかなえるのがサービス。サービスを実現するのがアプリケーション。アプリケーションのためのプロトコルがアプリケーションのプロトコル。

🎓 つまり、アプリケーションに対し「ネットワークでサービスを実現させる」役割を担うのがアプリケーションのプロトコル、というわけだ。で、このアプリケーションのプロトコルに対し、TCPとIPが?

🐧 TCPが「データが届く保証」の役割を担い、IPが「データの転送」の役割を担う。なるほど、最上位にいるユーザとアプリケーションのために、下位のプロトコルが自分の役割を担っていくわけですね。

図8-1 サービス

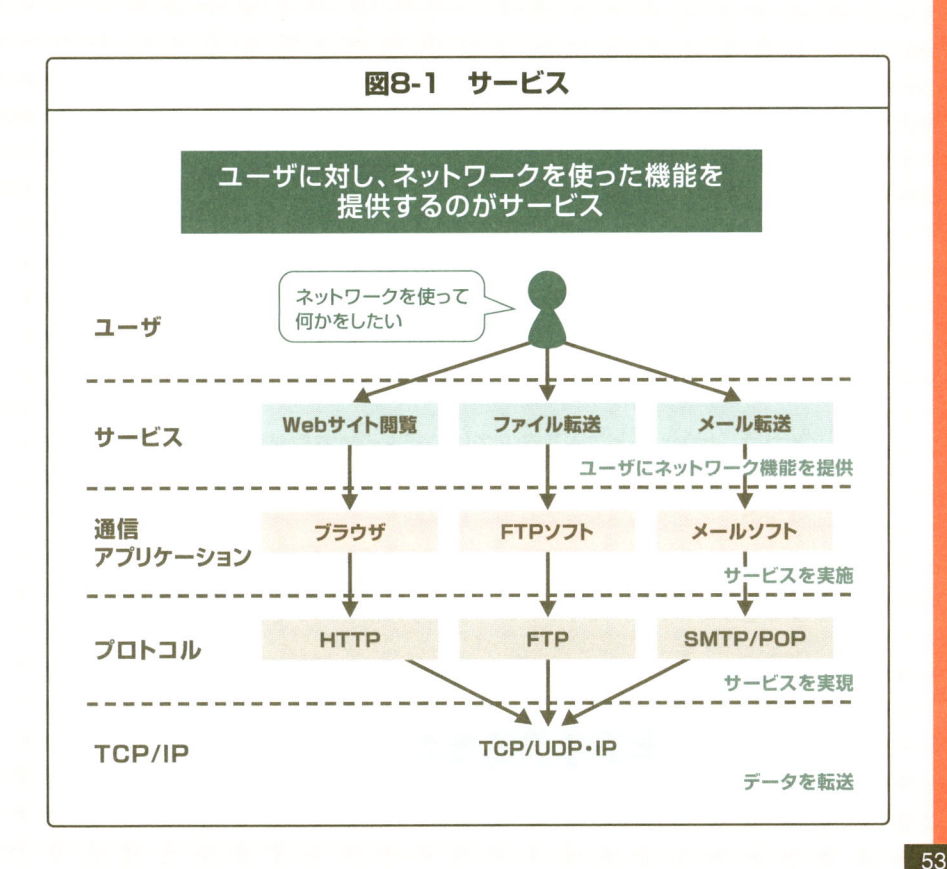

ユーザに対し、ネットワークを使った機能を提供するのがサービス

ユーザ	ネットワークを使って何かをしたい		
サービス	Webサイト閲覧	ファイル転送	メール転送
		ユーザにネットワーク機能を提供	
通信アプリケーション	ブラウザ	FTPソフト	メールソフト
		サービスを実施	
プロトコル	HTTP	FTP	SMTP/POP
		サービスを実現	
TCP/IP		TCP/UDP・IP	
		データを転送	

それが通信、ネットワークの構造ってことだな。

あー、なんかしっくりきましたよ。

●クライアント・サーバシステム

さて、このアプリケーションのプロトコルだが、**クライアント・サーバシステム**と**ピアツーピアシステム**の2つの形がある。一般的にはクライアント・サーバシステムが使われる。(*1) (*2)

クライアントとサーバ？ 依頼人と、奉仕者？

そうだ。**クライアントは依頼する側**、**サーバは依頼に応えサービスを提供する**側だ。データをやり取りするアプリケーションは、このどちらかの立場を取る。

えっと、「これこれをしたい」って言うのがクライアントで、それに対し「どうぞ」って返すのがサーバ？

そうなるな。一方、ピアツーピアシステムは**立場がなく対等**だ。依頼するときにはクライアントになり、提供するときにはサーバになる。(図8-2)

う～ん、これだとピアツーピアの方が便利っぽいですけど？ なんで一般的にはクライアント・サーバシステムが使われるんですか？

それは、ピアツーピアシステムでは依頼を受ける側が固定されないので、サービスの管理が分散するし、処理が集中するポイントがわからないので全体的にスペックを上げる必要があるからだな。

クライアント・サーバシステムなら、サーバに集中するからサーバのスペックを上げて、サーバでサービスを管理すればいいってことになりますね。

・・・

(*1) クライアント・サーバシステム [Client／Server System] 略してC／Sシステムなどとも呼ばれる。
(*2) ピアツーピアシステム [Peer to Peer System] 略してP2Pシステムなどとも呼ばれる。

図8-2　クライアント・サーバとピアツーピア

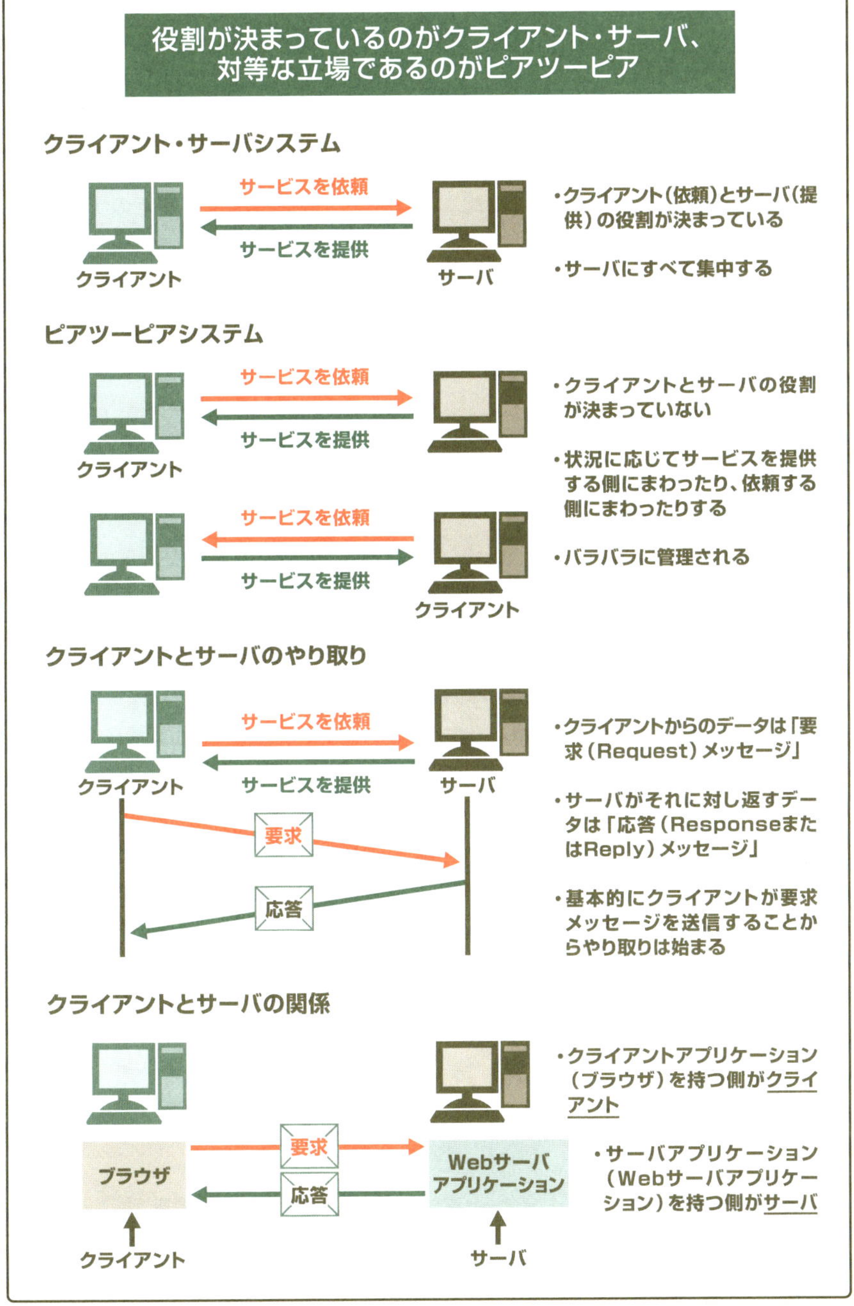

役割が決まっているのがクライアント・サーバ、対等な立場であるのがピアツーピア

クライアント・サーバシステム

クライアント ⇄ サーバ
- サービスを依頼（クライアント→サーバ）
- サービスを提供（サーバ→クライアント）

- クライアント（依頼）とサーバ（提供）の役割が決まっている
- サーバにすべて集中する

ピアツーピアシステム

クライアント ⇄ サーバ
- サービスを依頼
- サービスを提供

クライアント ⇄ クライアント
- サービスを依頼
- サービスを提供

- クライアントとサーバの役割が決まっていない
- 状況に応じてサービスを提供する側にまわったり、依頼する側にまわったりする
- バラバラに管理される

クライアントとサーバのやり取り

クライアント ⇄ サーバ
- サービスを依頼
- サービスを提供
- 要求
- 応答

- クライアントからのデータは「要求（Request）メッセージ」
- サーバがそれに対し返すデータは「応答（ResponseまたはReply）メッセージ」
- 基本的にクライアントが要求メッセージを送信することからやり取りは始まる

クライアントとサーバの関係

ブラウザ ⇄ Webサーバアプリケーション
- 要求
- 応答

クライアント　　サーバ

- クライアントアプリケーション（ブラウザ）を持つ側が<u>クライアント</u>
- サーバアプリケーション（Webサーバアプリケーション）を持つ側が<u>サーバ</u>

🎓 だろう？　そのクライアント・サーバシステムだが、クライアントに使われるアプリケーションが「クライアントアプリケーション」。サーバに使われるアプリケーションは「サーバアプリケーション」と呼ばれる。

🐱 そのまんまですね。

🎓 確かに。クライアント側からの依頼のデータを**要求**。サーバ側からの返信を**応答**と一般的には呼ぶ。ただ、よく勘違いされるのだが、特定のサービスを提供するサーバが、別のサービスを利用したい場合はクライアントになる、ということだ。

🐱 ん、んん？　サーバがクライアントに？

🎓 そうだ。Web閲覧を提供するサーバが、メールを送信したい場合はメール転送を提供するサーバに対して要求する。つまり、クライアントになるってことだ。**クライアント・サーバの立場はアプリケーションのものであって、機器のものではない。**（図8-3）

図8-3　クライアントとサーバ

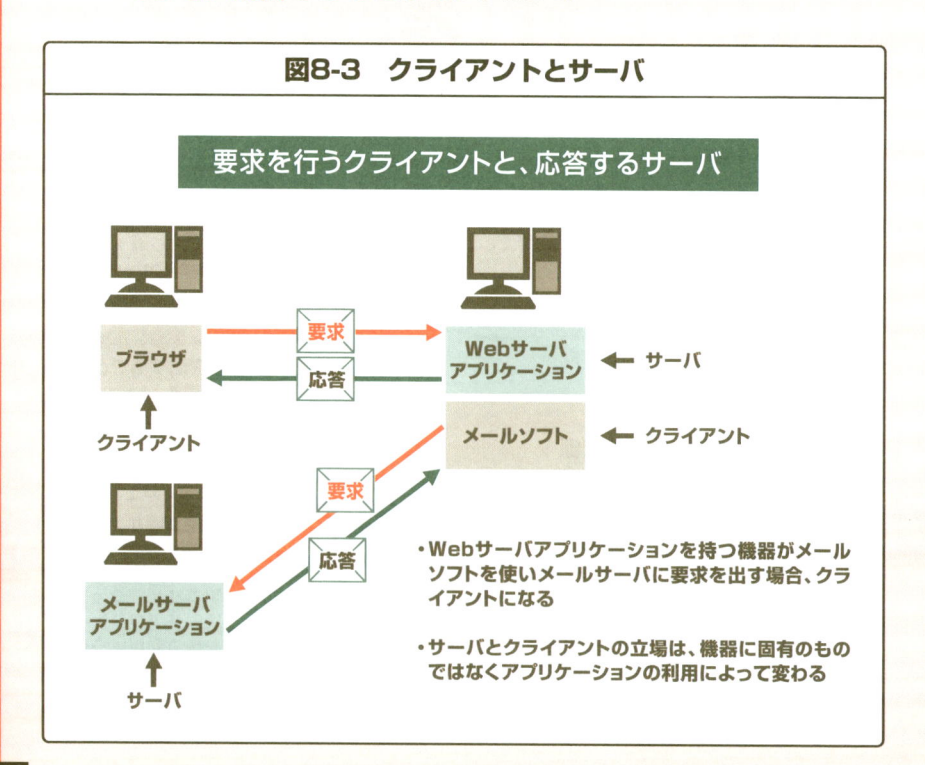

要求を行うクライアントと、応答するサーバ

ブラウザ　→要求→　Webサーバアプリケーション　← サーバ
　　　　　←応答←
↑クライアント

メールソフト　← クライアント
↓要求　↑応答

メールサーバアプリケーション
↑サーバ

・Webサーバアプリケーションを持つ機器がメールソフトを使いメールサーバに要求を出す場合、クライアントになる

・サーバとクライアントの立場は、機器に固有のものではなくアプリケーションの利用によって変わる

第8回 クライアント・サーバシステム

🐥 ははぁ、要求と応答、アプリケーションの立場。クライアント・サーバシステム。

👨‍🏫 理解したかね？ これでTCP/IPの基礎はおしまいだ。次回からは実際のアプリケーションのプロトコルについて説明する。

🐥 了解です。

👨‍🏫 アプリケーションのプロトコルの説明を聞くときも、IPの役割、TCP/UDPの役割、クライアント・サーバシステムを念頭に置いておくようにな。

🐥 ん～、どっかにメモっておこ。

👨‍🏫 では今回はここまで。また次回。

🐥 はい。3分間DNS基礎講座でした～♪

ネット君の今日のポイント

- 通信アプリケーションはユーザにサービスを提供する。
- サービスを実現するのがアプリケーションのプロトコル。
- サービスを要求するのがクライアント、サービスを提供するのがサーバ。

○月○日　暗　ネット君

補講 ①

「IPv4とIPv6」

　　こんにちは。インター博士の娘で通称「おねーさん」です。前2作に引き続き、コラムを担当します。講座の間の一休みと思って、気軽に読んでください。

　本編では「IPアドレス」の話をしましたけれど、これは現在（2009年）普及しているIPバージョン4（IPv4）の「IPアドレス」のお話です。ですが、すでに何年も前からIPのバージョンアップの話があるのはみなさんもご存じの通りだと思います。

　次のバージョンはIPバージョン6（IPv6）です。IPv6で一番有名な話は、その膨大なアドレスの数です。IPv4が約43億個で、IANAによる割り当てによりずいぶんな数が使われていない状態になり、「このままじゃ遅かれ早かれ全部使われちゃうよ」という話になってしまっています。そこでIPv6では数えるのがバカらしいぐらいの数（その数、10進数で38桁！！）を使用できるようになっています。

　現在、このIPv4のアドレスが無くなる問題も手伝って、急速にIPv6への置き換えが進んでいます。使用されているオペレーティングシステムも、IPv6対応のものがほとんどになってきています。ただ、普通にインターネットを使っている状態ではなかなか気付かないかもしれませんね。

　IPv6はアドレスの数ばかりが話題として上がりますけど、実際はその他の部分も大きくバージョンアップしています。ヘッダ部分の効率化、セキュリティ標準対応、モバイル対応などなど、IPv4ができた時代には考えられていなかった、存在していなかった事に対応しています。

　ただし、ここで覚えておいてほしいのは、IPv4がIPv6にバージョンアップしたからといって、それはあくまでもOSI参照モデルの「ネットワーク層」のことでしかない、ってことです。IPよりも上位にあるプロトコル、TCPやUDP、それより上のアプリケーションのプロトコルにとって、その変化は「まったく影響しない」んですよね。それが「レイヤの分割」の利点、ですからね。便箋のサイズの変更は、中に書く本文に影響しない。そういうことです。

　といっても、IPアドレスがサービスの対象であるDHCPやDNSには多少の変化が必要なんですけどね。

2章
ドメインネーム

第9回 名前解決

2 ドメインネーム

●宛先の特定

> さて、今回からはこの講座の主役、DNSだ。まず、ネット君がデータ転送をしたいとする。ネット君、どうする？

> データを送ります。

> そうそう。ネット君の首にあるイーサネットインタフェースにLANケーブルを差し込んで脳から直接データを…って、サイバーな感じだなぁ、おい。じゃなくて、ネット君がパソコンを使って、そうだなブラウザでWebサイトが見たいとすると？

> ブラウザだとすると、いちばん最初にスタートページが開くので、そこから検索するか、ブックマークを開きますね。

> そう、最初にスタートページが開くな。つまり、スタートページを提供しているサーバからHTMLや画像ファイルを取得しているってことだ。では、スタートページのあるサーバをどうやって特定しているのかね？

> それは～、えっと、URLです。

> 確かに。だがネット君、通信相手を特定するのは何かね？ TCP/IPで、通信相手を特定するのは？

> …IPアドレスですよね。TCP/IPで通信機器を特定するのはIPアドレスで、アプリケーションを特定するのがポート番号ですよ。

第9回　名前解決

🎓 だが、ネット君がブラウザで指定したのはURL、つまり英数字記号からなる文字列だ。IPアドレスではない。IPアドレスでないと、機器を特定することはできないはずだが？

🐱 う、う〜〜〜ん。なんでそんなことになっているんでしょうね。

🎓 それは、**人間は単なる数字の羅列は覚えにくい**からだ。結局のところ、IPアドレスは数字の羅列だからな。

🐱 確かに数字の羅列は覚えにくいですね。僕なんか携帯電話のアドレス帳がなかったら、実家の電話番号すらもわかりませんよ。

🎓 それはネット君だからしかたがない。だが、普通の人でも「僕のWebサイトのURLは172.31.55.154です」とか言われてもそうそう覚えられない。あぁ、このアドレスは適当だから見に行かないように。一方、URLは？

🐱 URLは意味のある文字列ですね。たとえばhttp://gihyo.jp/だと、gihyoだから、ぎひょーで技術評論社かなぁ、とか思いますよね。

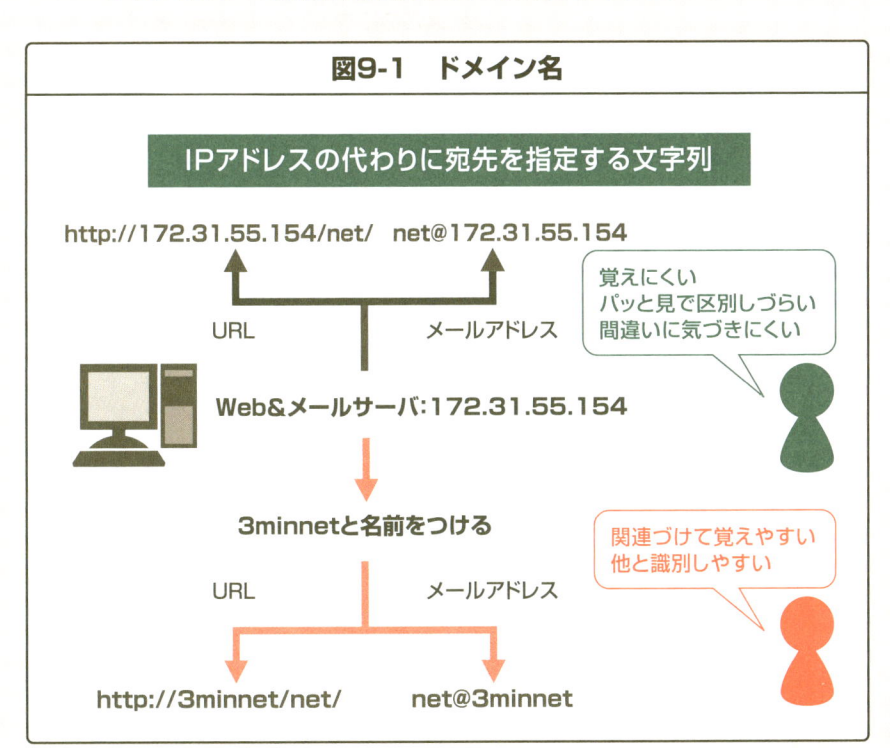

図9-1　ドメイン名

IPアドレスの代わりに宛先を指定する文字列

http://172.31.55.154/net/　　net@172.31.55.154

　　URL　　　　　　　メールアドレス

Web&メールサーバ:172.31.55.154

（覚えにくい／パッと見で区別しづらい／間違いに気づきにくい）

↓

3minnetと名前をつける

　　URL　　　　　　　メールアドレス

http://3minnet/net/　　net@3minnet

（関連づけて覚えやすい／他と識別しやすい）

2　ドメインネーム

そういうことだ。わかりやすいし、覚えやすい。なので、われわれがインターネットのページを見るときには、IPアドレスではなく、このURLで使われている文字列、すなわち**ドメイン名**を使うことになっている。(*1)(図9-1)

ドメイン名？

●名前解決

ま、ドメイン名の細かい話は次回以降で話していくとして。ここでは、**IPアドレスの代わりに使われる文字列**という形で覚えておいてくれ。そこで問題になるのは、通信の宛先の特定はIPアドレスで行うはずなのに、アプリケーションが特定するのはドメイン名だ、ということだ。

そうですよね、ドメイン名で僕が指定しても、それはIPアドレスじゃないのでTCP/IPでの宛先の特定にはならないんですよね。

そうだ。よって、このドメイン名はこのIPアドレスである、というように、**ドメイン名とIPアドレスを対応させる**必要がある。

なるほど。ということは、最初はドメイン名で指定しておいて、実際に通信するときはIPアドレスでやり取りを行う、ってことができますね。

そうだ。この対応させる作業を**名前解決**と呼ぶ。(*2)
ドメイン名という「名前」を、対応するIPアドレスに「解決」する作業、ということだな。(図9-2)

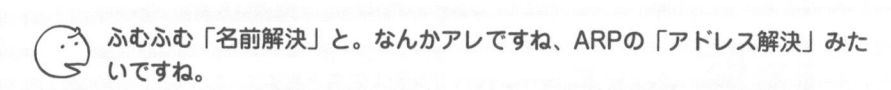

ふむふむ「名前解決」と。なんかアレですね、ARPの「アドレス解決」みたいですね。

そうだな、あれも「IPアドレスとMACアドレスを対応させる」ためのものだから、やっていることは同じだな。そして、ドメイン名とIPアドレスを対応させるためのシステムとして使われるのが**DNS [Domain Name System]** だ。

・・
(*1) ドメイン名 [Domain Name]
(*2) 名前解決 [Name Resolution] 　名前解決は、ドメイン名とIPアドレスの対応以外にも存在する。たとえば、Windowsファイル共有では「NetBIOS名」とIPアドレスを解決する。

第9回　名前解決

図9-2　名前解決

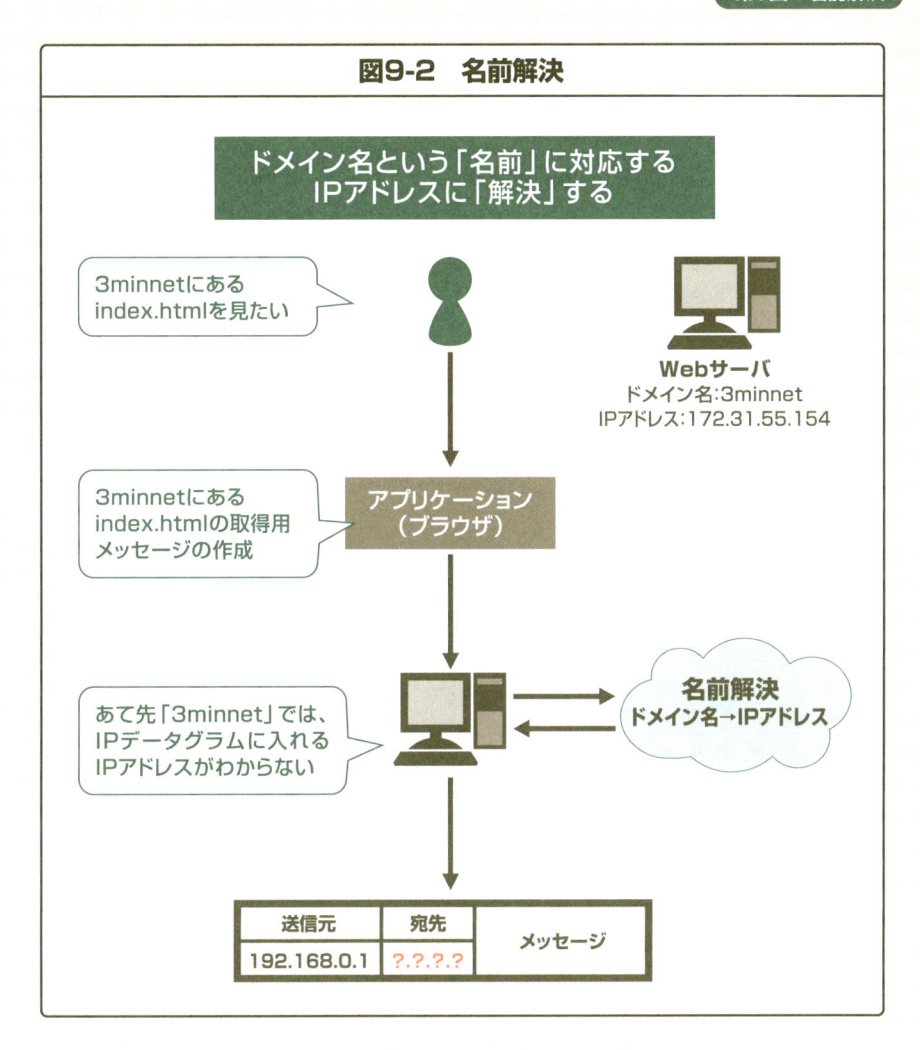

ドメイン名という「名前」に対応する
IPアドレスに「解決」する

3minnetにある
index.htmlを見たい

Webサーバ
ドメイン名：3minnet
IPアドレス：172.31.55.154

アプリケーション
（ブラウザ）

3minnetにある
index.htmlの取得用
メッセージの作成

あて先「3minnet」では、
IPデータグラムに入れる
IPアドレスがわからない

名前解決
ドメイン名→IPアドレス

送信元	宛先	メッセージ
192.168.0.1	?.?.?.?	

2　ドメインネーム

🙂 ドメイン名のシステム？　ドメイン名とIPアドレスを対応させるシステムってことですね。

🎓 そうだ。だが、注意点はドメイン名とアドレスを対応させるシステムは、DNSだけではないということだ。他にも存在する。ただし、現在使われているのはDNSだ。

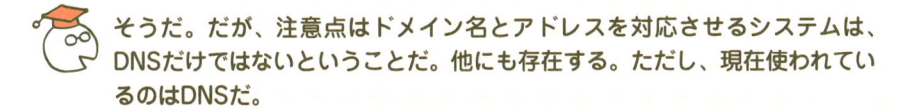

🙂 他にもあるんですか？　っていうか、DNSがどんなのかわからないんですけど。

63

図9-3　DNSの基本

ドメイン名とIPアドレスの
対応データベースへの問い合わせ

① DNSによる名前解決には、ドメイン名とIPアドレスの対応データベースをもつサーバが必要です

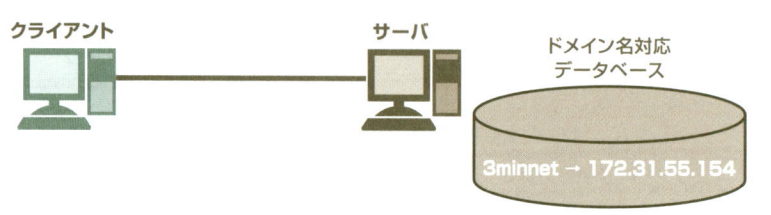

クライアント　　サーバ　　ドメイン名対応データベース
3minnet → 172.31.55.154

② クライアントはサーバに対し、対応するIPアドレスを知りたいドメイン名を通知します（問い合わせ）

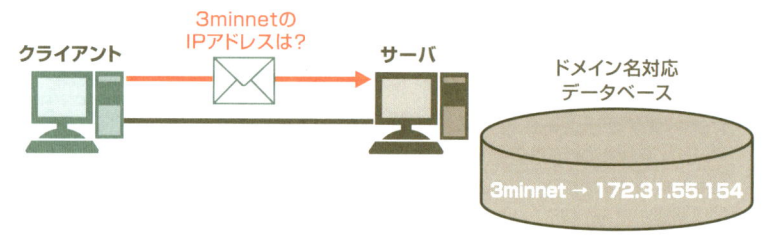

クライアント　3minnetのIPアドレスは？　サーバ　ドメイン名対応データベース
3minnet → 172.31.55.154

③ サーバは問い合わせに含まれるドメイン名を対応データベースから検索します

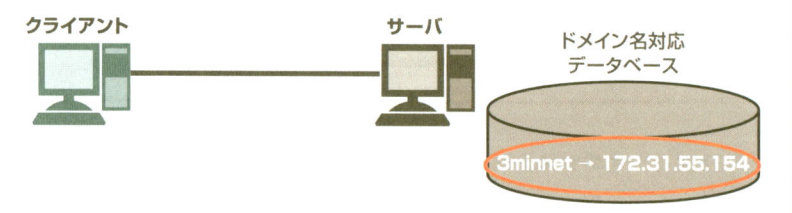

クライアント　サーバ　ドメイン名対応データベース
3minnet → 172.31.55.154

④ サーバはクライアントにIPアドレスを通知します（応答）

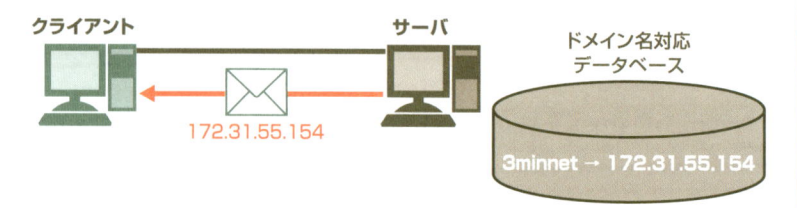

クライアント　172.31.55.154　サーバ　ドメイン名対応データベース
3minnet → 172.31.55.154

第9回 名前解決

🎓 DNSのしくみは簡単にいえば、**ドメイン名データベースを作り、そこへ問い合わせる**という形をとっている。(図9-3)

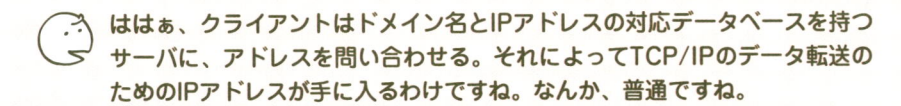

🙂 ははぁ、クライアントはドメイン名とIPアドレスの対応データベースを持つサーバに、アドレスを問い合わせる。それによってTCP/IPのデータ転送のためのIPアドレスが手に入るわけですね。なんか、普通ですね。

🎓 そういうことだが、それを実現するためにDNSはいろいろな手法を使っている。次回はDNS以外の名前解決システムを説明しよう。これにより、なぜDNSが使われているかがわかるようになる。

🙂 なるほど。

🎓 ともかく、まず覚えておいてほしいのは、「IPアドレス」と「ドメイン名」の関係だな。

🙂 TCP/IPで実際の宛先を指定するのが「IPアドレス」。人間が文字列で指定するのが「ドメイン名」。

🎓 そうだ。それをつなげるのが「名前解決」ということだな。詳しくはこれから先やっていこう。

🙂 ふむー、了解ですよ。3分間DNS基礎講座でした〜♪

(ネット君の今日のポイント)

● IPアドレスは数字の羅列なので覚えにくい。
● アプリケーション・ユーザはドメイン名で宛先を指定する。
● ドメイン名とIPアドレスの対応を行う必要がある。
● ドメイン名とIPアドレスの対応を行うことを名前解決と呼ぶ。

○月○日
道 ネット君

第10回 名前解決の歴史

●ドメイン名を使う利点

> 前回、ユーザやアプリケーションはドメイン名を使うという話をした。これを使うことにより？

> 覚えにくい数字の羅列からなるIPアドレスではなく、有意味の文字列を宛先に使うことができます。よって覚えやすい。

> そうだ。それがドメイン名を使う利点だな。ドメイン名を使う利点はもう1つある。それは「ユーザが使う宛先」と「実際のアドレス」が乖離している点だ。

> 乖離していたら困るような気がしますけど？ 乖離しているからDNSのような「名前解決」がわざわざ必要になるわけですし。

> 確かにそれはそうだ。だが、たとえばあるホスト、「3minhost」というドメイン名を持つホストがあるとしよう。DNSでこれに対応するアドレスが「10.0.0.1」だったとする。だが、事情によりIPアドレスを「10.0.0.2」に変えた。どうなる？

> どうなるって、3minhostの対応アドレスは10.0.0.2になりますよ？

> うむ。これをユーザ側の立場で考えてみよう。ユーザは「3minhost」へアクセスしたいと考えている。宛先を「3minhost」に指定した。この状態でIPアドレスが変わったので、名前とアドレスの対応も変更されることになる。このとき、ユーザが指定する宛先はどうなる？

> どうなるって……宛先は「3minhost」のまま、ですよ。

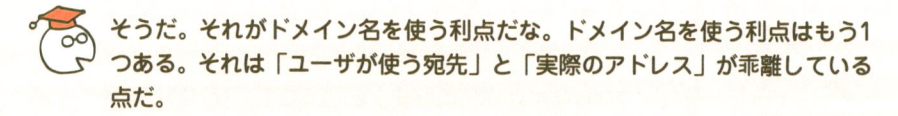

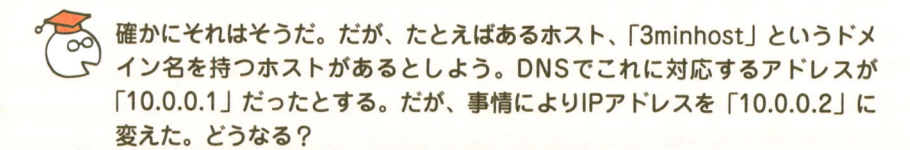

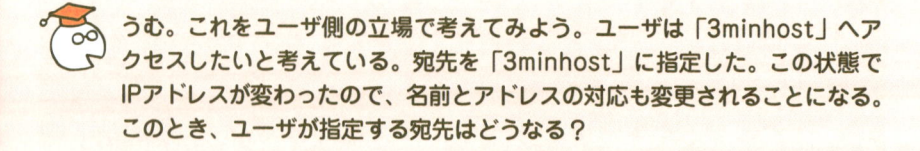

そう、ユーザはあくまでも「3minhost」へアクセスすればよい。**アドレスが変更されても、ドメイン名は変更しなくてよい**。だから、ユーザに「宛先を変えてください」なんていう通知をしなくてもよくなる、ってことだな。(図10-1)

あー、ユーザに気付かせることなく、IPアドレスを変更できますね。それは便利かも。

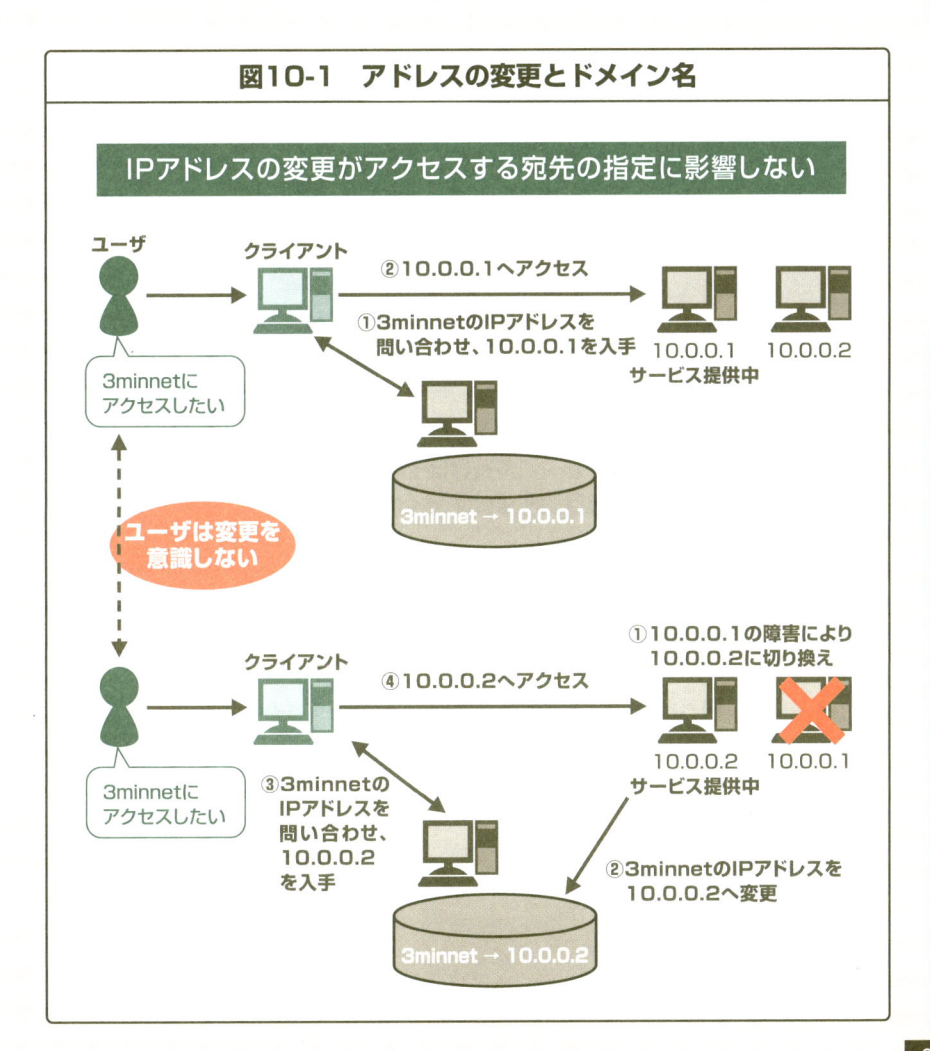

図10-1　アドレスの変更とドメイン名

IPアドレスの変更がアクセスする宛先の指定に影響しない

ユーザ → クライアント
②10.0.0.1へアクセス → 10.0.0.1 サービス提供中　10.0.0.2
①3minnetのIPアドレスを問い合わせ、10.0.0.1を入手
3minnetにアクセスしたい
3minnet → 10.0.0.1

ユーザは変更を意識しない

3minnetにアクセスしたい
クライアント
④10.0.0.2へアクセス
①10.0.0.1の障害により10.0.0.2に切り換え
10.0.0.2 サービス提供中　10.0.0.1 ✗
③3minnetのIPアドレスを問い合わせ、10.0.0.2を入手
②3minnetのIPアドレスを10.0.0.2へ変更
3minnet → 10.0.0.2

●Hosts

👨‍🎓 さて、DNSの説明に移る前に、昔話としゃれこもう。昔々、まだインターネットの前身の頃、ホストが数百台とかいう時代の話だ。

🙂 ARPANETとか、その頃ですか？（*1）

👨‍🎓 そうだな。その付近、TCP/IPが運用された頃だ。その頃すでに、ユーザはIPアドレスではなく、ドメイン名、その頃はホスト名と呼んでいたが、つまりわかりやすい文字列で宛先を特定していた。で、必要なのは？

🙂 「名前解決」ですよね。

👨‍🎓 そう。そこで使っていたのが、**Hostsファイル**だ。ホスト名と、それに対応するIPアドレスの一覧を各ホストが持っていて、ホスト名でアクセスする時、そのファイルをもとに、対応するIPアドレスを入手していたわけだ。(図10-2)

🙂 へぇー、ホストがそれぞれホスト名とIPアドレスの対応表を持っているってことですね。それをダウンロードして入手する？

👨‍🎓 そうだ。ホスト名とそれに対応するIPアドレスを、管理しているサーバの管理者にメールで送り、サーバ管理者はそれをHostsファイルに追加する。ネットワークのホスト達は、HostsファイルをFTPなどでダウンロードして保存して使う。

🙂 なるほど。その方法なら、ネットワークのホストのホスト名とIPアドレスの対応を入手できますね。

👨‍🎓 ただ、この方法には問題がある。まず、Hostsファイルの更新頻度の問題だ。Hostsファイルが管理者によって更新されるのはいいが、それを必ずしもすべてのホストがすぐにダウンロードするとは限らない。ということは、どうなる？

🙂 更新後の新しいHostsファイルと、古い更新前のHostsファイルを持っているホストが混在する、かな？

第10回 名前解決の歴史

図10-2 Hostsファイルによる名前解決

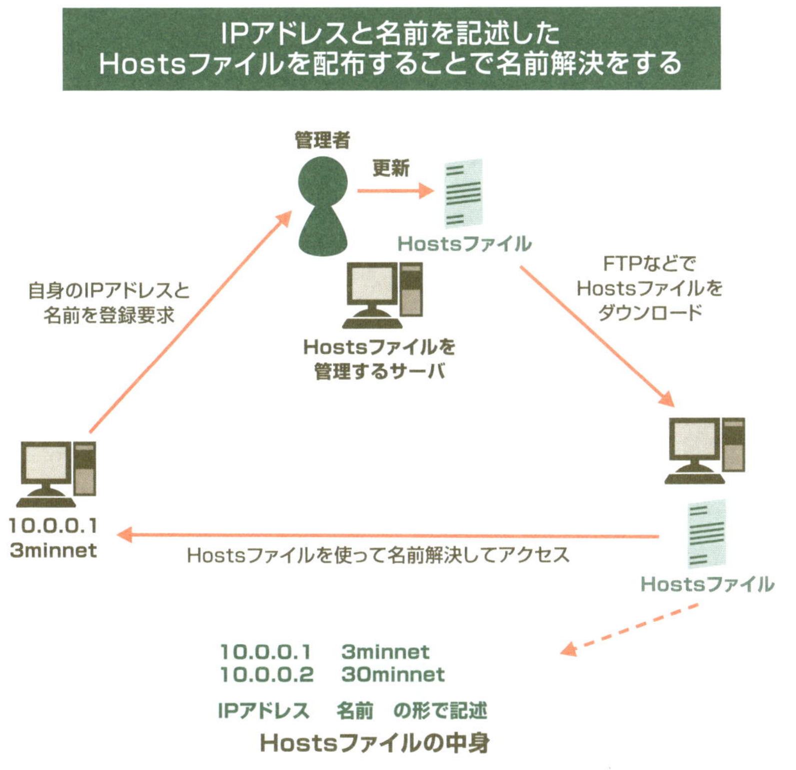

IPアドレスと名前を記述した
Hostsファイルを配布することで名前解決をする

管理者 → 更新 → Hostsファイル

自身のIPアドレスと名前を登録要求

Hostsファイルを管理するサーバ

FTPなどでHostsファイルをダウンロード

10.0.0.1
3minnet

Hostsファイルを使って名前解決してアクセス

Hostsファイル

```
10.0.0.1    3minnet
10.0.0.2    30minnet
IPアドレス　名前　の形で記述
```
Hostsファイルの中身

🎓 そうだ。IPアドレスとホスト名の対応を変更したり、新しいホストを追加したりしても、古いHostsファイルを持つホストからは名前解決ができない、という問題が発生してしまう。

🐣 じゃあ、Hostsファイルを強制的にダウンロードさせたりすればいいじゃないですか。

🎓 それでも、Hostsを管理している側の更新頻度の問題、つまり「Hostsファイルが更新されるまでは、変更や追加があっても名前解決ができない」という問題は残る。要は**Hostsファイルの食い違いの問題**があるということだ。

(*1) ARPANET【Advanced Research Projects Agency NETwork】　アメリカ国防総省高等研究計画局が運用したネットワーク。現在のインターネットの元祖。

図10-3 Hostsファイルの問題点

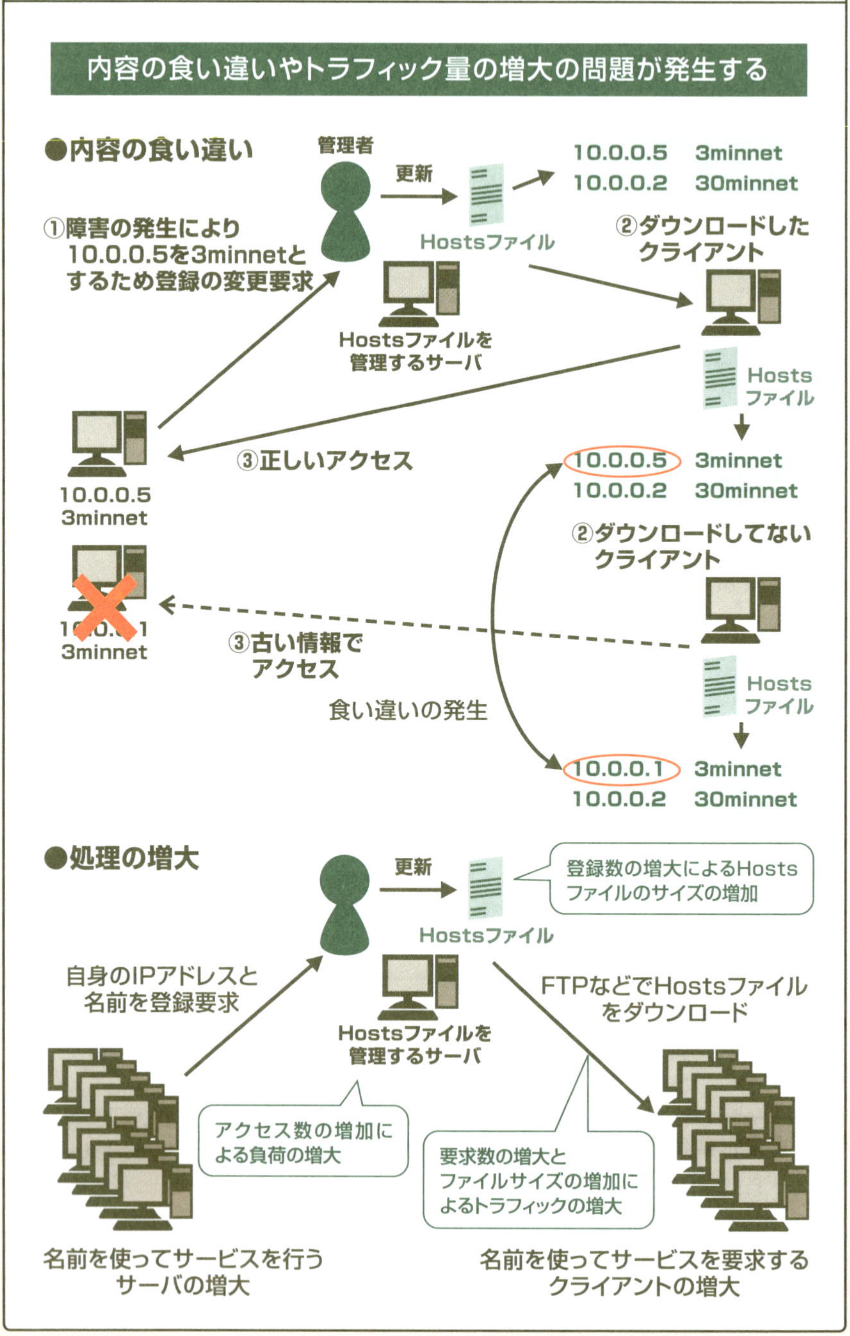

内容の食い違いやトラフィック量の増大の問題が発生する

●内容の食い違い

管理者が更新 → Hostsファイル
- 10.0.0.5 3minnet
- 10.0.0.2 30minnet

①障害の発生により10.0.0.5を3minnetとするため登録の変更要求

Hostsファイルを管理するサーバ

②ダウンロードしたクライアント

Hostsファイル
- 10.0.0.5 3minnet
- 10.0.0.2 30minnet

③正しいアクセス → 10.0.0.5 3minnet

②ダウンロードしてないクライアント

Hostsファイル
- 10.0.0.1 3minnet
- 10.0.0.2 30minnet

③古い情報でアクセス → ✗ 10.0.0.1 3minnet

食い違いの発生

●処理の増大

自身のIPアドレスと名前を登録要求 → Hostsファイルを管理するサーバ

管理者が更新 → Hostsファイル
（登録数の増大によるHostsファイルのサイズの増加）

FTPなどでHostsファイルをダウンロード

アクセス数の増加による負荷の増大

要求数の増大とファイルサイズの増加によるトラフィックの増大

名前を使ってサービスを行うサーバの増大

名前を使ってサービスを要求するクライアントの増大

第10回　名前解決の歴史

🐤 食い違い…、こっちのパソコンは新しい名前でアクセスできるけど、こっちはできないとか。IPアドレスを変更したのに、Hostsファイルが更新されていないのでアクセスできない、とかですね。

🎓 そういうことだ。あともう1つ。こっちの方がより深刻だ。次第に、ホストの台数が増大していったのだよ。そうすると、Hostsファイルの変更が多くなる。

🐤 ホストがいっぱいあれば、変更とか、追加とか削除とか増えますよね。そうすると、さっきの食い違いの問題が多発しちゃうなぁ。

🎓 それに加え、**Hostsファイルのトラフィックの増大**がばかにならない。台数が増えるとその分Hostsファイルのサイズも大きくなるし、その上それを必要とする台数が多いため、ダウンロードが多くなる。その結果トラフィックが増える。**(図10-3)**

🐤 しかも、台数が増えるとHostsファイルを頻繁に更新しないといけなくなって、そうするとその分頻繁にダウンロードしないとまずくなって、ますますトラフィックが……悪循環ですね。

🎓 だろう？　で、そこらへんを解決するべく作られたのが、新しい名前解決システムDNSだ。次回からはこのDNSについて話そう。

🐤 あいあい。3分間DNS基礎講座でした〜♪

ネット君の今日のポイント

●名前解決により、IPアドレスを使わずに宛先を指定できる。

●名前解決により、ユーザにIPアドレスの変更を意識させないことができる。

●以前はHostsファイルを使って名前解決が行われていた。

●Hostsファイルではホスト数の増大により、トラフィック量が増えてしまう。

第11回 ドメイン名空間

●ドメイン名を管理する

さて、前回Hostsファイルによる名前解決がダメじゃないか、というところまで話したな。そこで登場したのがDNSだ。

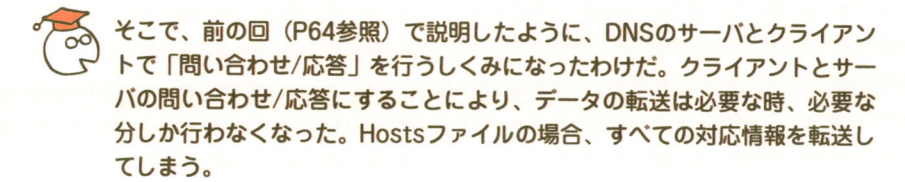

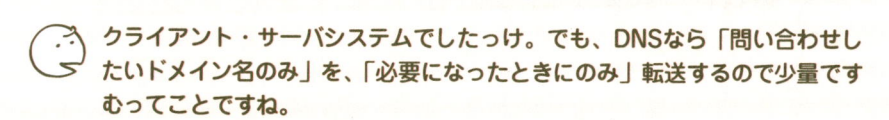

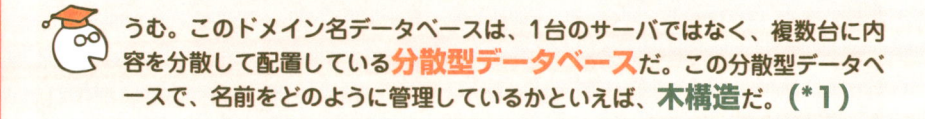

でした。Hostsファイルでは内容の食い違いとか、トラフィックの増大とかが起きるって。

そこで、前の回（P64参照）で説明したように、DNSのサーバとクライアントで「問い合わせ/応答」を行うしくみになったわけだ。クライアントとサーバの問い合わせ/応答にすることにより、データの転送は必要な時、必要な分しか行わなくなった。Hostsファイルの場合、すべての対応情報を転送してしまう。

クライアント・サーバシステムでしたっけ。でも、DNSなら「問い合わせしたいドメイン名のみ」を、「必要になったときにのみ」転送するので少量ですむってことですね。

そうだ。そして、対応情報、つまりドメイン名データベースはサーバで一括管理するようになり、個々で情報を持つことはなくなった。よって？

よって、ホストごとの内容の食い違いとかがなくなるわけですね。

うむ。このドメイン名データベースは、1台のサーバではなく、複数台に内容を分散して配置している**分散型データベース**だ。この分散型データベースで、名前をどのように管理しているかといえば、**木構造**だ。(*1)

(*1) **木構造** データを保存する構造の方式の1つ。親子関係でデータを保存していく。Linuxのファイルシステムなどでも使用されている。ツリー［tree］とも呼ばれる。

図11-1　木構造の基礎

1つの根から枝分かれしている、親子構造

- 根（ルート:root）
- 節（ノード:node）
- この節を根として抜き出す
- 根
- 葉（リーフ:leaf）
- 葉
- 木構造
- 部分木

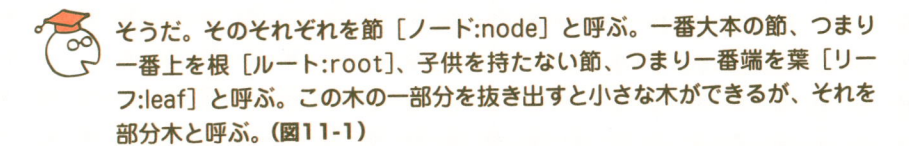

🙂 木構造？　木構造っていうと、1つの親に複数の子があって、その子がまた親を持って…って階層というか、親子構造のやつですよね。

🎓 そうだ。そのそれぞれを節［ノード:node］と呼ぶ。一番大本の節、つまり一番上を根［ルート:root］、子供を持たない節、つまり一番端を葉［リーフ:leaf］と呼ぶ。この木の一部分を抜き出すと小さな木ができるが、それを部分木と呼ぶ。（図11-1）

🙂 ふむふむ、節と根と葉。こう、ひっくり返すと、木のように見えますよね。根が根っこにきて、葉が端にきて。節が幹っていうか枝っていうか。

🎓 あぁ、なので逆木構造とも呼んだりもするが。ともかく、だ。ドメイン名はこの木構造で構成されている。どういうものかというと、まず、葉がある。**葉にはホストの名前が入る**。つまり、ネットワーク上で名前を持つ機器の機器名だな。

🙂 ん～っと、たとえば僕のパソコンにnetって名前をつけるとすると、これが葉のホスト名ですか？

そうだ。そして、そのホストを管理する組織がある。**管理する組織をドメインと呼ぶ**。ドメインには、識別するための名前がつけられる。たとえばさっきのネット君のパソコンnetを管理する組織として、「3分間大学」があるとする。これの名前を3minunivと名付けるわけだ。

えっと、3minunivが親、僕のパソコンnetが子になるって感じですね。

うむ、3minunivを親とした部分木ができるわけだな。これがドメイン、この場合3minunivがドメインになる。ここでのポイントは、**子に同じ名前があってはいけない**という点だ。この場合の子は、ドメイン直下の子だ。孫以下はよい。

ふむふむ。ドメインの子には、同じ名前があってはいけない。

そして、この組織3minunivをさらに大きな組織が管理する。よく使われるのは、業種や組織体系だな。さっきの3minunivだと、大学だから教育機関という業種だ。Academyだから、「acドメイン」としよう。大学はこの「acドメイン」にまとめられる。

ってことは、acドメインが親、3minunivが子、netが孫として構成される木ができますね。

そうだ。さっきのルールを忘れるなよ。acドメインの子、つまり各教育機関のドメインにも、同じ名前があってはダメだからな。そして、この業種や組織体系のドメインを国でまとめよう。日本だから、Japanで「jpドメイン」だ。

う〜んと、jpドメインが親、acドメインが子、3minunivが孫、netがひ孫の部分木になります。

そして、最後に世界中の国をまとめよう。そうすると、全世界のホストを網羅した木構造ができあがる。これが**ドメイン名前空間**だ。(*2)（図11-2）

はー。世界中のホスト、世界中の組織がこの木の中にあるわけですね。ちなみにこの世界をまとめたのは何ドメインですか？

(*2) ドメイン名前空間 ［Domain Name Space］

第11回 ドメイン名前空間

図11-2 ドメイン名前空間

ネットワーク上のすべてのホストを網羅した木構造

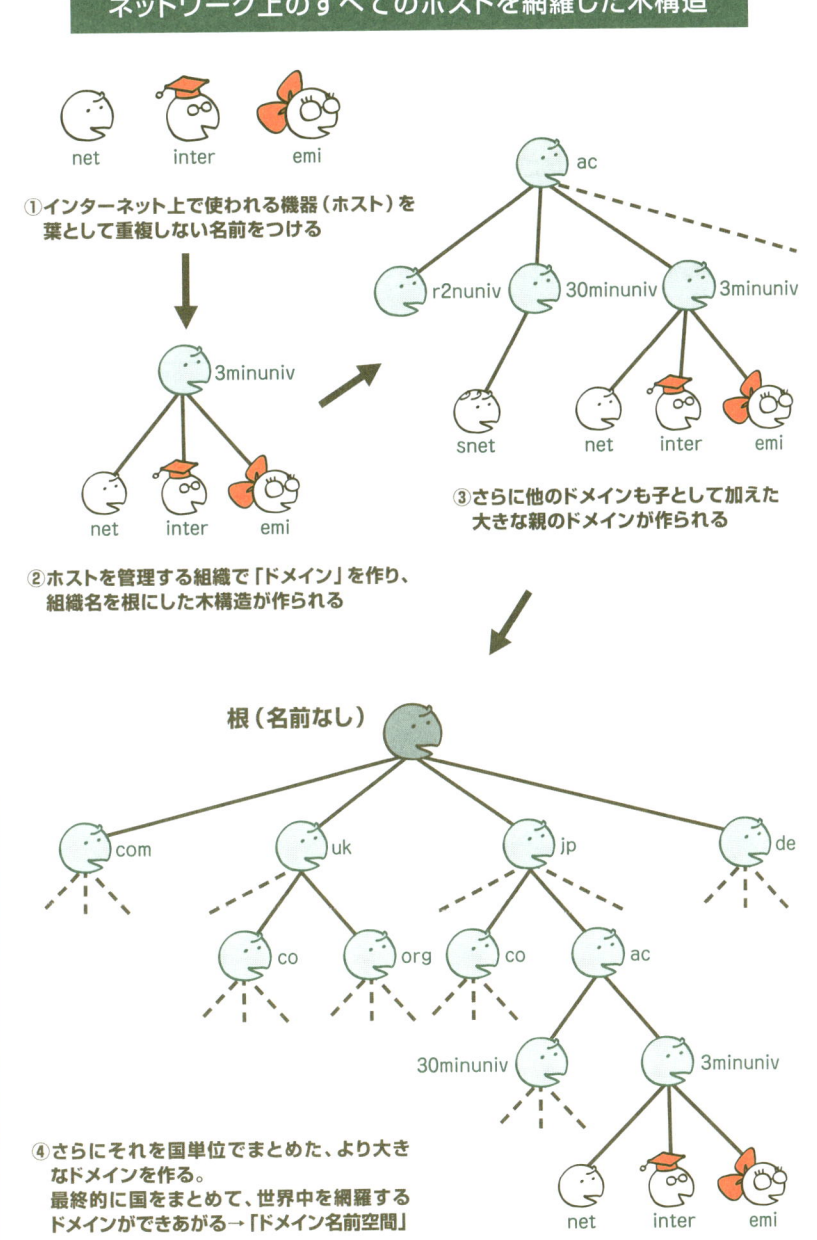

① インターネット上で使われる機器（ホスト）を葉として重複しない名前をつける

② ホストを管理する組織で「ドメイン」を作り、組織名を根にした木構造が作られる

③ さらに他のドメインも子として加えた大きな親のドメインが作られる

④ さらにそれを国単位でまとめた、より大きなドメインを作る。
最終的に国をまとめて、世界中を網羅するドメインができあがる→「ドメイン名前空間」

2 ドメインネーム

🎓 ん？　あぁ、名前はない。名無しの、名前が0文字のドメインだ。**ドメイン名前空間の根には名前がない**と覚えておきたまえ。

🙂 名前がないなんて変な感じですね。「worldドメイン」とでもしておけばいいのに。

🎓 まぁ、世界中をまとめるドメインは1つしか存在しないので名無しでもいいのだよ。名前が必要な場合は、便宜上「．（ドット）」を使うこともある。さぁ、DNSでの名前はこのように決定されているということは理解したかね。

🙂 ホストと、それを管理するドメインに名前が付けられているってことは理解しました。

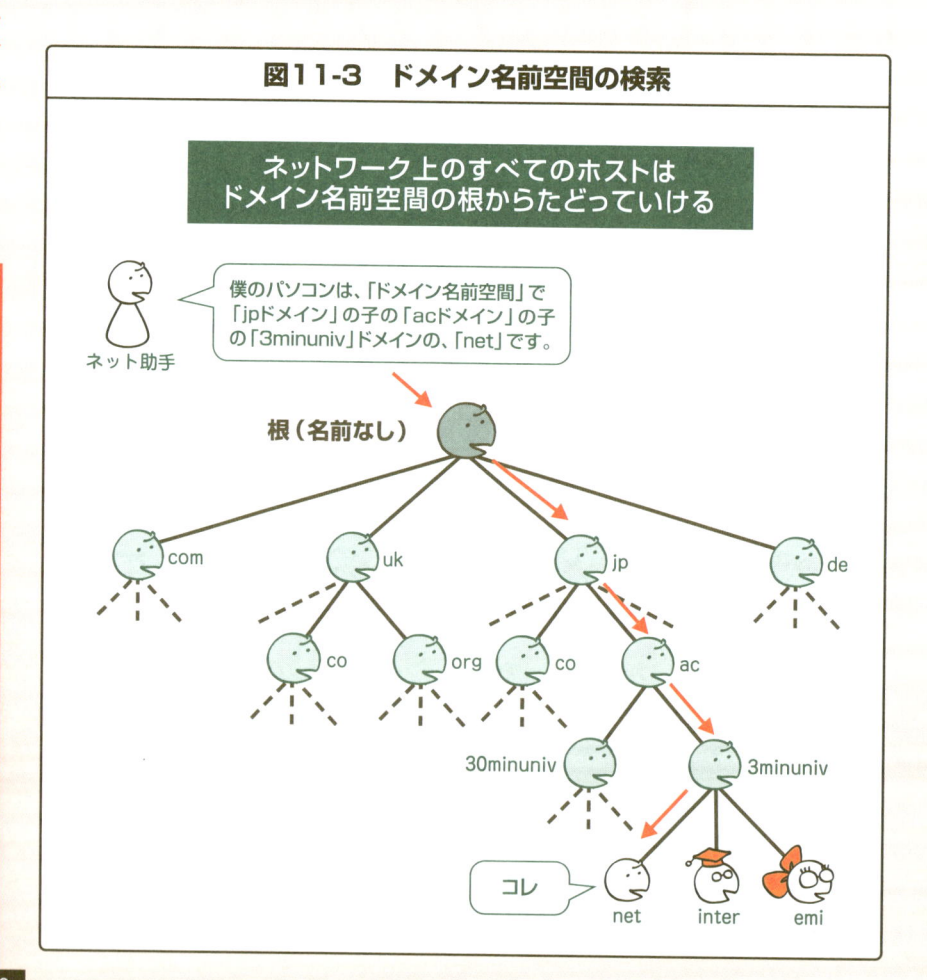

図11-3　ドメイン名前空間の検索

**ネットワーク上のすべてのホストは
ドメイン名前空間の根からたどっていける**

ネット助手：僕のパソコンは、「ドメイン名前空間」で「jpドメイン」の子の「acドメイン」の子の「3minuniv」ドメインの、「net」です。

根（名前なし）
├ com
├ uk
│　├ co
│　└ org
├ jp
│　├ co
│　└ ac
│　　├ 30minuniv
│　　└ 3minuniv
│　　　├ net　←コレ
│　　　├ inter
│　　　└ emi
└ de

第11回　ドメイン名前空間

うむうむ。で、このドメイン名前空間がなぜ木構造かというと、**根から世界中のすべてのホストを探すことができる**からだ。(図11-3)

ははぁ、確かに。さっきの僕のパソコンは、世界の、jpドメインの、acドメインの、3minunivドメインの、netってたどっていけば見つかりますね。

そうだ、根からたどっていけば、世界中のすべてのホストが必ず見つかる。これは後々大事だから覚えておきたまえ。ではまた次回。

はいなー。3分間DNS基礎講座でした～♪

ネット君の今日のポイント

- DNSは分散型データベース。
- ホスト、ドメインには名前がつけられている。
- 世界中のホスト、ドメインは木構造のドメイン名前空間で管理されている。
- ドメイン名前空間により、世界中のどのホストでも探し出すことができる。

第12回 レジストリとレジストラ

〇月〇日
〇曜日
△△

●ドメイン名の管理組織

ドメイン名前空間によって世界中のホスト、ドメインが網羅され、どのホストでも探し出すことができる。これは理解できたかな？

ホストやドメインを節とした木構造でしたよね。根があって、国があって、組織体系があって…。

うむ。それでネット君、ルールを覚えているかね。ドメイン名前空間での名前のルールだ。

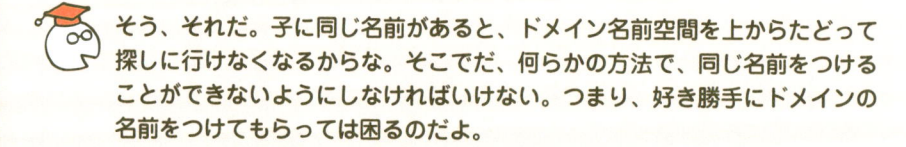

ルール？　なんかありましたっけ……、あー「子に同じ名前があってはいけない」ですか？（P74参照）

そう、それだ。子に同じ名前があると、ドメイン名前空間を上からたどって探しに行けなくなるからな。そこでだ、何らかの方法で、同じ名前をつけることができないようにしなければいけない。つまり、好き勝手にドメインの名前をつけてもらっては困るのだよ。

う〜ん。そうですね。好き勝手につけられると、重複する可能性がありますよね。

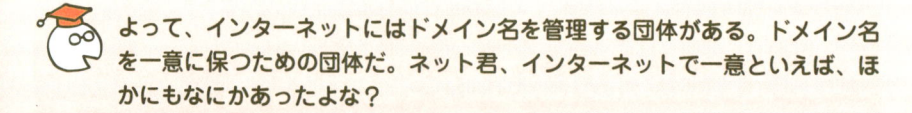

よって、インターネットにはドメイン名を管理する団体がある。ドメイン名を一意に保つための団体だ。ネット君、インターネットで一意といえば、ほかにもなにかあったよな？

……、IPアドレス。グローバルIPアドレスは、インターネット上で一意でないとまずいです。

そうだ。このグローバルIPアドレスを管理する団体、つまり**ICANNがドメイン名も管理している**（P24参照）。

第12回 レジストリとレジストラ

図12-1 レジストリ

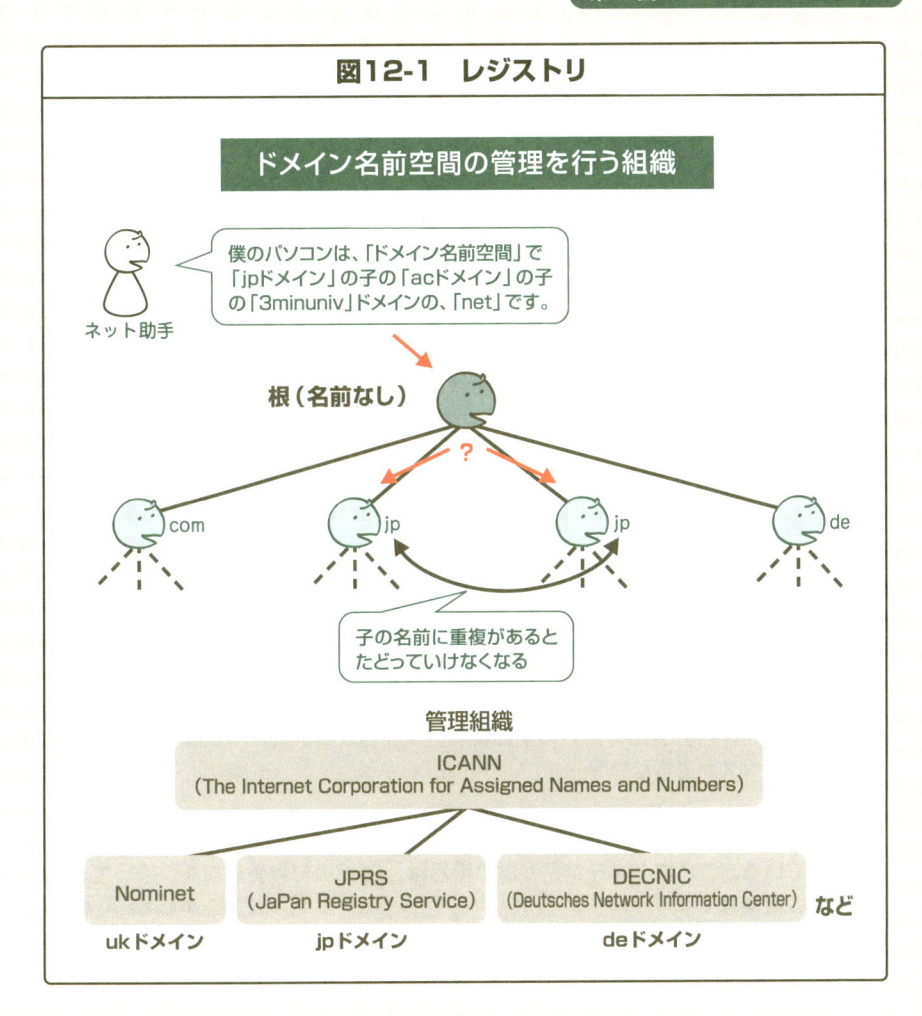

ドメイン名前空間の管理を行う組織

ネット助手：僕のパソコンは、「ドメイン名前空間」で「jpドメイン」の子の「acドメイン」の子の「3minuniv」ドメインの、「net」です。

根（名前なし）

com / jp / jp / de

子の名前に重複があるとたどっていけなくなる

管理組織

ICANN
(The Internet Corporation for Assigned Names and Numbers)

- Nominet — ukドメイン
- JPRS (JaPan Registry Service) — jpドメイン
- DECNIC (Deutsches Network Information Center) — deドメイン
- など

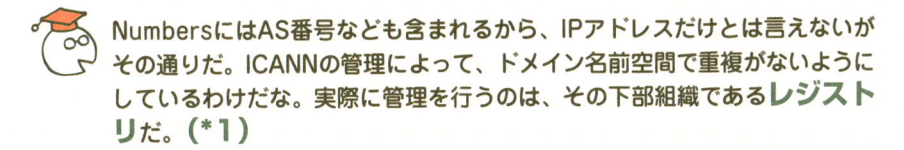

🤔 もしかして、ICANNの最後の「NN」、「Names and Numbers」はドメイン名［Names］とIPアドレス［Numbers］ってことですか？

🎓 NumbersにはAS番号なども含まれるから、IPアドレスだけとは言えないがその通りだ。ICANNの管理によって、ドメイン名前空間で重複がないようにしているわけだな。実際に管理を行うのは、その下部組織である**レジストリ**だ。(*1)

🤔 レジストリ。それはどんな組織なんですか？

(*1) **レジストリ [Registry]** ドメイン名を登録［Registration］する組織。

レジストリは、根の直下のドメイン、jpドメインなどだが、それにつき1つ存在する。そこから先はレジストリによってちょっと違うんだが、ここでは日本のjpドメインを管理するレジストリを例に話をしよう。日本のレジストリは**JPRS**という組織だ。(*2) (図12-1)

jpドメインって、日本のドメインすべての親ですよね。ってことは、日本のドメインの総元締めですね。

ま、立場的にはそんな感じだな。このJPRSが、jpドメインとその下のドメインのネームサーバの情報を管理している。詳しくは先の回（P93参照）で話すが、今は「JPRSがjpドメインとその下のドメインのサーバを管理している」と理解しておいてくれ。

●ドメイン名の登録

そして、自分のドメイン名がほしい組織があるとする。つまりドメイン名前空間に自分の組織を追加したいわけだ。ドメイン名前空間に自分の組織の名前があれば、ドメイン名を利用してのアクセスが可能になるからな。

ドメイン名前空間に自分の組織のドメイン名がないと、ドメイン名を使ったアクセスができない？

もちろん。ドメイン名前空間はすべてのドメイン名が含まれた木構造になっている。ここにドメイン名がない場合は、DNSの対象外になる。よって、その組織は**ドメイン名前空間への自ドメイン名の登録**をレジストラに依頼する。(*3)

レジストラ？　レジストリ？　あれ？

レジストラはレジストリの委託を受けた業者で、ドメイン名の登録業務を行っている。レジストリと組織の橋渡し役だな。組織は**ドメイン名の重複を確認**した上で、重複がない名前での登録をレジストラに依頼する。**(図12-2)**

あー、登録する際に重複がないように、チェックがかかるんですね。

・・・
(*2) JPRS [JaPan Registry Service]　日本（jpドメイン）のレジストリ。
(*3) レジストラ [Registrar]

図12-2 レジストラとドメイン名の登録

レジストラに依頼してドメイン名前空間にドメインを登録する

ドメイン名前空間のjpドメインのacドメインに「3minuniv」を追加したい

登録依頼 → レジストラ

登録依頼 → JPRS（レジストリ）
jpドメイン、acドメイン管理

acに追加 → 3minuniv

根 — jp — ac, co

そういうことだ。さっきの例でいえば、3minunivを登録したい場合、jpドメインのacドメインに同じ名前があったら、違う名前で登録しなければならないってことだな。

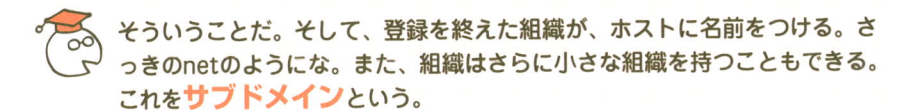

もし同じ名前がなかったら、jpドメインのacドメインの、3minunivドメインってことになるわけですね。

そういうことだ。そして、登録を終えた組織が、ホストに名前をつける。さっきのnetのようにな。また、組織はさらに小さな組織を持つこともできる。これを**サブドメイン**という。

サブドメイン…サブネットみたいですね。

そうだなぁ、サブネットでもいいが、子会社だな。組織のドメインの「親」と、その下部組織の「子」だな。たとえば、「3分間大学」の「情報教育学部」で、3minunivドメインのinfotecドメインとかだ。もちろん、サブドメインもホストを持つ。**(図12-3)**

図12-3　ホストとサブドメインの追加

ホストやサブドメインを追加し、ドメイン名前空間での検索を可能にする

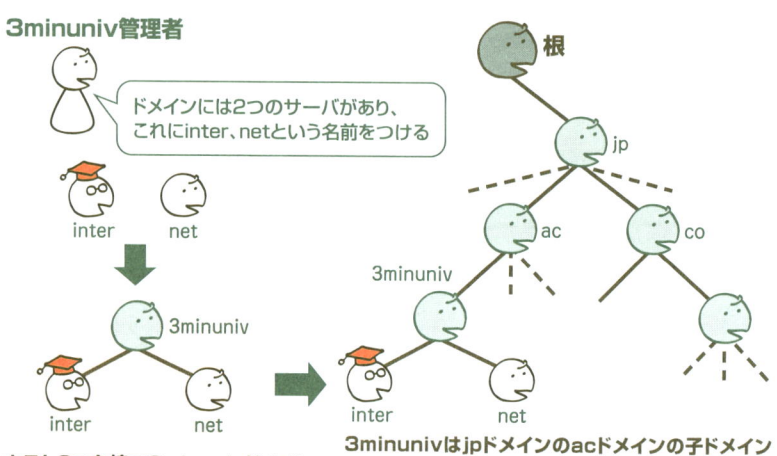

3minuniv管理者

ドメインには2つのサーバがあり、これにinter、netという名前をつける

inter　net

↓

ホスト2つを持つ3minunivドメインとして構成される

→

3minunivはjpドメインのacドメインの子ドメインとして存在するので、netとinterもドメイン名前空間に入る

3minuniv管理者

ドメインを「情報技術学科」と「メディア学科」というホストを持つ下部組織に分ける

infotec　media
inter　net

↓

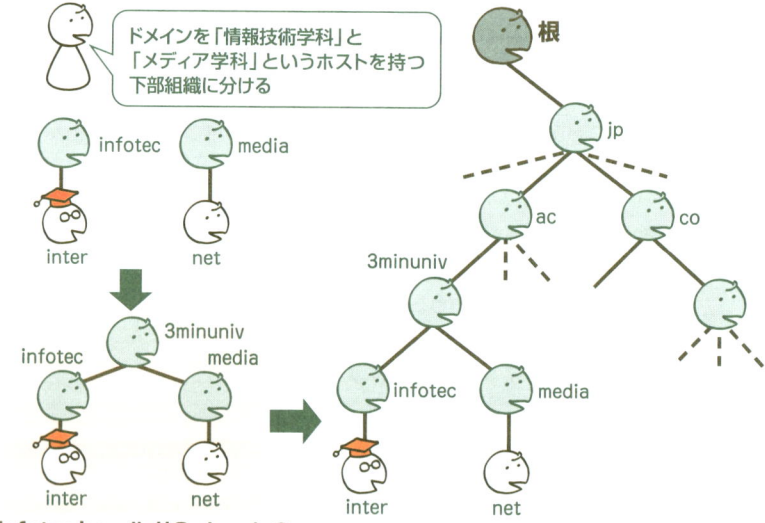

infotecとmediaは3minunivの下部組織なので3minunivドメインはこの形になる

→

ドメイン名前空間ではこのようになる

第12回 レジストリとレジストラ

🐧 あれ、これだと3minuniv自体も、acドメインのサブドメインっぽくないですか？

🎓 実はその通り。jpドメインは、ドメイン名前空間の「ルートドメイン（根）」のサブドメイン。acドメインは、jpドメインのサブドメインだ。

🐧 なるほど、そういう形なんですか。つまり、ドメイン名前空間って、レジストリっていう管理組織があって、その下にレジストラによって登録してもらった組織がくっついて、って感じなんですね。

🎓 そうだ。レジストリと、レジストラによって登録された組織とでドメイン名前空間は作られている。さて、ではまた次回としよう。

🐧 あいあい。3分間DNS基礎講座でした〜♪

ネット君の今日のポイント

- ドメイン名前空間では同じ名前を持つ直下の子がいてはいけない。
- ドメイン名前空間はICANNとレジストリにより管理されている。
- 組織はレジストラにドメイン名前空間への登録を依頼する。
- 組織はさらに子ドメイン（サブドメイン）を持つこともできる。

第13回 ドメイン名の構造

●TLDとSLD

ドメイン名前空間にすべてのドメイン名が存在すること、そこを管理している組織があることはわかったと思う。今回は、実際のドメイン名の表記について話そう。まずは用語の説明だ。

実際のドメイン名の書き方ですね。

まず、根のすぐ直下にあるドメイン、つまりレジストリが管理しているドメインだな。JPRSならjpドメインだ。これは**トップレベルドメイン**（Top Level Domain：TLD）と呼ばれる。このトップレベルドメイン、TLDには**ccTLDとgTLD**がある。(*1)

TLD、根の直下ですね。で、ccTLDとgTLD？

そう、まず**国別のTLDがccTLD**だ。例えば日本のjp、ドイツのgrなどだな。通常2文字で、ISO3166規格の国コードの英字2文字が使われる。そしてもうひとつの**gTLDは国の関係なく使用できるTLD**だ。com、net、orgなど、3文字以上の英字が使われる。

国別のドメインと、どこの国でも使えるドメインですか。そういえば、日本の企業でもcom使ってるところありますよね。

ただし、例外はアメリカ合衆国だ。ARPANETにはじまる歴史的な経緯から、アメリカ合衆国だけは国別コードを持たず、TLDは国名ではなくて、組織の形態「政府」「軍組織」などを意味する3文字以上のTLDがつく。

(*1) ccTLDとgTLD [Country Code TLD] [Generic TLD] それぞれ国別TLD、汎用TLDなどと訳される。

第13回 ドメイン名の構造

つまり、2文字が国別。3文字以上が、汎用かアメリカ合衆国ってことですね。

そういうことだ。そして、TLDの次のドメインが**セカンドレベルドメイン**（Second Level Domain：SLD）だ。これには、組織別のドメインなどがある。また、レジストリによってはSLDを持たない場合もある。

前に出てきた例だと、jpドメインの「acドメイン」の部分がSLDですね。レジストリによって違うって、それじゃあJPRSの場合はどうなんですか？

JPRSは3種類のドメインの表記方式を持っていて、組織別のSLDがつく場合とつかない場合の両方がある。(図13-1)

「汎用JP」がSLDなしで、「属性型JP」がSLDありってことですね。

うむ。そして、SLDの次か、SLDが省略されている場合はTLDの次に**組織のドメイン名**が入る。これは登録の際に申請したドメイン名だな。3minunivとかだ。組織の次にはその組織の子のドメイン名か、ホストの名前がはいる。

jpドメインのacドメインの3minunivドメインのパソコンnetとか、jpドメインのacドメインの3minunivドメインのinfotecドメインのサーバinterとかになるわけですね。

●FQDN

そして、いちいち「jpドメインの〜」とか言ったり書いたりするわけにはいかない。そこで、それぞれのドメインを**葉のドメイン名から始めて根のドメイン名までドットでつなげて記述する**。

えっと、例えば。さっきのjpドメインのacドメインの3minunivドメインのパソコンnetだとすると、葉から書くんだから、net.3minuniv.ac.jp…、根はどうするんですか？

根は0文字の名無しだから、net.3minuniv.ac.jp.になる。「jp.」のように、jpの後にドットがあって、そのあと0文字入っていることになるわけだな。このように根のドメインまで書く、つまり最後がドットで終るドメインのことを、「絶対ドメイン名」とか呼んだりする。

図13-1　TLDとSLD

> 根の直下がTLD。ccTLDとgTLDがある

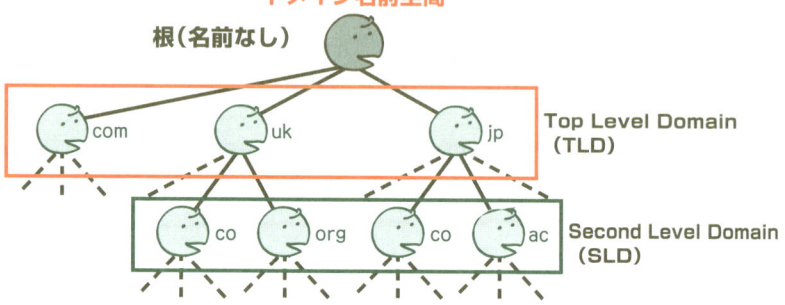

ドメイン名前空間

根（名前なし）
├─ com ┐
├─ uk ├─ Top Level Domain（TLD）
└─ jp ┘
    ├─ co ┐
    ├─ org├─ Second Level Domain（SLD）
    ├─ co │
    └─ ac ┘

TLDの種類と例

ccTLD （国別）	jp	uk	de
	日本	イギリス	ドイツ
gTLD （世界中どこでも・汎用）	com	net	org
	商用	ネット	組織
アメリカ合衆国	gov	mil	edu
	政府	軍事	教育

※実際にはgTLDは登録する組織形態（orgなら非営利団体など）の制限はなくなっている

JPRS（jpドメイン）によるドメイン名の分類

①汎用JPドメイン（SLDなし）
日本にある個人・企業なら制限なしで取得が可能

　　　（名前）.jp.　　　　例：3minuniv.jp　gihyo.jpなど

②属性型JPドメイン
SLDとして組織の属性がつく
属性にあった組織でないと取れない、1組織につき1つまで

　　　（名前）.（属性）.jp.　　　例：3minuniv.ac.jp　gihyo.co.jpなど

SLDの例	co	ac	ed	or	ne	go
	会社	高等 教育機関	初等中等 教育機関	非営利 組織	ネットワーク サービス	政府機関

③地域型JPドメイン（2012年3月末で新規受け付け終了）
SLDとして都道府県名、その次に地域名がつく
地方公共団体や病院・学校などが主に使う

　　　（名前）.（地域）.（都道府県）.jp.　　　例：3minuniv.chiyoda.tokyo.jpなど

第13回　ドメイン名の構造

🐣 わざわざそんな呼び名があるってことは、違う書き方もあるとか？

🎓 実は、**根のドメイン名は省略できる**。なので、最後のドットがなくてもいい。net.3minuniv.ac.jpでもいいってことだな。ただし、絶対ドメイン名でなければダメな場合もあるので気をつけるように。ともかく、この表記を守っている限り、**同じ名前は存在しない**。

🐣 ん〜っと、直下の子は同じ名前を持っていないから、それをつなげたら確かに同じ名前は存在しませんね。

🎓 うむ。このような**根からすべてのドメイン名を記述するドメイン名**のことを**FQDN**と呼ぶ。FQDN、日本語で言うと完全修飾ドメイン名は、その名前がドメイン名前空間でどこにあるかを絶対的に示すものだ。(*2)（図13-2）

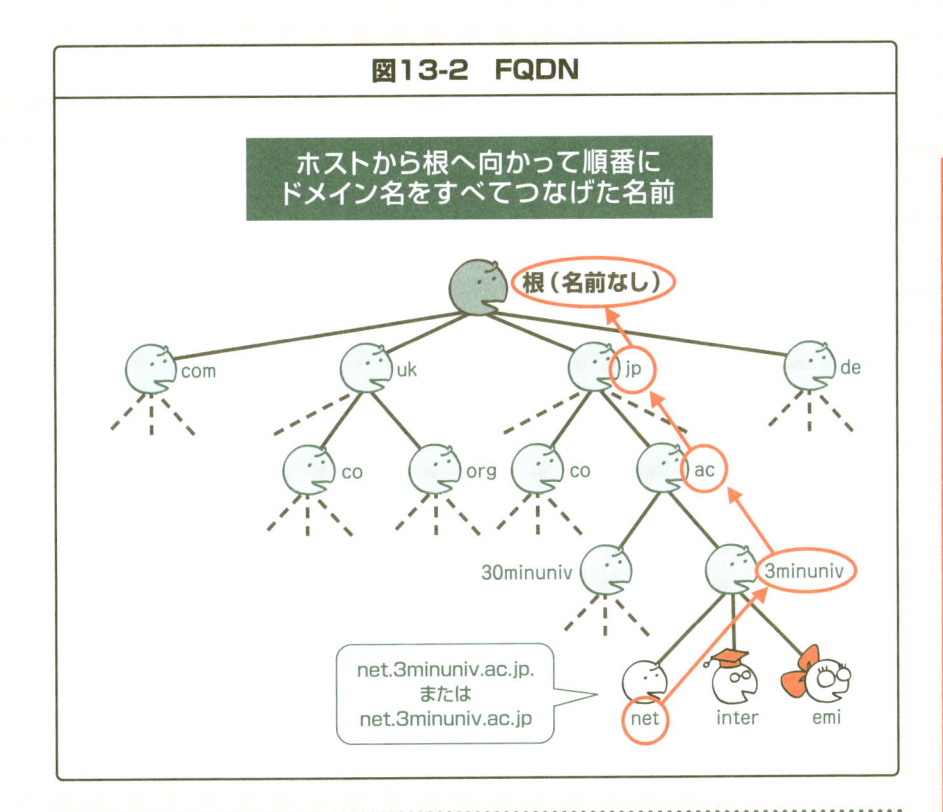

図13-2　FQDN

ホストから根へ向かって順番にドメイン名をすべてつなげた名前

net.3minuniv.ac.jp.
または
net.3minuniv.ac.jp

(*2) FQDN [Fully Qualified Domain Name]　完全修飾ドメイン名とも。

🐱 FQDN、かんぜんしゅーしょくどめいんめい。絶対的に示す、ってどういう意味ですか？

👨‍🏫 **同じドメインにいるならば組織のドメイン名は省略できる**場合がある。たとえば、inter.3minuniv.ac.jp.とnet.3minuniv.ac.jp.なら同じ3minuniv.ac.jp.にいるので、「inter」や「net」で宛先を指定できる場合があるのだよ。

🐱 あー、あれですね。電話番号で同じ市内なら市外局番を省略できるようなものですね。ということは、市外局番から書いた03-1111-1111とかは「完全修飾電話番号」ってことになりますね。

👨‍🏫 完全修飾電話番号とは変な表現だが、その理解でいい。さて、ドメイン、DNSの基礎となる話をしてきたわけだが、この**ドメイン名とDNSはインターネットで最も重要なシステム**ということを忘れないように。

🐱 そうなんですか？　他にも重要そうなのがあるんですけど？

👨‍🏫 いや、断然DNSだ。何故なら**今のインターネットを利用するうえで宛先を指定するのに使うのはほぼドメイン名**だ（図13-3）。というよりも、IPアドレスを直接指定することはまずない。

🐱 確かに、普段インターネットを使っていて、IPアドレス使うことなんて、ほとんどないですね。

👨‍🏫 だろう？　つまり、**DNSはインターネットのインフラ**、最重要のシステムなのだよ。ここから先、それを忘れないようにがんばって理解したまえ。ではまた次回。

🐱 がんばります。3分間DNS基礎講座でした〜♪

第13回 ドメイン名の構造

図13-3 インターネットのインフラ

現在のインターネットになくてはならないサービス

ユーザ → サーバ（インターネット）

インターネット上のサービスを受けたいから「宛先の指定」をしよう

宛先の指定

- Webサービス………… http://www.3min.co.jp/
- 電子メール…………… net@3minuniv.ac.jp
- ファイル転送………… ftp://ftp.3min.com/
- 動画ストリーミング… mms://douga.3min.jp/

すべてドメイン名が使われており、ドメイン名がなければインターネット上のサービスを受けることができない

↓

インターネットの社会基盤（インフラストラクチャー）

2 ドメインネーム

ネット君の今日のポイント

- ●ドメイン名はTLD、SLD、組織名、ホストの名前からなる。
- ●葉の名前から根まで順番にドメイン名をドットで区切って記述する。
- ●すべて記述したドメイン名をFQDNと呼ぶ。
- ●DNSはネットワークのインフラで、最重要。

○月○日 道 ネット君

補講 ②

「新たに追加されたドメイン名前空間
～国際化ドメイン名」

　こんにちは、おねーさんです。本文では「ドメイン名前空間」の説明があったかと思います。ドメイン名前空間は、ドメイン名の構造そのものですので、しっかりと覚えておいてくださいね。

　さて、ドメイン名前空間で使われている「ドメイン名」ですけど、これって英数字と特定の記号だけで構成されていますよね。まぁ、インターネットの歴史から、プロトコルの多くは「英語の使用が前提」で作られちゃっているからしょうがないっていえばしょうがないんですけど。

　でも、インターネットが世界中に普及している現状で、英語圏以外の人にとって英語数字と記号だけの名前が使いやすいか、と言われればそうとも言えないって感じですよね。そこで登場したのが「国際化ドメイン名」です。簡単にいえば、ドメイン名のTLDを除く部分に「英語以外の言語」を使えるドメイン名です。

　日本語の場合は、JPRSが「日本語JPドメイン」として運用しています。例えば「3分間ネットワーク.jp」などのように書かれます。「gijyutsuhyouronsha.jp」なんて書かれるよりは、「技術評論社.jp」の方がパッと見ですぐにわかっていいですよね。

　もちろん、この日本語JPドメインを含む国際化ドメイン名は、ドメイン名前空間に存在しなければ検索されません。ではどうやって英語ばっかりのドメイン名前空間に他の言語のドメイン名を持ちこんでいるかというと、Punycodeと呼ばれる変換方式を使って、他の言語を英語のASCIIコードに変換して、ドメイン名前空間に登録しています。

　URLを見てなんか奇妙な文字列があるな～と思ったら、それは国際化ドメイン名が変換された後の文字列かもしれません。ちなみに先頭が「xn--」で始まっていたら、それは国際化ドメイン名を変換した文字列である証拠ですよ。

　2011年11月の段階で、日本語JPドメインは、汎用JPドメインの1つとして運用されていて、汎用JPドメインの約14％が日本語JPドメインで占められています。結構すごいですね。

# 3章
DNSの構造

第14回 ネームサーバとゾーン

●ドメイン名の管理

これまでの章で、ドメイン名前空間については理解ができたと思う。ネットワーク上のすべての名前を持つ機器は、ドメイン名前空間という木の中にある。

FQDNっていう重複しない名前を持っていて、根からたどっていけば見つかるわけなんですよね。

そういうことだ。今回からは、DNSがどのように名前を管理しているかを話そう。前の回で説明したとおり、「ドメイン名とIPアドレスの対応データベース」を持つサーバと、それに「問い合わせる」クライアントでDNSは成り立っている（P64参照）。

クライアント・サーバシステムでしたよね。クライアントがドメイン名を問い合わせると、それに対応するIPアドレスをサーバが返してくれる、と。

うむ。このドメイン名とIPアドレスの対応データベースを持つサーバを「**ネームサーバ**」と呼ぶが、ネームサーバは**世界中に1つだけあるわけではない。**(*1)

ネームサーバ、「名前サーバ」ですか。わかりやすい名前ですね。で、1つだけあるわけではない？ 複数あるってことですか？

そうだ。1台だけだと、Hostsファイルと同じような問題が発生してしまう。すべての問い合わせがその1台に集中するし、ドメイン名とIPアドレスの対応の変更もそのサーバの管理者に集中する。Hostsファイルの頃と違って、今のインターネットは規模が半端ないからものすごいことになる。

(*1) ネームサーバ [Name Server] DNSサーバとも呼ぶが、ネームサーバが一般的。

第14回 ネームサーバとゾーン

そうですねぇ、確かに今のインターネットのすべての名前解決が集中しちゃったら、そりゃすごそうだ。

つまり、**複数のネームサーバでドメイン名前空間を管理**する。そして、このように管理されるデータベースを**分散型データベース**と呼ぶ。これらの**ネームサーバはドメインごとに存在する**。

ドメインごとに1台？　ってことは、jpドメインとか、acドメインとか、3minunivドメインとかに**1台**ずつってことですか？（*2）

そうだ。そして、**ネームサーバは自分の直下の名前を管理する**。管理するというのは、ドメイン名とIPアドレスの対応表を持つ、ってことだ。

直下？　っていうことは前回のjpドメインなら、FQDNでac.jpドメインとか、co.jpドメインとかだけを管理するということですか？　さらにその下にある、FQDNだと3minuniv.ac.jpのドメインはどうなるんですか？

基本、管理しない。あくまで直下だけだ。この管理する範囲のことを**ゾーン**と呼ぶ。（*3）（図14-1）

ゾーン。ネームサーバが管理する、ドメインの直下の名前たちの範囲、ですね。

●ゾーンとオーソリティ

ここで、ゾーンのことを考えてみよう。ゾーンには2つのものがあるよな。まず、「ホスト」。木構造でいう葉にあたり、名前をもっている機器だな。あともう1つは？　ドメイン名前空間を見て思い出すと？

ん〜〜。節、ですよね。他の「ドメイン」のことです。P82の図だと、3minunivドメインにはinfotecっていうサブドメインがありますね。

そうだ。ネームサーバはドメインの直下の「ホスト」と「サブドメイン」の名前をデータベースに登録しておく。それがゾーンの情報だ。これを**ゾーン情報**と呼ぼう。

(*2) ドメインに1台　実際は、jp.ドメインのネームサーバと、ac.jp.ドメインのネームサーバは同じサーバが使われている。このJPRSのjp.とac.jp.のように、TLDとSLDは同じネームサーバが兼用している場合が多い。
(*3) ゾーン［zone］

図14-1　ネームサーバとゾーン

ドメインにはネームサーバが置かれ、
直下のサブドメインとホストを管理する

根（名前なし）

com　uk　jp　de

co　org　co　ac

30minuniv　3minuniv

ac.jp.のネームサーバのゾーン →

3minuiv.ac.jp.の
ネームサーバのゾーン →

infotec　inter　emi

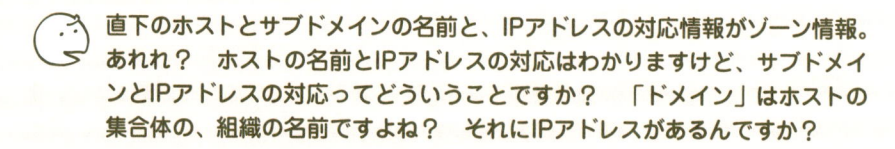

net

🖥 …ネームサーバ

🐤 直下のホストとサブドメインの名前と、IPアドレスの対応情報がゾーン情報。あれれ？　ホストの名前とIPアドレスの対応はわかりますけど、サブドメインとIPアドレスの対応ってどういうことですか？　「ドメイン」はホストの集合体の、組織の名前ですよね？　それにIPアドレスがあるんですか？

🎓 ドメインのIPアドレスというより、**ドメインとしてはネームサーバのIPアドレスを登録**するのだ。(図14-2)

🐤 んと、つまり、ゾーン情報とは、ホストの名前とIPアドレス、サブドメインの名前とサブドメインのネームサーバのIPアドレスの対応表ということですか？

🎓 そういうことだ。実際はもうちょっといろいろ書かれているが、基本はこれだ。それで、ドメインの管理者、つまりネームサーバの管理者はゾーン情報の変更ができる。ゾーン情報の変更ができるということは？

🐤 ホストを登録したり、サブドメインを登録できたりする？　つまり、ドメイン名前空間にホストやサブドメインを追加・削除できるってことですね。

第14回 ネームサーバとゾーン

図14-2 ゾーン情報の基本

ネームサーバはゾーン情報として
ホスト・ドメインの名前とIPアドレスの対応を持つ

**3minuniv.ac.jp.の
ネームサーバが持つゾーン情報**

ホスト inter … 192.168.0.1
ホスト emi … 192.168.0.2
サブドメイン infotec … 192.168.10.1

サブドメインのネームサーバのIPアドレス

3minuniv

192.168.10.1
infotec　inter　emi
　　　192.168.0.1 192.168.0.2

net
192.168.10.5

**infotec.3minuniv.ac.jp.の
ネームサーバが持つゾーン情報**

ホスト net … 192.168.10.5

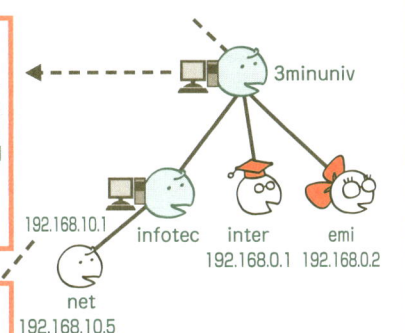

🎓 うむ。つまり、ネームサーバは**ゾーン情報によりドメイン名前空間の一部を管理している**ってことだ。これをネームサーバが**オーソリティ**をもつという。(*4)

🙂 オーソリティ？　権威？　ネームサーバが何に対して権威を持っているんですか？

🎓 権威っていうとちょっとわかりづらいので、「権限」のほうがいいだろう。ゾーン情報に対して、つまりドメイン名前空間の一部に対して、ネームサーバは権限を持っている、という意味だ。逆に言えば、ネームサーバがドメイン名前空間に持つ権限の範囲がゾーン、だとも言えるだろう。

🙂 ふむー。ネームサーバがゾーン情報を書き換えると、ドメイン名前空間の一部が書き換わる。ドメイン名前空間に対する書き換え権限の有効範囲が、ゾーン。

🎓 そういうことだな。詳しい話はまた後のDNSの動作で説明するが、このゾーン情報を使って、ドメイン名前空間から任意のホストを探すことができる。(図14-3)

(*4) オーソリティ [Authority]　権威 (者)、威信の意味。

図14-3 ドメイン名前空間の検索

サブドメインのネームサーバのIPアドレスを教えてもらい、そこに問い合わせることを繰り返す

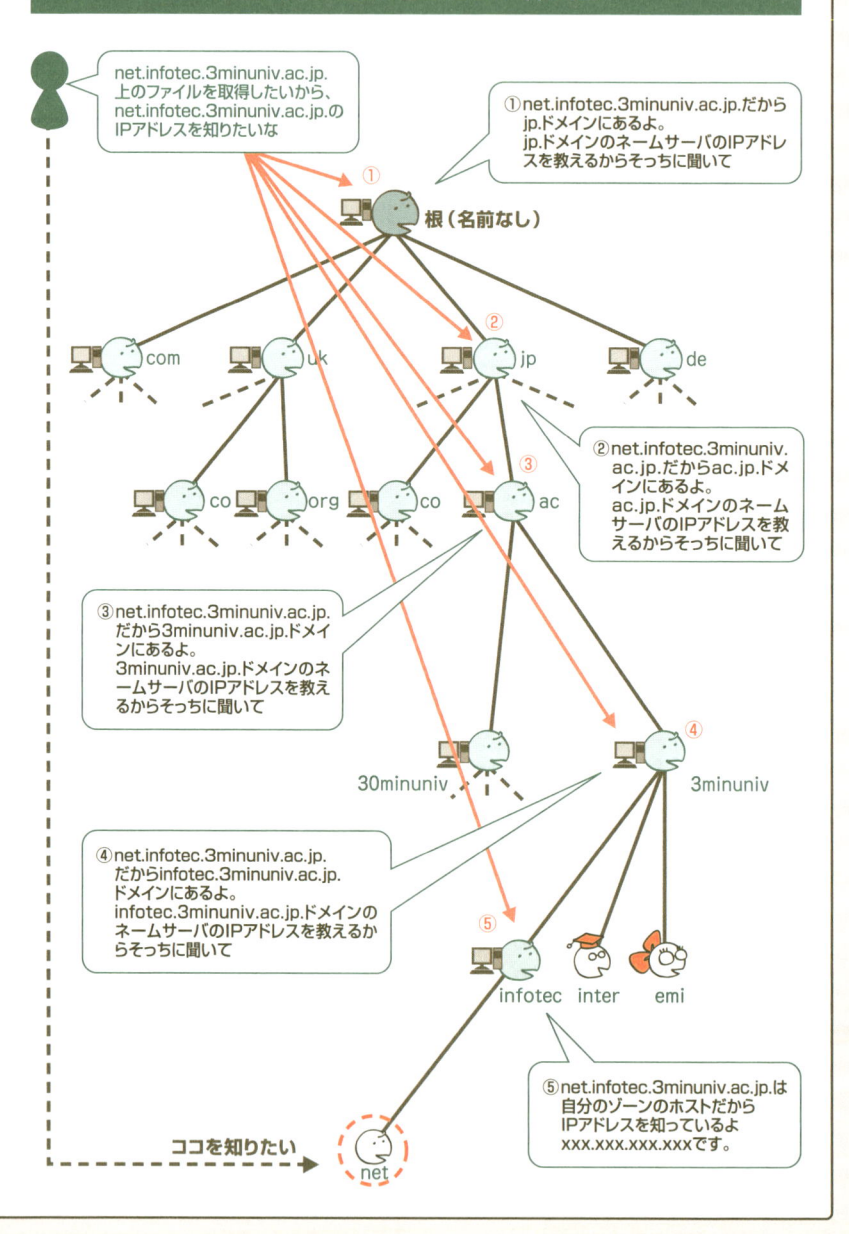

net.infotec.3minuniv.ac.jp.上のファイルを取得したいから、net.infotec.3minuniv.ac.jp.のIPアドレスを知りたいな

① net.infotec.3minuniv.ac.jp.だからjp.ドメインにあるよ。jp.ドメインのネームサーバのIPアドレスを教えるからそっちに聞いて

根（名前なし）

com　uk　jp　de

co　org　co　ac

② net.infotec.3minuniv.ac.jp.だからac.jp.ドメインにあるよ。ac.jp.ドメインのネームサーバのIPアドレスを教えるからそっちに聞いて

③ net.infotec.3minuniv.ac.jp.だから3minuniv.ac.jp.ドメインにあるよ。3minuniv.ac.jp.ドメインのネームサーバのIPアドレスを教えるからそっちに聞いて

30minuniv　3minuniv

④ net.infotec.3minuniv.ac.jp.だからinfotec.3minuniv.ac.jp.ドメインにあるよ。infotec.3minuniv.ac.jp.ドメインのネームサーバのIPアドレスを教えるからそっちに聞いて

infotec　inter　emi

ココを知りたい　net

⑤ net.infotec.3minuniv.ac.jp.は自分のゾーンのホストだからIPアドレスを知っているよxxx.xxx.xxx.xxxです。

第14回　ネームサーバとゾーン

🐤 えっと、ルートから、つまり**FQDNの後ろから順番に探していく**というわけですか。

🎓 そうだ。親のネームサーバは、子のサブドメインのネームサーバのアドレスを知っている。このアドレスを使って、次に問い合わせするネームサーバがわかるわけだ。これを繰り返して、知りたいホストのIPアドレスを知っている、そのホストがあるゾーンのネームサーバまでたどり着くことができるわけだ。

🐤 根の、jp.ドメインの、ac.jp.ドメインの、3minuniv.ac.jp.ドメインの、infotec.3minuniv.ac.jp.ドメインの、というようにたどっていって、net.infotec.3minuniv.ac.jp.のIPアドレスがわかる、と。

🎓 そういうことだ。最初に「分散型データベース」と言っただろう（P72参照）。DNSでの情報は、ゾーンに分割されていて、ゾーンに対してオーソリティを持つネームサーバがそれぞれを管理しているのだ。

🐤 確かに集中型ではなく、分散型の構造ですよね。なるほど。

🎓 今回はこれぐらいにしておこう。次回からはゾーン情報の中身の話をしよう。ではまた次回。

🐤 あいな。3分間DNS基礎講座でした〜♪

ネット君の今日のポイント

- ドメイン名前空間の管理は複数のネームサーバで行っている。
- ネームサーバは直下のホストとドメインを管理する。
- ネームサーバが管理する範囲をゾーンと呼び、ネームサーバはそれに対しオーソリティを持つ。
- FQDNの後ろから順番に、ドメイン名前空間を検索する。

第15回 リソースレコード

●ゾーン情報の中身

🎓 ドメイン名前空間を管理するのは、ネームサーバだったな。ネームサーバは、ドメインに配置され、直下のホストとサブドメインを管理するオーソリティをもち、その範囲をゾーンと呼ぶ。で、今回はそのゾーン情報の話だ。

🐣 博士、素晴らしいです。前回1回分を3行で説明しきりましたね。

🎓 いやいや、ちゃんと前回説明しているから要約できるのだよ。ともかく、だ。ゾーン情報とは何かね？

🐣 ゾーン情報は、ネームサーバが持つ、ゾーンの情報です。名前とIPアドレスの対応データベース？

🎓 そうだ。それがゾーン情報だ。ドメイン名という「名前」と「IPアドレス」の対応を記述してある。その中身だが、**リソースレコード**の集合体だ。(*1)

🐣 リソースレコード？ 資源の記録？ 資源って何ですか？

🎓 データベースでは、登録してある1件分のデータを「レコード」と呼ぶ。ゾーン情報には、ゾーン内のサーバなどの「資源」を記述する。だから、リソースレコードだ。

🐣 ふむふむ、1件分のデータがレコード。それが集まって、ゾーン情報になる、と。たとえば、ドメインに3台のホストがあったら、リソースレコードが3件あるってことですね。

・・

(*1) リソースレコード [Resource Record]

第15回 リソースレコード

🎓 あー、基本は確かにそうだが。実際は、「ドメイン名と名前の対応」以外にも必要となるリソースレコードがある。たとえば、メールサーバのリソースレコードなどだな。

🐤 メールサーバのリソースレコード？ なんでそんなのが必要なんですか？

🎓 それは後で詳しく話そう（P116参照）。ともかく、**リソースレコードには種類が複数ある**。これは**タイプ**と呼ばれ、役割が異なる。（図15-1）

🐤 ふむふむ、A、NS、MX、SOA……、なにがなにやらですけど？

図15-1 リソースレコードタイプ

ゾーン情報として扱われるデータの種類。
リソースレコードはタイプにより役割が違う

タイプ	リソースレコードでの値 （16ビット：10進数表記）	役割
A (Address)	1	ホストのアドレス
CNAME (Canonical NAME)	5	ホストの別名
MX (Mail eXchange)	15	ドメインのメール交換ホスト
NS (Name Server)	2	ドメインのネームサーバ
PTR (PoinTeR)	12	逆引き用ドメイン名
SOA (Start of Authority)	6	オーソリティの起点、 ゾーン転送などで使われる値
TXT (TeXT)	16	テキスト。 文字列を格納できる
AAAA (IPv6 Address)	28	ホストのアドレス（IPv6用）

このうち、A、CNAME、NS、MX、SOA、PTRについて、次回から説明を行う。これらのタイプはDNSでごく一般的に扱われているからな。ともかく、リソースレコードにはタイプがあり、それにより役割が違う、と覚えておきたまえ。

了解です。

●リソースレコードの中身

では、リソースレコードの中身の説明といこう。リソースレコードは**6つの値からなる**。（図15-2）

名前とか、タイプとかはわかりますけど、あとはなにやら。

図15-2　リソースレコード

ゾーン情報として保有する1件分のデータ

リソースレコード

リソースレコードのフィールド名	ビット数	説明
名前	可変長	そのリソースレコードの名前 ホストの名前やドメイン名。最大255オクテット 根（ルート）の場合はnull値（※）
タイプ	16ビット	リソースレコードタイプ
クラス	16ビット	使用するプロトコルを示す
TTL	32ビット	リソースレコードがキャッシュされる秒数
RDLength	16ビット	RDATAの長さ。単位はオクテット
RDATA	可変長	リソースレコードの値 RDATAの値はタイプによって異なる

※null値。読みは「ヌル」。なにもない値のこと

そうだな。まず、名前はいいな。これがリソースレコードの名前だ。何が書かれるかはタイプによって異なるから、タイプ別の解説のときに説明しよう。次がタイプ。

さっきの、AとかNSとかMXとかですね。

先ほど説明したのは、一般的に使用されるリソースレコードの形を決める「データタイプ」と呼ばれるタイプだ。実際にはあと2つ、「メタタイプ」と「質問タイプ」がある。この2つは特別な役割をもつタイプで、後で説明しよう（P175参照）。

ふむふむ、タイプには3つあるんですね。で、次がクラスです。

クラスは「使用するプロトコル」を選ぶものだと考えておけばいい。**基本的には（*2）**、インターネットを表わす「IN」（値は1）以外は使われない。

つまり、クラスには「IN」って入れとけばいいってことですね。でもって、次が**TTL（*3）**。TTLっていうと、IPヘッダにもありましたよね。

うむ。基本的には同じ意味だ。IPヘッダのTTLはIPデータグラムの「中継できるルータ数」を決め、超えた場合に破棄する。リソースレコードのTTLは**キャッシュされる時間**を決める。

キャッシュ？　キャッシュってなんですか？

DNSでは、クライアントやサーバが一度入手したDNSの情報、つまり**リソースレコードを一時的に保存する**。これをキャッシュと呼ぶ。これにより、同じ問い合わせを行わなくてよくなり、無駄が減るってことだ。

ふむふむ。つまり、一回行った問い合わせの結果を覚えておくってことですね。で、一時的ってことは、消えるんですか？

そうだ。ずっと覚えておくと、変更があった場合に困るからな。この「一時的に覚えておく時間」がTTLだ。**（図15-3）**

(*2) **基本的には**　インターネット（IN）以外では、カオスシステム（CH）、ヘシオド（HS）などがある。
(*3) **TTL [Time To Live]**　「生存時間」などと訳される。

図15-3 キャッシュとTTL

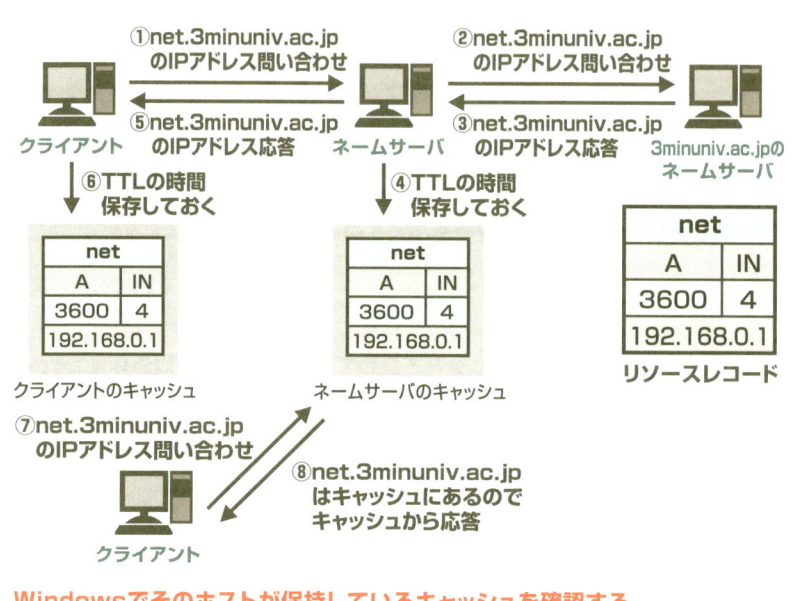

サーバやクライアントは問い合わせした情報をTTLの時間保持している

①net.3minuniv.ac.jp のIPアドレス問い合わせ
②net.3minuniv.ac.jp のIPアドレス問い合わせ
⑤net.3minuniv.ac.jp のIPアドレス応答
③net.3minuniv.ac.jp のIPアドレス応答

クライアント　ネームサーバ　3minuniv.ac.jpのネームサーバ

⑥TTLの時間保存しておく
④TTLの時間保存しておく

クライアントのキャッシュ

net	
A	IN
3600	4
192.168.0.1	

ネームサーバのキャッシュ

net	
A	IN
3600	4
192.168.0.1	

リソースレコード

net	
A	IN
3600	4
192.168.0.1	

⑦net.3minuniv.ac.jp のIPアドレス問い合わせ
⑧net.3minuniv.ac.jp はキャッシュにあるのでキャッシュから応答

クライアント

Windowsでそのホストが保持しているキャッシュを確認する「ipconfig /displaydns」

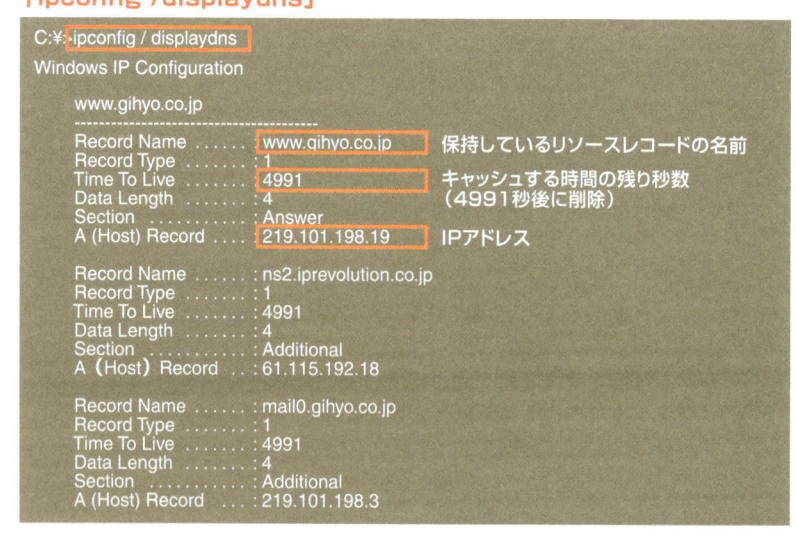

```
C:¥>ipconfig / displaydns
Windows IP Configuration

    www.gihyo.co.jp
    ----------------------------------------
    Record Name . . . . . : www.gihyo.co.jp         保持しているリソースレコードの名前
    Record Type . . . . . : 1
    Time To Live  . . . . : 4991                    キャッシュする時間の残り秒数
    Data Length . . . . . : 4                       （4991秒後に削除）
    Section . . . . . . . : Answer
    A (Host) Record . . . : 219.101.198.19          IPアドレス

    Record Name . . . . . : ns2.iprevolution.co.jp
    Record Type . . . . . : 1
    Time To Live  . . . . : 4991
    Data Length . . . . . : 4
    Section . . . . . . . : Additional
    A（Host）Record . . . : 61.115.192.18

    Record Name . . . . . : mail0.gihyo.co.jp
    Record Type . . . . . : 1
    Time To Live  . . . . : 4991
    Data Length . . . . . : 4
    Section . . . . . . . : Additional
    A (Host) Record . . . : 219.101.198.3
```

第15回 リソースレコード

> へぇ、Windowsだと、ipconfig［スペース］/displaydnsで確認できるんですね。ipconfigってIPアドレスを表示させるだけだと思ってましたよ。

> キャッシュを消したい場合は、ipconfig［スペース］/flushdnsだ。さて、残りがRDLengthとRDATAだな。RDATAはリソースレコードで使われるデータだ。何が入るかはタイプによって異なる。

> そのRDATAのデータ長が、RDLengthですね。

> そういうことだ。DNSではこのリソースレコードで、ゾーンの情報が決定されている、ということを覚えておくように。

> ネームサーバが持つのが、ゾーン情報。ゾーン情報はリソースレコードとして書かれている。了解です。

> うむうむ。では次回からは主要なタイプのリソースレコードを説明しよう。ではまた次回。

> はーい。3分間DNS基礎講座でした〜♪

ネット君の今日のポイント

- ゾーン情報として、リソースレコードを記述する。
- リソースレコードにはタイプがあり、役割が違う。
- リソースレコードは問い合わせ元に一時的に記録される。
- キャッシュされたリソースレコードはTTLの時間が過ぎると消去される。

〇月〇日 晴 ネット君

第16回 AレコードとCNAMEレコード

●問い合わせとAレコード

🎓 前回、ネームサーバが持つゾーン情報はリソースレコードとして記述されていると説明したな。今回からは、リソースレコードの実際の中身をタイプ別に説明していこう。

🐧 タイプ別っていうと、A、CNAME、NS、MX、SOA、PTRの6つのタイプを説明するって話でしたよね。

🎓 うむ。それで、名前とIPアドレスの対応を知りたい、という希望を持つDNSのクライアントがいたとする。これがネームサーバに「問い合わせ」を行う。

🐧 そうすると、ネームサーバは「応答」を返すんですよね。

🎓 うむ。実際の問い合わせと応答の形式は後で説明するが（P148参照）、ポイントは、**応答としてリソースレコードを通知**するということだ。(図16-1)

🐧 なるほど。問い合わせに応じて、その目的をかなえるリソースレコードをつけて、相手に通知するってことですか。で、場合によっては複数のリソースレコードを送るんですか？

🎓 そうだ。詳しくは問い合わせと応答のときに話そう（P160参照）。そして、DNSの一番の目的、つまり**名前とIPアドレスの対応を通知**するためのレコードが、タイプAのレコードだ。通常は**Aレコード**と呼ぶ。

🐧 タイプAのレコードだからAレコードですね。Aレコードには、名前とIPアドレスの対応が記述されているんですね。

第16回 AレコードとCNAMEレコード

図16-1 リソースレコードを使った問い合わせと応答

問い合わせの際にタイプを指定し、応答としてそのタイプのリソースレコードをつけて返す

・問い合わせに対し、対応するタイプのリソースレコードを送る

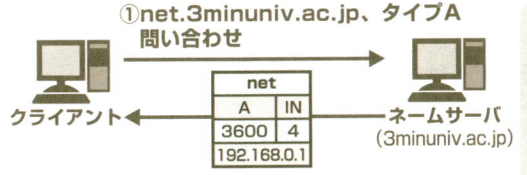

① net.3minuniv.ac.jp、タイプA 問い合わせ
② net.3minuniv.ac.jpのAレコードでの応答

クライアント ← → ネームサーバ（3minuniv.ac.jp）

net		
A	IN	
3600	4	
192.168.0.1		

ゾーン情報:

net		inter	
A	IN	A	IN
3600	4	3600	4
192.168.0.1		192.168.0.2	

name		3minuniv.ac.jp	
A	IN	NS	IN
3600	4	3600	4
192.168.0.5		name	

・複数のリソースレコードを送る必要がある場合

① 3minuniv.ac.jp、タイプNS 問い合わせ
② 3minuniv.ac.jpのNSレコードとAレコードでの応答

クライアント ← → ネームサーバ（3minuniv.ac.jp）

name		3minuniv.ac.jp	
A	IN	NS	IN
3600	4	3600	4
192.168.0.5		name	

ゾーン情報:

net		inter	
A	IN	A	IN
3600	4	3600	4
192.168.0.1		192.168.0.2	

name		3minuniv.ac.jp	
A	IN	NS	IN
3600	4	3600	4
192.168.0.5		name	

そういうことだ。リソースレコードの名前には「ホストのドメイン名」、たとえばnet.3minuniv.ac.jpならば「net」か、あるいはFQDNの「net.3minuniv.ac.jp.」のどちらかが入る。

「net」だけでもいいんですか？

うむ。その場合、リソースレコードを持つネームサーバが管理するゾーンのドメイン名が後ろに補完される。たとえば、「3minuniv.ac.jp.」のネームサーバで「net」なら「net.3minuniv.ac.jp.」、「gihyo.jp.」のネームサーバなら「net.gihyo.jp.」となる。FQDNを問い合わせたのと同じ意味になるな。

へへぇ。でもドメイン名を後ろに補完するなら、「net.3minuniv.ac.jp.」というFQDNを名前にしたとき、「net.3minuniv.ac.jp.3minuniv.ac.jp.」になっちゃいませんか？

いや、最後にルートを示す名無しのドメイン名が入っていれば、つまり最後がドットで終わっていれば、それはFQDNだから、その場合はドメイン名の補完はしない。そして、この問い合わせと応答のときのリソースレコードのタイプは「A（値1）」、クラスは「IN（値1）」になる。

TTLやRDLength、RDATAは？

TTLはサーバで設定されている値が入る。RDLengthは「4」。4オクテットで、32ビットを指す。そしていちばん重要なRDATAには、**そのドメイン名に対応したIPアドレス**が入る。これらがAレコードのデータになる。

名前とIPアドレスの対応を通知するためのレコードだから、RDATAのところには、名前に対応するIPアドレスが入るんですね。

そういうことだ。さて、ここでポイントだが、**同じ名前を持つ別々の機器がある場合、Aレコードは複数存在する**。

ん？　同じ名前で、機器が別々？　たとえば、「net」という名前を持つ「192.168.0.1」と「192.168.0.2」という2つの機器があるとかですか？

そうだ。負荷分散などで使用される、**DNSラウンドロビン**と呼ばれる方式だ。**(*1)**（図16-2）問い合わせの度に順番で、違うIPアドレスのAレコードを受け取ることによって、それぞれ違うサーバにアクセスすることになる。その結果、1台に集中するのを防ぐことができるのだよ。

●CNAMEレコード

次に説明するレコードは、CNAMEレコードだ。Canonical NameでCNAME。Canonicalとは日本人には珍しい響きだが、まぁ、「正規の」という意味だと思えばいい。

「正規の」名前？　何に対して「正規の名前」なんですか？

(*1) DNSラウンドロビン [DNS Round-Robin]　DNSラウンドロビンを使わないサーバソフトもあります。

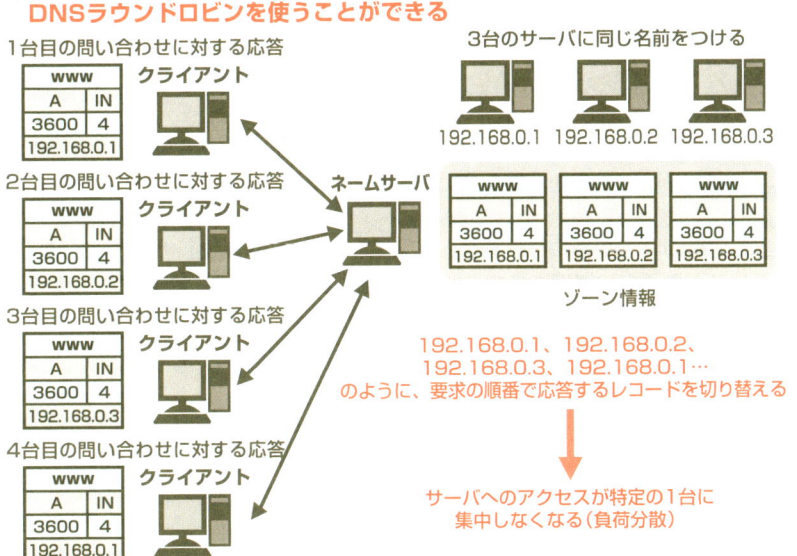

第16回 AレコードとCNAMEレコード

図16-2　AレコードとDNSラウンドロビン

**IPアドレスを指定するAレコード
Aレコードを複数使用して負荷分散に使うこともできる**

①名前1つに対し1つのIPアドレス（Aレコード）の場合

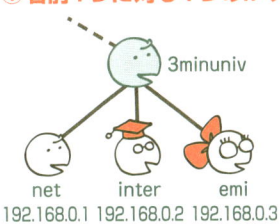

```
         3minuniv
        /   |   \
       net inter emi
  192.168.0.1 192.168.0.2 192.168.0.3
```

3minuniv.ac.jp.のネームサーバが持つゾーン情報

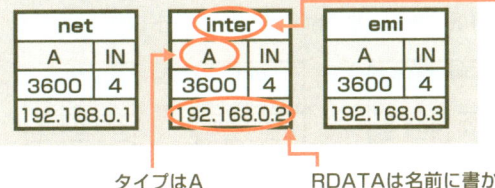

net			inter			emi		
A	IN		A	IN		A	IN	
3600	4		3600	4		3600	4	
192.168.0.1			192.168.0.2			192.168.0.3		

名前はホスト名。FQDNまたは相対のドメイン名でもよい

interだけでも、3minuniv.ac.jp.のゾーン情報のリソースレコードだから、inter.3minuniv.ac.jp.であることがわかるため

タイプはA
RDATAは名前に書かれたホストのIPアドレス

②同じ名前で複数のIPアドレス（Aレコード）を設定する場合 DNSラウンドロビンを使うことができる

1台目の問い合わせに対する応答

www	
A	IN
3600	4
192.168.0.1	

2台目の問い合わせに対する応答

www	
A	IN
3600	4
192.168.0.2	

3台目の問い合わせに対する応答

www	
A	IN
3600	4
192.168.0.3	

4台目の問い合わせに対する応答

www	
A	IN
3600	4
192.168.0.1	

クライアント
ネームサーバ

3台のサーバに同じ名前をつける

192.168.0.1　192.168.0.2　192.168.0.3

www			www			www		
A	IN		A	IN		A	IN	
3600	4		3600	4		3600	4	
192.168.0.1			192.168.0.2			192.168.0.3		

ゾーン情報

192.168.0.1、192.168.0.2、192.168.0.3、192.168.0.1…
のように、要求の順番で応答するレコードを切り替える

↓

サーバへのアクセスが特定の1台に集中しなくなる（負荷分散）

3 DNSの構造

図16-3　CNAMEレコード

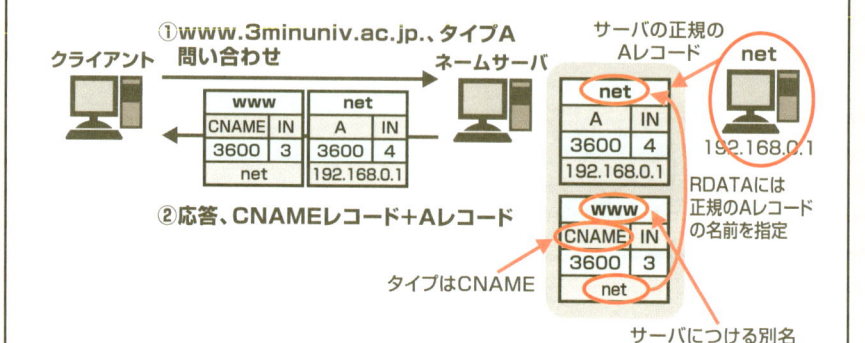

1台のサーバ（IPアドレス）に対して、別の名前をつける

①www.3minuniv.ac.jp.、タイプA 問い合わせ

クライアント → ネームサーバ

www		net	
CNAME	IN	A	IN
3600	3	3600	4
net		192.168.0.1	

②応答、CNAMEレコード＋Aレコード

サーバの正規のAレコード

net	
A	IN
3600	4
192.168.0.1	

net 192.168.0.1

www	
CNAME	IN
3600	3
net	

タイプはCNAME

RDATAには正規のAレコードの名前を指定

サーバにつける別名

CNAMEレコードの禁止事項　CNAMEレコードの名前が他のレコードで使われていてはいけない

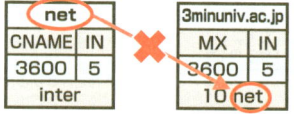

net	
CNAME	IN
3600	5
inter	

3minuniv.ac.jp	
MX	IN
3600	5
10 net	

別名のnetがMXで使われている

net	
CNAME	IN
3600	5
inter	

inter	
CNAME	IN
3600	5
emi	

別名の連鎖もダメ

🎓 **別名（*2）**に対してだ。つまり、**同じ機器に対して別の名前をつける**時に使う。

🐱 ははぁ、たとえば、192.168.0.1に対して、「net」と「inter」という2つの名前をつけるとかですか？　なんか使い道あるんですか、それ？

🎓 Webサイトを持つサーバなどでは、1台の機器が「Webサーバ」と「FTPサーバ」の両方の機能を持つことが一般的だ。その際、同じ機器に対して「www.3minuniv.ac.jp.」と「ftp.3minuniv.ac.jp.」という別々の名前をつけたい時がある。そういう時に使うのだよ。

🐱 なるほど。サービスごとに別の名前をつけるわけですね。1つのサーバが複数の機能を持っていることはよくありますからね。

(*2) 別名 [Alias]　そのままエイリアス、エイリアス名とも言う。

第16回　AレコードとCNAMEレコード

🎓 そういうことだ。CNAMEレコードのリソースレコードは、名前に「別名」、RDATAに「本当の名前」を入れる。**(図16-3)**

🙂 「別名」の「正規の名前」はコレですよ、って指定するリソースレコードだから、Canonical Nameなんですね。

🎓 そういうことだ。図にもあるとおり、通常はCNAMEレコードと、その「正規の名前」のAレコードの2つをサーバは応答する。それにより、別名、正規の名前、そのIPアドレスがクライアント側に伝わるわけだな。

🙂 ふむふむ。別名と本名の2つをセットで教えるわけですね。

🎓 CNAMEレコードを使う際の注意だが、CNAMEは単独で使われなければならない。つまり、CNAMEで指定している別名が、CNAMEレコード以外で使われていてはいけない。たとえば、別名がNSレコードやMXレコードで使われていたりしてはいけないということだ。

🙂 んん？　ん〜、どういう意味かいまいちわかりません。

🎓 簡単に言えば、**他のレコードにCNAMEで指定した名前が入っていてはいけない**ってことだ。他のレコードは必ず本名でってことだな。ではまた次回としよう。

🙂 了解。3分間DNS基礎講座でした〜♪

ネット君の今日のポイント

- ●ネームサーバへの問い合わせの応答として、リソースレコードを通知する。
- ●名前に対応するIPアドレスを記述するのがAレコード。
- ●CNAMEレコードは1つの機器に別の名前をつけるときに利用する。

〇月〇日
@ネット君より

第17回 NSレコードと権限委譲

●NSレコード

👨‍🏫 前回、AレコードとCNAMEレコードを説明した。次はNSレコードだな。Name Serverで「NS」だ。つまり**ネームサーバを指定するレコード**だ。

🧑 ネームサーバを指定…。ゾーン情報、つまりリソースレコードを持つのはネームサーバですから、自分自身を指定するんですか？

👨‍🏫 そうなるな。NSレコードの記述は、名前に「ドメイン名」、タイプは「NS」、クラスは「IN」、RDATAは「ネームサーバの名前」だ。これには前回説明したように、CNAMEで設定している別名は入れてはいけない（P109参照）。

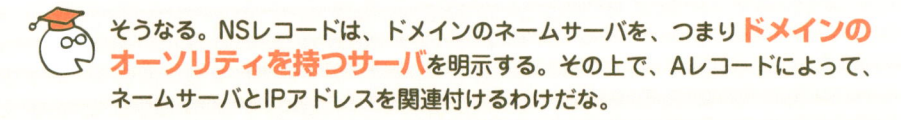

🧑 RDATAにはネームサーバの名前が入るのですか。ってことは、その名前に対応するAレコードが必要ですよね。

👨‍🏫 そうなる。NSレコードは、ドメインのネームサーバを、つまり**ドメインのオーソリティを持つサーバ**を明示する。その上で、Aレコードによって、ネームサーバとIPアドレスを関連付けるわけだな。

🧑 オーソリティ。権限でしたっけ（P95参照）。ネームサーバはドメインに対して権限を持つ、でしたよね。その権限の及ぶ範囲がゾーン。

👨‍🏫 そうだ。よって、ゾーンに対してオーソリティを持つサーバが複数ある場合、NSレコードは複数になる。というよりも、複数あるのが当たり前だな。

🧑 えっと、ネームサーバはゾーン情報を管理するサーバですよね。それが複数台あるんですか？

第17回 NSレコードと権限委譲

うむ。1台だけだと障害時に困るからな。**障害対策として複数台のネームサーバを用意する**。詳しくは、先の回の「ゾーン転送」で話す（P166参照）。**(図17-1)**

ふむふむ。確かに1台だけだと、それが壊れちゃうとダメなので、ゾーン情報のコピーを持つサーバがあるといいですよね。で、NSレコードでそれを指定しておく、と。

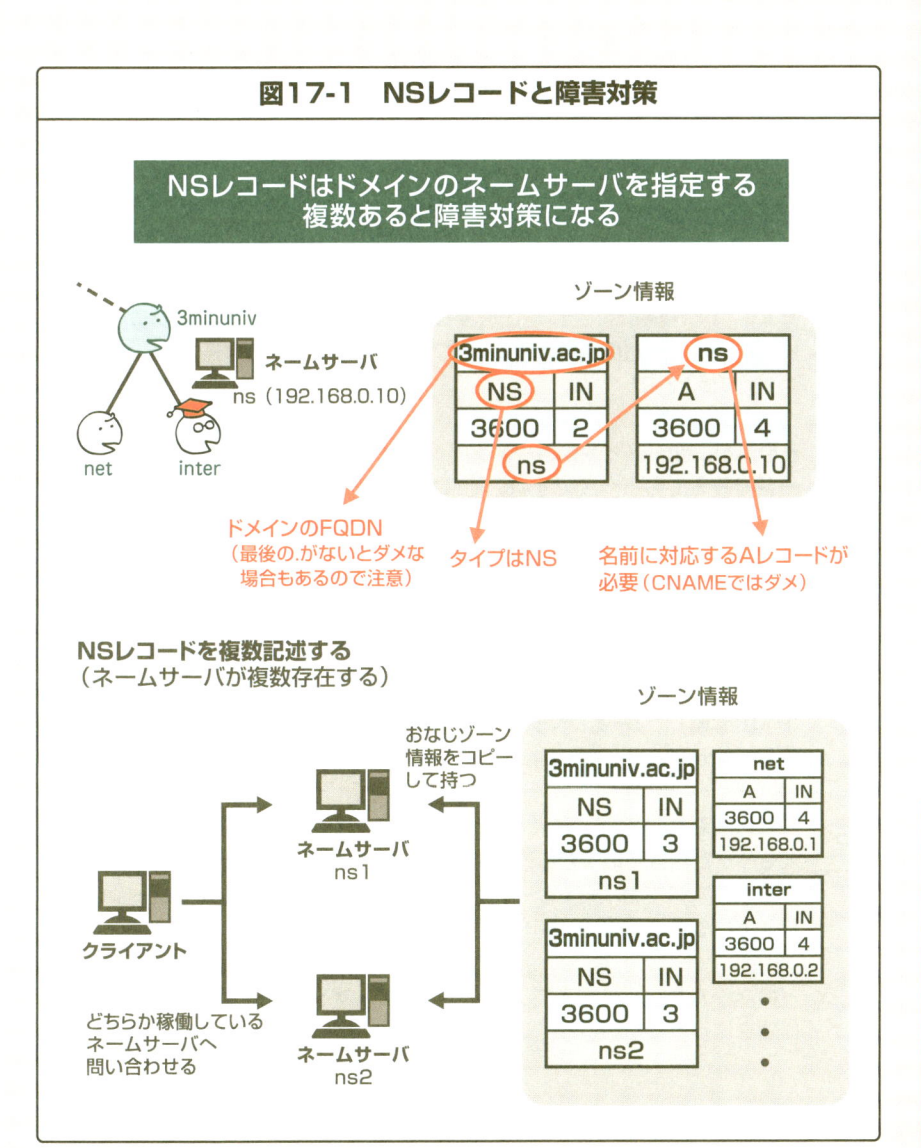

図17-1　NSレコードと障害対策

**NSレコードはドメインのネームサーバを指定する
複数あると障害対策になる**

3minuniv
ネームサーバ
ns（192.168.0.10）
net
inter

ゾーン情報

3minuniv.ac.jp		
NS	IN	
3600	2	
ns		

ns		
A	IN	
3600	4	
192.168.0.10		

ドメインのFQDN
（最後の.がないとダメな場合もあるので注意）

タイプはNS

名前に対応するAレコードが必要（CNAMEではダメ）

NSレコードを複数記述する
（ネームサーバが複数存在する）

クライアント
↓
どちらか稼働している
ネームサーバへ
問い合わせる

ネームサーバ ns1
ネームサーバ ns2
おなじゾーン情報をコピーして持つ

ゾーン情報

3minuniv.ac.jp	
NS	IN
3600	3
ns1	

3minuniv.ac.jp	
NS	IN
3600	3
ns2	

net	
A	IN
3600	4
192.168.0.1	

inter	
A	IN
3600	4
192.168.0.2	

●サブドメインと権限委譲

> さて、ネット君、ゾーン情報には何が記述されているんだった？　前に説明した話を思い出してみたまえ？

> えっと、ゾーン情報には、ドメインの直下の「ホスト」と「サブドメイン」の名前とIPアドレスが入っている、でしたよ（P93参照）。

> うむ。ホストは問題ないが、サブドメインはどうするんだった？　サブドメインの名前とIPアドレスと言われても、「ドメインのIPアドレス」ってのはおかしいよな。

> サブドメインは、「サブドメインのネームサーバのIPアドレス」を（P94参照）。って、あぁ、なるほど。それがNSレコードですか？

> そういうことだ。つまり、**サブドメインがある場合、そのネームサーバをNSレコードで指定**する。ということだ。このNSレコードにより、ネームサーバの情報が手に入り、**ドメイン名前空間の検索が行われる**。（図17-2）

> ふむふむ。親ドメインに、子ドメインのネームサーバのIPアドレスをNSレコードで教えてもらうんですね。そしたら、その教えてもらったIPアドレスを使って、子ドメインのネームサーバに聞きに行く。

> そういうことだな。「対応するIPアドレスの問い合わせ」に使うAレコード、「対応するAレコードがある場所を探す」のに使うNSレコード、ってことだ。

> そういえば、さっきNSレコードが複数あるのが普通だって言ってましたよね（P110参照）。じゃあ、NSレコードの問い合わせには、どのNSレコードを返すんですか？　やっぱりDNSラウンドロビン？（P106参照）

> これは実装次第だが、多くの場合は、全部のNSレコードを応答する。教えてもらった側はその中から任意のネームサーバを選ぶ。NSレコードに記載されているすべてのネームサーバはオーソリティを持つ、つまりゾーン情報を持っているから、どこに聞きにいっても問題ないからな。

> どのネームサーバに聞きにいっても、かならずゾーン情報があるから、どこに聞きに行ってもいいってことですね。

第17回　NSレコードと権限委譲

図17-2　NSレコードとドメイン名前空間の検索

親ドメインはサブドメインのネームサーバの NSレコードとAレコードを持ち、それを応答する

①net.infotec.3minuniv.ac.jp
クライアントの問い合わせ

②infotec.3minuniv.ac.jp のNSレコードとネームサーバのAレコードの応答

③入手したns.infotec.3minuniv.ac.jpのIPアドレスでnet.infotec.3minuniv.ac.jpの問い合わせ

④Aレコードの応答

3minuniv.ac.jp.のゾーン情報
サブドメインのNSレコード
サブドメインのネームサーバ

infotec.3minuniv.ac.jp.のゾーン情報

🎓 うむ、つまりだ。「サブドメインを作ること」を考えてみると。これはゾーン情報を「分ける」、つまり、本来自分が持つべきオーソリティを、サブドメインのネームサーバに渡すことだから、**権限委譲**と呼ばれる。

🐟 ははぁ、親ドメインのネームサーバのもつ「権限」を、子ドメインのネームサーバに「委譲」するわけですね。

🎓 そうだ。サブドメインを作成するには「サブドメインのネームサーバを構築」し、「サブドメインのゾーン情報を持たせる」という作業が1つ。

🐟 サブドメインの権限を持つネームサーバと、それが持つゾーン情報を作成するんですね。確かにサブドメインを作るには必要ですね。

図17-3 サブドメインと権限委譲

ドメインが持つゾーン情報を、サブドメインに分割してそのネームサーバに権限を委譲する

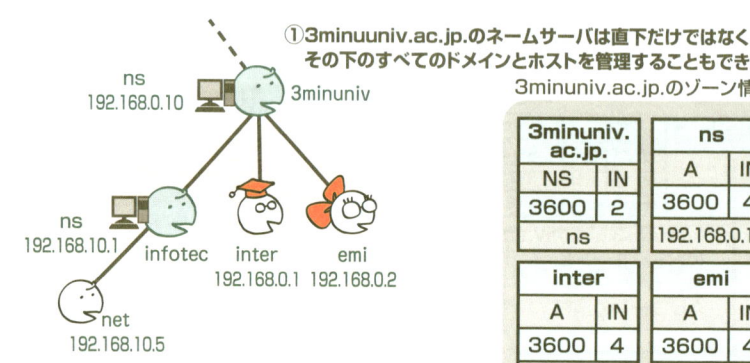

① 3minuuniv.ac.jp.のネームサーバは直下だけではなくその下のすべてのドメインとホストを管理することもできます

3minuniv.ac.jp.のゾーン情報

3minuniv.ac.jp.	
NS	IN
3600	2
ns	

ns	
A	IN
3600	4
192.168.0.10	

inter	
A	IN
3600	4
192.168.0.1	

emi	
A	IN
3600	4
192.168.0.2	

ns.infotec	
A	IN
3600	4
192.168.10.1	

net.infotec	
A	IN
3600	4
192.168.10.5	

② ですが、台数が増えてきたりした場合などの事情で管理を分割したい場合、サブドメインへの権限委譲を行います

ココを分割

③ 3minuuniv.ac.jp.のゾーン情報にサブドメインのNSレコードとネームサーバのAレコードを追加します

3minuniv.ac.jp.のゾーン情報

3nminuniv.ac.jp.	
NS	IN
3600	2
ns	

ns	
A	IN
3600	4
192.168.0.10	

inter	
A	IN
3600	4
192.168.0.1	

emi	
A	IN
3600	4
192.168.0.2	

infotec.3minuniv.ac.jp	
NS	IN
3600	10
ns.infotec	

ns.infotec	
A	IN
3600	4
192.168.10.1	

サブドメインへ権限委譲をするためのレコード

④ サブドメイン側に、新たに委譲されたホストを含めたゾーン情報を作ります

infotec.3minuniv.ac.jp.	
NS	IN
3600	2
ns	

ns	
A	IN
3600	4
192.168.10.1	

net	
A	IN
3600	4
192.168.10.5	

infotec.3minuniv.ac.jp.のゾーン情報

第17回 NSレコードと権限委譲

🎓 そして2つ目として、**親ドメインのネームサーバに、サブドメインのNSレコードを登録**する。この2つの作業が「サブドメイン」を作るには必要だ。(図17-3)

🙂 サブドメインのネームサーバのNSレコードを、親ドメインのゾーン情報に記述しないことには、「ドメイン名前空間の検索」であったように、子ドメインのネームサーバのIPアドレスがわからないですからね（P96参照）。

🎓 そういうことだ。以前、「レジストリに自分のドメイン名を登録する」ことによってドメイン名前空間に自ドメインが追加される、という話をしたな（P80参照）。これは、今回の話を踏まえるとどういう意味になる、ネット君?

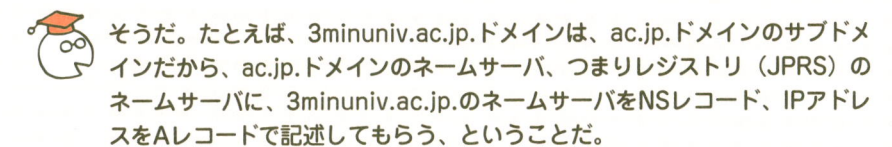

🙂 ……、自ドメインのネームサーバを、レジストリのネームサーバのゾーン情報に登録してもらう?

🎓 そうだ。たとえば、3minuniv.ac.jp.ドメインは、ac.jp.ドメインのサブドメインだから、ac.jp.ドメインのネームサーバ、つまりレジストリ（JPRS）のネームサーバに、3minuniv.ac.jp.のネームサーバをNSレコード、IPアドレスをAレコードで記述してもらう、ということだ。

🙂 はー、ドメイン名前空間への追加ってそういう意味だったんですね。文字通り、NSレコードとAレコードを追加してもらうんだ。

🎓 そういうことだ。ではまた次回としよう。

🙂 あいさー。3分間DNS基礎講座でした〜♪

ネット君の今日のポイント

- ドメインのオーソリティを持つネームサーバを指定するためにNSレコードはある。
- サブドメインを作成して、オーソリティを分割することを権限委譲と呼ぶ。
- 親ドメインはサブドメインのネームサーバのNSレコードを持つ。

○月○日 曇 ネット君

第18回 MXレコード

●メールアドレスとメールボックス

🎓 A、CNAME、NSとレコードの説明をしてきた。次はMXレコードだ。MXはMail eXchangeの略で、**メール交換ホスト**を設定し、メール交換ホストとして使われるメールサーバを指定するためのリソースレコードだ。

😀 メール交換ホスト？ 聞きなれない単語ですよ。それって、メールソフトで設定するPOPサーバとか、SMTPサーバとは違うんですか？

🎓 それとはちょっと微妙に違う。POPサーバ、つまりメールボックスがあるサーバと、メール交換ホストは一致しなくてもよい。もちろん、一致してもよいけどな。

😀 う、う〜ん、違いがわかりません…。

🎓 そうだなぁ…。これにはまずメールアドレスの構造から説明した方がいいだろう。メールアドレスは「**アカウント@メールボックスのあるドメイン名**」から成る。

😀 たとえば、net@3minuniv.ac.jpだと、3minuniv.ac.jpがメールボックスのあるドメイン名、ですね。3minuniv.ac.jpにnetのメールボックスがある、って意味ですね。

🎓 そうだな。そして、ユーザはそのメールボックスがあるサーバにPOPもしくはIMAPで接続し、メールを受信する。だが、MXレコードで指定されるメール交換ホストとは**メールボックスのサーバへメールを送るためのサーバ**のことだ。なので、メールボックスがメール交換ホストにある場合はメールボックスがあるサーバそのものを指すし、別にある場合は別のサーバを指す。(図18-1)

第18回 MXレコード

> ふむふむ。2段構えになってるんですね。メール交換ホストに転送して、それをさらにメールボックスに送るっていう。なんでこんな面倒なんですか？直接メールボックスがあるサーバを指定すればいいじゃないですか？

> DNSでは、意図的に「メールボックスがあるサーバ」と「メールを送信元から受け取るサーバ」を分けているのだよ。たとえば、ネット君の言うとおり、メールボックスがあるサーバをメールアドレスで指定する方式だとしよう。つまり、「アカウント@メールボックスがあるサーバの名前」だな。この場合、メールボックスがあるサーバが壊れたらどうなる？

> 新しいサーバを構築します。もしくは、予備のサーバを用意しておいてそっちを使います。

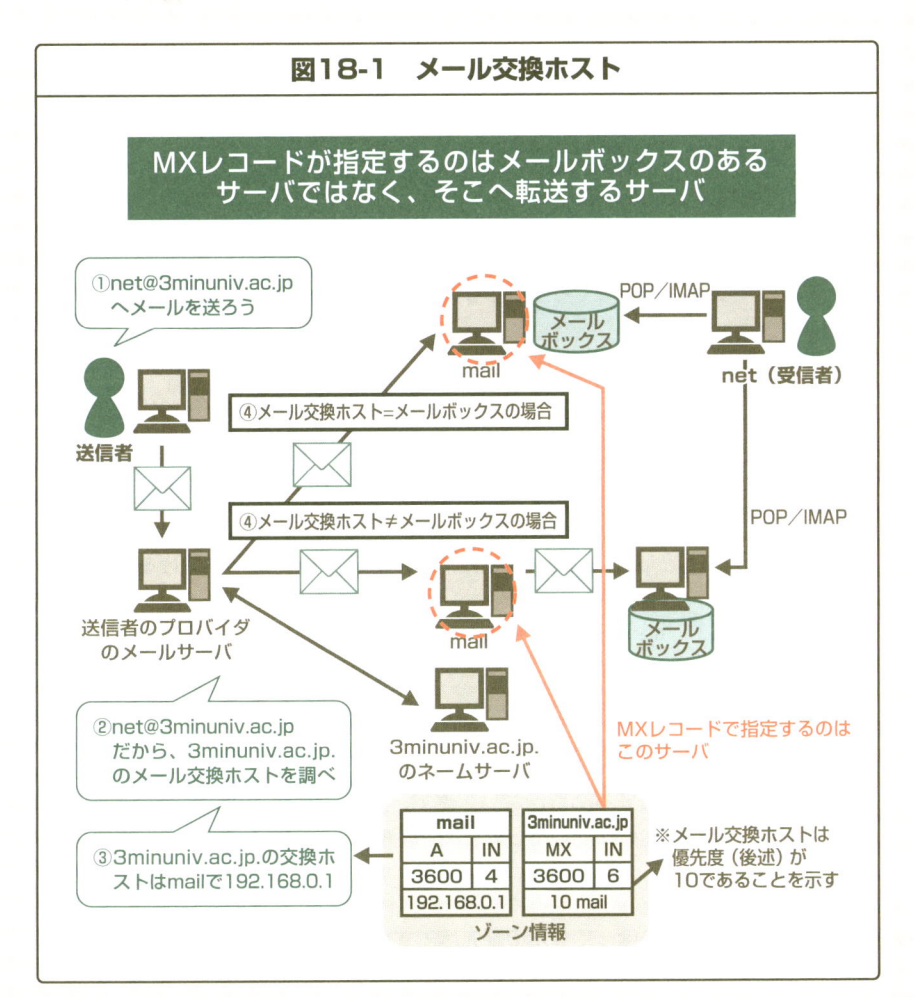

図18-1　メール交換ホスト

MXレコードが指定するのはメールボックスのあるサーバではなく、そこへ転送するサーバ

①net@3minuniv.ac.jp へメールを送ろう

②net@3minuniv.ac.jp だから、3minuniv.ac.jp. のメール交換ホストを調べ

③3minuniv.ac.jp.の交換ホストはmailで192.168.0.1

④メール交換ホスト=メールボックスの場合

④メール交換ホスト≠メールボックスの場合

MXレコードで指定するのはこのサーバ

※メール交換ホストは優先度（後述）が10であることを示す

ゾーン情報

mail		3minuniv.ac.jp	
A	IN	MX	IN
3600	4	3600	6
192.168.0.1		10 mail	

送信者 / 送信者のプロバイダのメールサーバ / 3minuniv.ac.jp.のネームサーバ / mail / メールボックス / POP／IMAP / net（受信者）

3 DNSの構造

となると、「別の名前を持つサーバ」になるな。そうなると、メールアドレスはどうなる？　「アカウント@メールボックスがあるサーバの名前」なんだから？

……メールアドレスが変わってしまいます…。

そういうことだ。だが、MXレコードでメール交換ホストを指定するようにすれば、メール交換ホストからの転送先を変える、もしくはメール交換ホストが指すサーバを変えればいいわけだからな。**(図18-2)**

確かに。メール交換ホスト名は変更せずに、**メール交換ホストが指すメールサーバを変える**ことで、メールアドレスの変更なしで大丈夫になりますね。

●MXレコードの記述

さて、実際のMXレコードの記述だが。名前に、メールボックスのあるドメインの名前を入れる。これはドメインの名前でもかまわないし、メール用のサブドメインを使ってもかまわない。

net@3minuniv.ac.jpなら、3minuniv.ac.jp.のドメイン名をそのまま使っているわけですね。メール用のサブドメインを作るというのは、どういう場合ですか？

プロバイダのように、多くのユーザが使う場合、負荷分散や管理目的でメール専用サブドメインを作るのだ。たとえば、3minuniv.ac.jpを、net@mail1.3minuniv.ac.jpと、inter@mail2.3minuniv.ac.jpのように分けるわけだな。

そうすると、mail1.3minuniv.ac.jp宛てのメールと、mail2.3minuniv.ac.jp宛てのメールが別々のメール転送ホストに届きますね。確かにトラフィックが分散されることになります。

そういうことだな。このサブドメインはメール専用だから、ネームサーバをたてて権限委譲する必要はない。さて、MXレコードの続きだが、タイプは「MX」、クラスは「IN」。そして、RDATAには**優先度**と**メールサーバ名**が入る。

優先度？　優先度ってなんの優先度ですか？

第18回　MXレコード

図18-2　メールアドレスとメール交換ホスト

MXレコードにより、メールサーバの障害対策もメールアドレスの変更なしで行える

メールアドレスは変わらない
net@3minuniv.ac.jp へメールを送ろう

送信者 → 送信者のプロバイダのメールサーバ

通常時はMXレコードが指すmailにメールを送る → mail → メールボックス ← POP/IMAP ← net（受信者）

3minuniv.ac.jp			mail			mail2		
MX	IN		A	IN		A	IN	
3600	6		3600	4		3600	4	
10 mail			192.168.0.1			192.168.0.2		

3minuniv.ac.jp			mail			mail2		
MX	IN		A	IN		A	IN	
3600	7		3600	4		3600	4	
10 mail2			192.168.0.1			192.168.0.2		

3minuniv.ac.jp. のネームサーバ

障害のためMXレコード書き換え

mail ✗ → mail2 → メールボックス ← POP/IMAP ← net（受信者）

mail障害時はMXレコードが指すmail2にメール交換ホストが変更されそちらにメールを送る

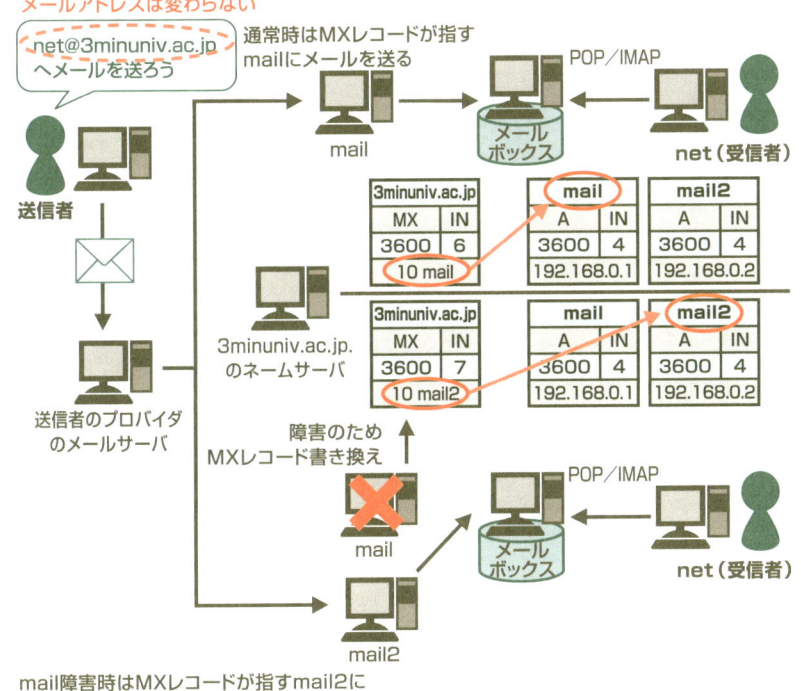

優先度は、16ビットの値で、低い方が優先だ。これは**メール転送ホストとして使うメールサーバの優先度**だ。これも障害対策の1つだな。メールを送信するサーバは、宛先のメール交換ホストとして優先度の値が低い方のメールサーバにまずアクセスする。

ふむふむ。ということは、そのサーバが障害でダメだったら、優先度の値の高いサーバへアクセスするってことですか？

図18-3 MXレコードの使い方

メール専用のサブドメインを作って負荷を分散する。優先度により障害に対応する

メール専用のサブドメインによるメールサーバの分散

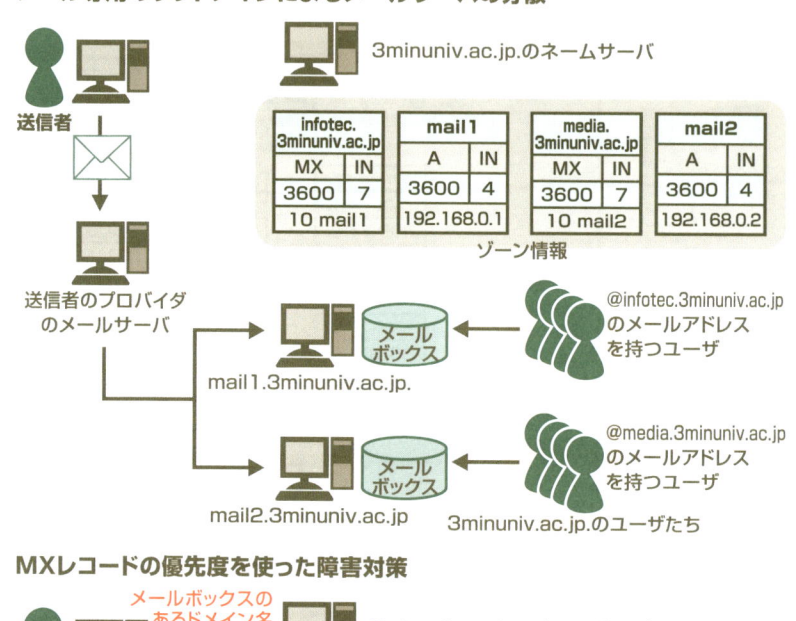

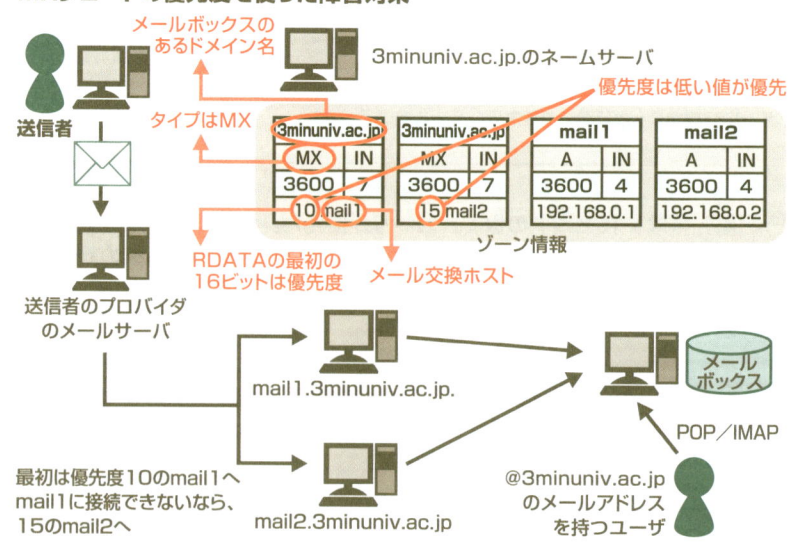

3minuniv.ac.jpのネームサーバ

ゾーン情報

infotec.3minuniv.ac.jp		
MX	IN	
3600	7	
10 mail1		

mail1		
A	IN	
3600	4	
192.168.0.1		

media.3minuniv.ac.jp		
MX	IN	
3600	7	
10 mail2		

mail2		
A	IN	
3600	4	
192.168.0.2		

送信者 → 送信者のプロバイダのメールサーバ → mail1.3minuniv.ac.jp. / mail2.3minuniv.ac.jp

@infotec.3minuniv.ac.jp のメールアドレスを持つユーザ
@media.3minuniv.ac.jp のメールアドレスを持つユーザ

3minuniv.ac.jp.のユーザたち

MXレコードの優先度を使った障害対策

- メールボックスのあるドメイン名
- タイプはMX
- 優先度は低い値が優先
- RDATAの最初の16ビットは優先度
- メール交換ホスト

3minuniv.ac.jpのネームサーバ

ゾーン情報

3minuniv.ac.jp		
MX	IN	
3600	7	
10 mail1		

3minuniv.ac.jp		
MX	IN	
3600	7	
15 mail2		

mail1		
A	IN	
3600	4	
192.168.0.1		

mail2		
A	IN	
3600	4	
192.168.0.2		

送信者 → 送信者のプロバイダのメールサーバ → mail1.3minuniv.ac.jp. / mail2.3minuniv.ac.jp

最初は優先度10のmail1へ mail1に接続できないなら、15のmail2へ

@3minuniv.ac.jp のメールアドレスを持つユーザ
POP／IMAP

第18回 MXレコード

🎓 その通りだ。この優先度をつけた複数のMXレコードと、それが指すメールサーバを用意しておくことにより、障害に対応できるようになるわけだ。（図18-3）

🙂 へー。MXレコードって、メールの障害のためにいろいろ考えてるんですね。

🎓 そうそう、図では10とか15とかの値を優先度にしているが、別に値はなんでもよい。単純に値の高低しかみないから、1と65535でもいい。

🙂 1と65535ってまた随分と極端ですね。

🎓 あぁ、言い忘れていたが、MXレコードのRDATAに入る実際のメールサーバ名は、CNAMEではダメだからな。あと、メールサーバ名に対応するAレコードも必要だ。

🙂 CNAMEレコードやNSレコードと同じで、必ずAレコードとセットなんですね。

🎓 そうだな。CNAME、NS、MXはそれぞれドメイン名をRDATAに記述するので、それに対応するAレコードが必ず必要だな。これで、基本的なリソースレコードは説明し終わったかな？　ではまた次回だ。

🙂 はい。3分間DNS基礎講座でした〜♪

ネット君の今日のポイント

- メールアドレスは「アカウント@メールボックスがあるドメイン」。
- メール交換ホストはメールボックスがあるサーバへメールを転送する。
- MXレコードには優先度が設定され、低い優先度のメールサーバが使用される。

○月○○日　晴　ネット君

第19回 ネームサーバの配置

●ゾーンファイル

> さて、A、CNAME、NS、MXと基本的なリソースレコードの意味と役割は説明し終わったわけだ。

> あれ、でも博士？ あとSOAとPTRは説明するって言ってませんでしたっけ？（P100参照）

> SOAとPTRは一般的に使われているが、「名前とIPアドレスの対応（または名前と名前の対応）」という意味で使われていないのだ。そこで、後で実際に使われる時に説明する（P166参照）。これまでバラバラにリソースレコードを説明したので、ネット君がそろそろ混乱する頃だと思うしな。

> う、するどい、博士。それぞれの意味と役割はわかったけど、ドメイン全体のゾーン情報って実際はどう書かれているのかなぁ、って思っていたところです。よくわかりましたね？

> わからいでか。これで何冊目だと思っている。実際の例があると理解が早まるかもしれんな。ここでは例として、最も一般的な**BIND（*1）**と呼ばれるネームサーバソフトのゾーン情報を示そう。SOAレコードも書かれているが、今回はそこを飛ばして読んでくれ。(図19-1)

> ふむふむ。ドメインに存在している、ネームサーバのNSレコード。メール交換ホストのMXレコード、あと別名のCNAMEレコード。そして、それぞれのレコードが指すドメイン名のAレコード…。

> もちろん、メール交換ホストがなければMXレコードは存在しない。それに、CNAMEも必ず必要というわけではない。絶対に必要なのは、SOAレコード、NSレコード、NSレコードが指す名前のAレコード。この3つのレコードは必須だな。あとは場合に応じて必要なものを入れる感じだ。

第19回 ネームサーバの配置

図19-1　ゾーン情報の例

インターネットでもっとも一般的なネームサーバソフト、BINDでの例

```
$TTL 3600
3minuniv.ac.jp.    IN  SOA  ns.3minuniv.ac.jp root.3minuniv.ac.jp. (
                             2009100101
                             3600
                             900
                             3600
                             3600 )

3minuniv.ac.jp.           IN   NS      ns
3minuniv.ac.jp.           IN   MX      mail
www                       IN   A       192.168.0.1
mail                      IN   A       192.168.0.2
ns                        IN   A       192.168.0.10
ftp                       IN   CNAME   www

infotec.3minuniv.ac.jp.   IN   NS      ns.infotec
ns.infotec                IN   A       192.168.10.5
```

SOAレコード

3minuniv.ac.jp.のネームサーバのゾーンファイル

3minuniv
ns 192.168.0.10
infotec
ns 192.168.10.5
www 192.168.0.1
mail 192.168.0.2
www2 192.168.10.1
mail2 192.168.10.2

1行が1レコード（名前、クラス、タイプ、RDATAの順）

🐱 サブドメインを作る場合は、サブドメインのネームサーバのNSレコード、それに対応するAレコードも必要ですね。

👨‍🏫 そういうことだな。ネームサーバでは、このようにしてゾーン情報とリソースレコードを保持する。BINDの場合は、ファイルとして作られるので「ゾーンファイル」と呼ばれることが多いな。

●ネームサーバの配置

👨‍🏫 さて、ネット君。ネームサーバが持つゾーンの情報について話をしてきたわけだが。実際の動作の話は置いておくとして、このゾーンの情報、なんのために必要なのかね？

(*1) BIND［Berkeley Internet Name Domain］　インターネットで最も使用されているネームサーバソフト。主にUNIX/Linuxで使用されている。

え？ それは、宛先を名前で決定するときに、その名前に対応するIPアドレスが必要だからネームサーバに聞きますよね。その時にネームサーバが応答する情報として必要なのがゾーン情報ですよ。

そうだな。ではインターネットで考えてみよう。ネット君が持つサーバに対し、「世界中で使える」名前を持ちたい。世界中の人々が名前で宛先を決定するようにしたい。そのためには何が必要だ？

インターネットで世界中ってことだから、「ドメイン名前空間」に自分のドメインがないとまずいですよね。ってことは「ドメイン名」を決定して、レジストリに登録する。

レジストリに登録する、というのは実際どのようなことだった？

レジストリが持つネームサーバに、自分のネームサーバのNSレコードとAレコードを登録してもらうことでしたよね（P115参照）。

そうだな。そして、そのネームサーバはインターネット中からアクセスされるようになるわけだ。つまり、インターネットのドメイン名前空間に登録されたネームサーバを用意する。そして、そのゾーン情報に自分のサーバのリソースレコードを記述する。これでインターネットへサーバを名前で公開できるようになった。**(図19-2)**

そうですね。レジストリのネームサーバに僕のドメインのNSレコードがあれば、僕のドメインのネームサーバは検索されますし、そこのゾーン情報にサーバの名前があれば、名前とIPアドレスの対応を応答できます。

で、ここで視点を組織内部に移してみよう。組織内部にもサーバはある。グループウェアのサーバとか、内部用メールサーバとかだ。これもできれば名前を使って宛先を指定できると嬉しいな？ そのために必要なものは？

う〜ん…。ネームサーバですか？ あと、名前をつけるんだから、ドメインが必要ですね。じゃあ、さっきインターネットで使うために使ったドメイン名とネームサーバを使えば万事解決、ですね。

うむ、確かにその方法もある。だが、あまりお勧めできない。

なんでですか？ インターネットで使うためにドメイン名があるし、それ用のネームサーバもあるじゃないですか。

第19回 ネームサーバの配置

図19-2 インターネットへの公開

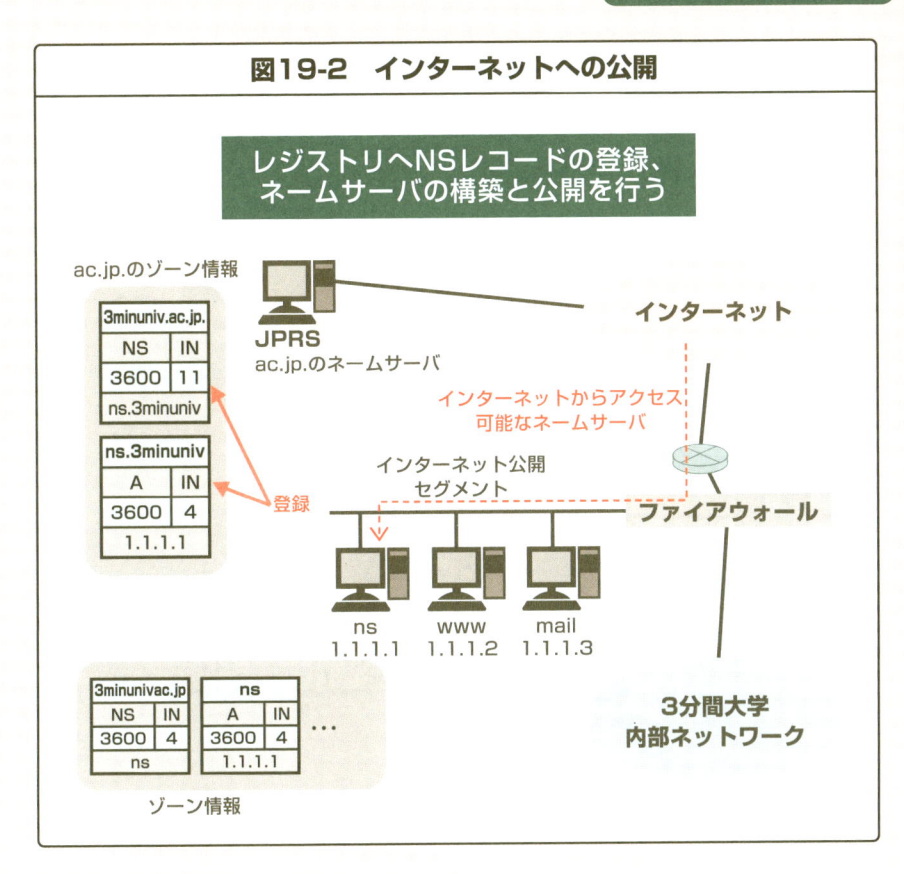

レジストリへNSレコードの登録、ネームサーバの構築と公開を行う

ac.jp.のゾーン情報

3minuniv.ac.jp.	
NS	IN
3600	11
ns.3minuniv	

ns.3minuniv	
A	IN
3600	4
1.1.1.1	

JPRS
ac.jp.のネームサーバ

インターネット

インターネットからアクセス可能なネームサーバ

インターネット公開セグメント

ファイアウォール

ns 1.1.1.1　www 1.1.1.2　mail 1.1.1.3

3分間大学
内部ネットワーク

ゾーン情報

3minunivac.jp		ns	
NS	IN	A	IN
3600	4	3600	4
ns		1.1.1.1	

👨‍🎓 組織内部のサーバには、組織内のプライベートのIPアドレスがついている。これをインターネットからアクセスさせるネームサーバのゾーン情報として記述してしまうと、内部と関係のないインターネット上の人間が内部のサーバのIPアドレスを知ってしまう。(図19-3)

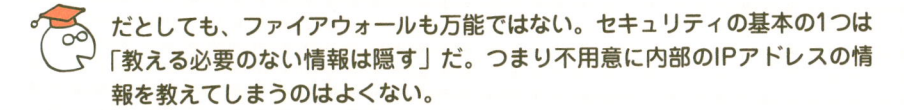

🧑 でも、いいじゃないですか。どうせ内部にはアクセスできないんですから。**ファイアウォール**とかが防いでくれますよ。(*2)

👨‍🎓 だとしても、ファイアウォールも万能ではない。セキュリティの基本の1つは「教える必要のない情報は隠す」だ。つまり不用意に内部のIPアドレスの情報を教えてしまうのはよくない。

🧑 じゃあ、どうすればいいんですか？

(*2) **ファイアウォール[Firewall]** 外部から内部へのアクセスを制限し、セキュリティを守るための機器。

図19-3 内部用ネームサーバの問題と解決

組織内部で使う名前の解決は、内部用のネームサーバで行う

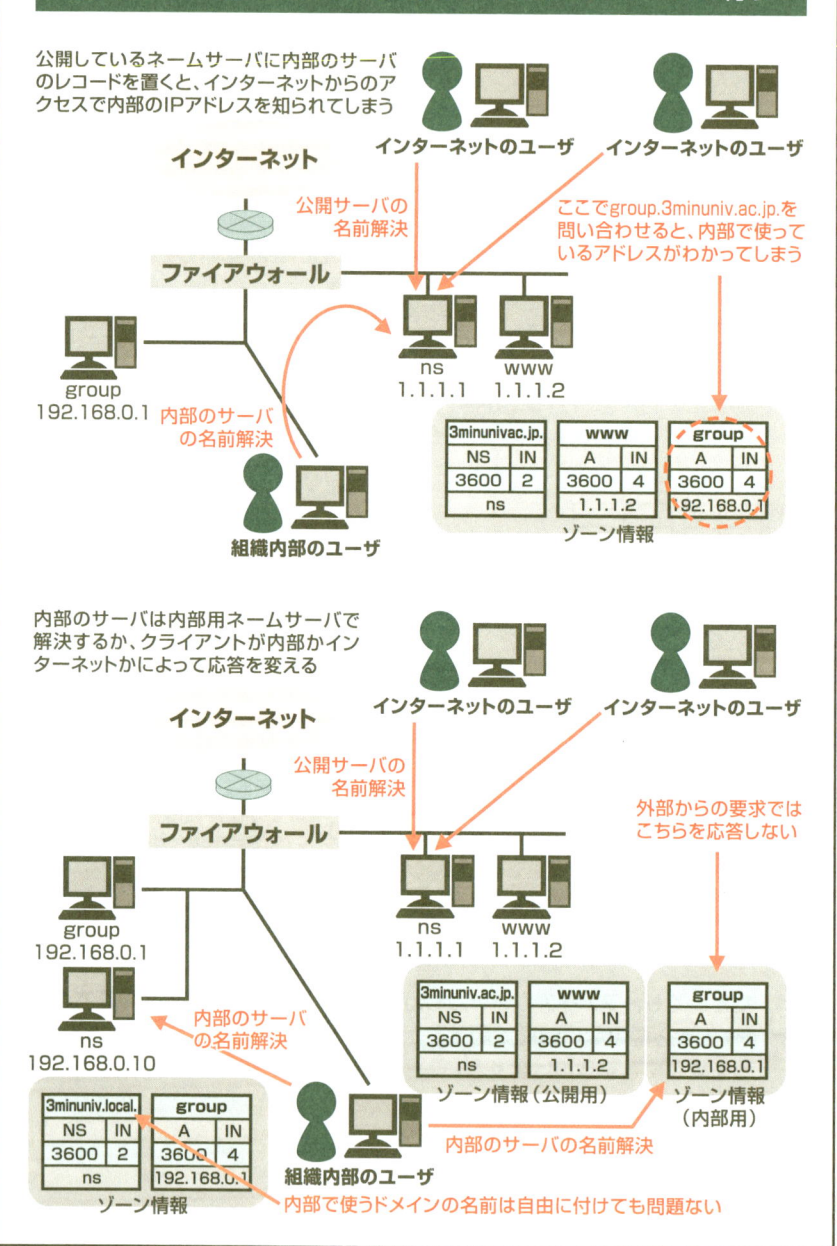

公開しているネームサーバに内部のサーバのレコードを置くと、インターネットからのアクセスで内部のIPアドレスを知られてしまう

インターネットのユーザ / インターネットのユーザ

ここでgroup.3minuniv.ac.jp.を問い合わせると、内部で使っているアドレスがわかってしまう

公開サーバの名前解決

ファイアウォール

group
192.168.0.1

内部のサーバの名前解決

組織内部のユーザ

ns 1.1.1.1 / www 1.1.1.2

ゾーン情報

3minunivac.jp.		www		group	
NS	IN	A	IN	A	IN
3600	2	3600	4	3600	4
ns		1.1.1.2		192.168.0.1	

内部のサーバは内部用ネームサーバで解決するか、クライアントが内部かインターネットかによって応答を変える

インターネットのユーザ / インターネットのユーザ

公開サーバの名前解決

ファイアウォール

外部からの要求ではこちらを応答しない

group
192.168.0.1

ns
192.168.0.10

内部のサーバの名前解決

ns 1.1.1.1 / www 1.1.1.2

3minuniv.ac.jp.		www		group	
NS	IN	A	IN	A	IN
3600	2	3600	4	3600	4
ns		1.1.1.2		192.168.0.1	

ゾーン情報（公開用） / ゾーン情報（内部用）

3minuniv.local.		group	
NS	IN	A	IN
3600	2	3600	4
ns		192.168.0.1	

ゾーン情報

組織内部のユーザ

内部のサーバの名前解決

内部で使うドメインの名前は自由に付けても問題ない

3 DNSの構造

よく使われる方法は、**内部専用のネームサーバ**を作ること。そしてそのネームサーバが持つゾーン情報は、内部のサーバの情報だけにする。そうすれば内部の機器は内部専用ネームサーバへ問い合わせればよいことになる。

う〜ん。でもそういう場合ドメインはどうするんですか？ ドメインはレジストリに登録して、インターネットからネームサーバへ問い合わせが来ないと…。

内部専用だから、インターネットのドメイン名前空間に登録されている必要はない。プライベートIPアドレスのように、内部だけで通用するドメイン名にすればいいのだよ。
そしてもう1つの方法は、ネームサーバ自体はインターネットからアクセスできてもいいが、インターネットからのアクセスの場合と、内部からのアクセスの場合で応答を変えるというものだ。

んん〜〜〜と、インターネットからアクセスの場合にはインターネットで通用する名前とIPアドレスを、内部からのアクセスには内部で通用する名前とIPアドレスを応答する、でいいんですか？

そうだ。そうすればインターネットからのアクセスにより、内部のサーバのIPアドレスを教えることはなくなる。つまり、インターネットで使う名前と内部で使う名前を使い分けるということだな。さて、これくらいで次回にしよう。

あいあいさー。3分間DNS基礎講座でした〜♪

(ネット君の今日のポイント)

- インターネットで使う名前のためにはドメイン名前空間にドメイン名を登録する。
- レジストリにネームサーバを登録し、ゾーン情報を持つ。
- 内部で名前を使うならば、内部用のドメインを作成する。

補講 ③

「いろいろある リソースレコード」

　こんにちは、おねーさんです。DNSのドメイン名の情報として、リソースレコードの説明があったかと思います。リソースレコードは、本文でA、NS、MX、CNAME、SOA、PTRの6種類が説明されますが、これ以外にもいろいろあるんです。

　まず、本文の図にも説明があった、TXTとAAAAレコード。TXTはテキストレコードといって、RDATAの部分に任意の文字列を入れることができるレコードです。これ、何に使うかというと、任意の文字列が入りますので使い道はいろいろあるんですが、現在だと迷惑メール対策に使われています。

　迷惑メール対策の1つに、「メールを送信してくるサーバが正規のサーバかどうか」っていうのを調べる方法があります。これは「正規のサーバである」という情報をネームサーバにTXTレコードで持たせて、メールを受信するサーバはTXTレコードの問い合わせを行う、という形ですね。SPF（Sender Policy Framework）やDomain Keysっていう名前で知られている方法です。

　AAAAレコードは、IPv6のためのAレコードです。読みは「くあっどえー」です。「えーえーえーえー」と読んじゃダメですよ。これは単純にAレコードのRDATAの部分をIPv6アドレスで書いているレコードです。AレコードのRDATAがIPv4で32ビットなのに対し、IPv6は128ビットですから4倍、よってAAAAレコードってことらしいです。

　ただ、AAAAレコードは単純なAレコードの拡張なので、IPv6特有の自動設定などを考慮してないってことで、A6レコード、逆引きのDNAMEレコードなども考えられています。どれが標準になるんでしょうね？

　また、リソースレコードには他にも、サービスを問い合わせるために使われるSRV（SeRVer）レコード、それと組み合わせて使うNAPTR（Naming Authority PoinTeR）などもあります。たとえば、VoIP（Voice over Internet Protocol）で使われているSIP（Session Initiation Protocol）のサーバを探すために使われています。

　DNSはインターネットのサービスの基盤ですので、今後もサービスに合わせて、必要なリソースレコードの種類が増えていくんでしょうね。

4章
DNSの動作

第20回 スタブリゾルバ

●スタブリゾルバ

さて、前章では、ドメイン名前空間と、DNSでのデータの持ち方、リソースレコードについて説明したわけだ。

でした。ドメイン名の構造であるドメイン名前空間と、実際に使用するデータのリソースレコードでしたね。

この章では、DNSが実際にどうやって動いているか、を説明する。さて、ネット君。DNSの動作だが、基本的には？

基本的には、って一番最初にやったやつですよね（P64参照）。えっと、クライアントがサーバに、知りたいドメイン名を問い合わせる。それに対して、サーバがクライアントに、リソースレコードを応答する。

うむ。そうだ。この問い合わせるクライアント側のソフトウェアを、**スタブリゾルバ**と呼ぶ。（*1）
スタブリゾルバはほかのアプリケーション、たとえばブラウザがドメイン名で宛先を受け取ると、それの名前解決を依頼される、という形になっている。（図20-1）

ふむふむ。で、解決してほしいドメイン名をブラウザから受け取り、それをネームサーバに問い合わせる、と。でもって、ネームサーバからの応答を受けて、結果をブラウザに返す。

（*1）**スタブリゾルバ【Stub Resolver】** DNSで「リゾルバ」と言う場合はこのスタブリゾルバを指すことが多い。Resolveは「解答する」の意味。

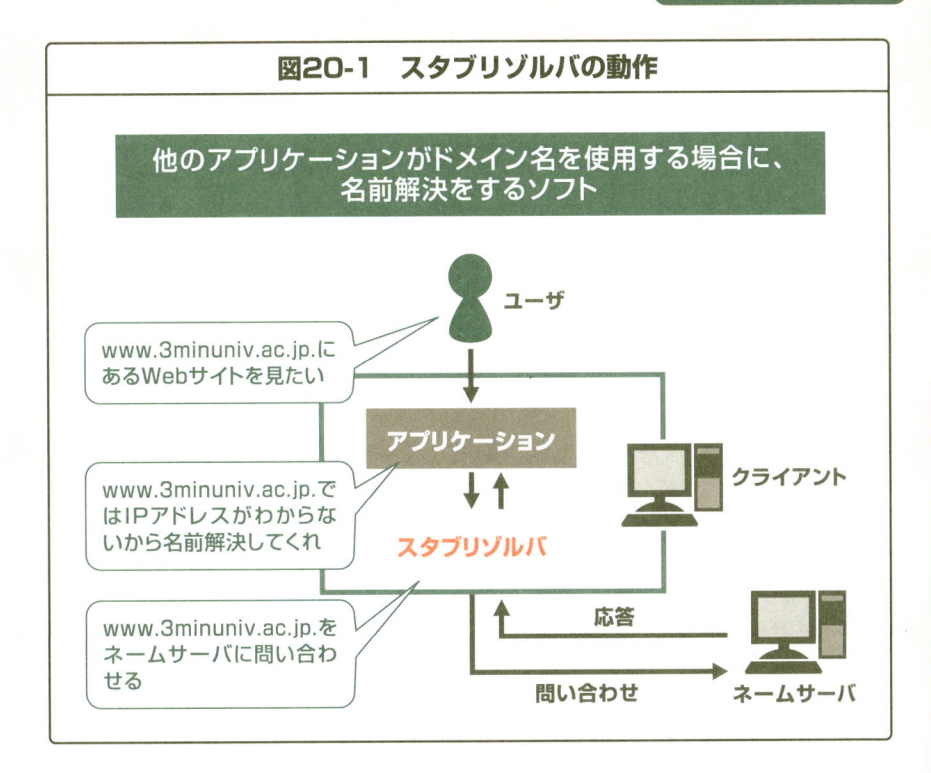

第20回　スタブリゾルバ

図20-1　スタブリゾルバの動作

他のアプリケーションがドメイン名を使用する場合に、名前解決をするソフト

- www.3minuniv.ac.jp.にあるWebサイトを見たい
- www.3minuniv.ac.jp.ではIPアドレスがわからないから名前解決してくれ
- www.3minuniv.ac.jp.をネームサーバに問い合わせる

ユーザ → アプリケーション ⇄ スタブリゾルバ

クライアント　問い合わせ／応答　ネームサーバ

●スタブリゾルバの動作

さて、ネット君。問い合わせの具体的な内容は先の回（P148参照）の説明なので、置いておくとして。スタブリゾルバの動作について、いくつかポイントをあげよう。まず、**サーチパス**。（*2）

サーチパス？　何を探す経路なんですか？

ドメイン名を探す「パス」だな。Windowsでは**DNSサフィックス**（*3）と呼ばれる。このサーチパスを理解するためのポイントを説明しよう。スタブリゾルバは**問い合わせしたいドメイン名をFQDNで指定する**。

(*2) サーチパス［Search Path］　検索パスなどとも呼ばれる。
(*3) DNSサフィックス［DNS Suffix］　Suffixは末尾につける語、接尾辞のこと。

🐣 はい。相対ドメイン名じゃなくて、FQDNでってことですね。たとえば、3minuniv.ac.jp.にあるホストが、同じ3minuniv.ac.jp.にある「net」を問い合わせようと思ったら、「net.3minuniv.ac.jp.」って問い合わせろ、ってことですよね。「net」だけではダメ、と。

🎓 「FQDNで問い合わせろ」ってことは、相対ドメイン名じゃダメってことだ。でも、面倒くさくないか？ FQDNって。www.infotec.3minuniv.ac.jp.なんて長くて嫌になるぞ。その点、相対なら結構楽だろう？

🐣 確かにそういう点はありますね。相対ドメイン名で入力した方が楽っていえば楽ですよね。

🎓 だが、ドメイン名の問い合わせはFQDNで行わなければならない。よって、**FQDN以外の問い合わせが来た場合、スタブリゾルバはドメイン名を追加してFQDNにする**ことを行う。

🐣 FQDNじゃない場合、ドメイン名を追加してFQDNにする？ どのドメイン名を追加するんですか？

🎓 その、**追加するドメイン名がサーチパス**だ。通常は自分がいるドメイン名を追加する。(図20-2)

🐣 ははぁ、なるほど。FQDNでない、つまり最後がドットで終わらないドメイン名の場合、スタブリゾルバがドメイン名を追加するんですね。これなら確かに入力が少なくて楽になる場合がありますね。

🎓 そして、スタブリゾルバの動作でもう1つ重要なのが、**優先ネームサーバ**だ。(*4)

🐣 優先ネームサーバ？ 何を優先するんですか？

🎓 スタブリゾルバは、ネームサーバに問い合わせを行う。そして、現在のネットワークではDNSによるドメイン名で宛先を指定することが多い。つまり、ネームサーバへの問い合わせはネットワーク接続の一番最初に行われ、これが失敗すると通信自体が失敗することにつながる。

🐣 ですね。博士、前に「DNSはインターネットのインフラだ」っておっしゃっていましたよね。それぐらい重要だ、と。

第20回 スタブリゾルバ

図20-2 サーチパスとFQDN

問い合わせドメイン名がFQDNでない場合、サーチパスを追加する

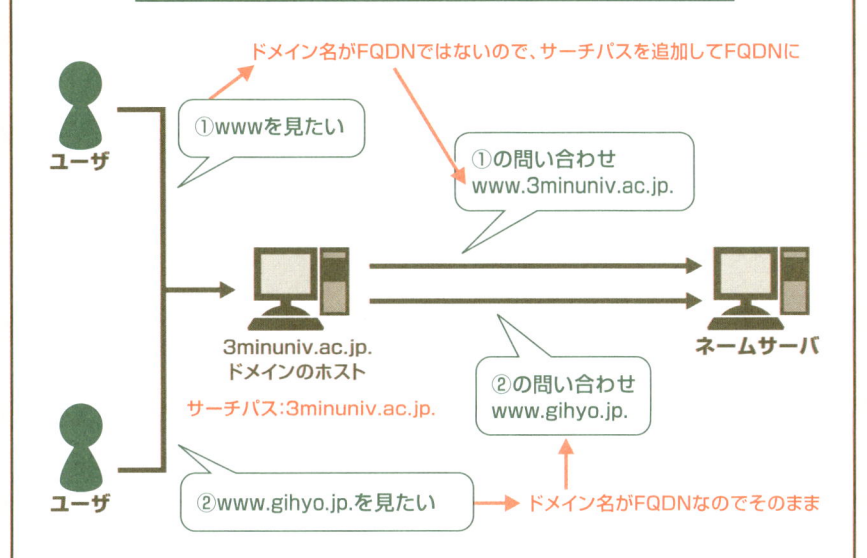

ユーザ
①wwwを見たい

ドメイン名がFQDNではないので、サーチパスを追加してFQDNに

①の問い合わせ
www.3minuniv.ac.jp.

3minuniv.ac.jp.
ドメインのホスト
サーチパス:3minuniv.ac.jp.

ネームサーバ

②の問い合わせ
www.gihyo.jp.

ユーザ
②www.gihyo.jp.を見たい

ドメイン名がFQDNなのでそのまま

Windowsでのサーチパス

マイコンピュータのプロパティ

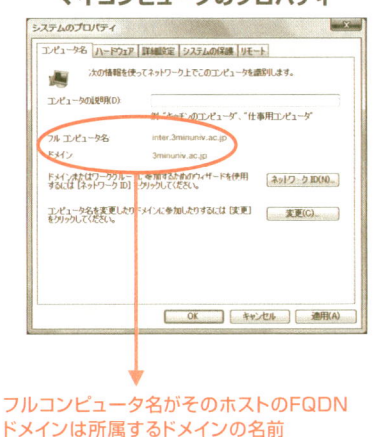

フルコンピュータ名がそのホストのFQDN
ドメインは所属するドメインの名前

ネットワーク接続のプロパティ、TCP/IPのプロパティ

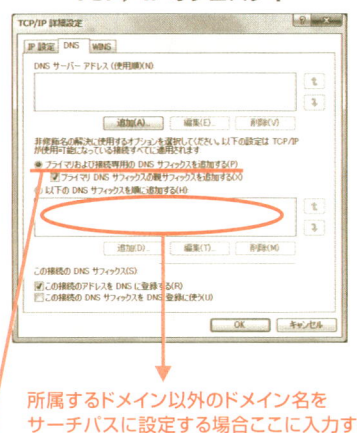

所属するドメイン以外のドメイン名を
サーチパスに設定する場合ここに入力する

所属するドメインのドメイン名をサーチパスに入れる

そうだ。よって、ネームサーバが障害などによって使えなくなると、名前解決ができなくなって困る。これを防ぐためには？

冗長、ですかね。**複数のネームサーバを作っておけばいい**んじゃないですか？

そうだ。そして**スタブリゾルバに複数のネームサーバを設定**しておけばいい。そして、この設定された複数のネームサーバの中で、通常使用するものを「優先ネームサーバ」と呼ぶ。

なるほど、複数のネームサーバの中で普段使う、つまり優先して使用するから「優先ネームサーバ」なんですね。それ以外は何と呼ぶんですか？　非優先とか？

優先以外は**代替ネームサーバ**と呼ぶ。(*4)　優先ネームサーバが応答しなくなった場合、スタブリゾルバは代替ネームサーバを使用する。(図20-3)
そしてスタブリゾルバの動作として、もう1つ覚えておいてほしいのが**問い合わせの応答を受けたら、それ以上問い合わせしない**と言う点だ。

別に普通な感じがしますけど？

たとえば優先ネームサーバが、とあるサーバのAレコードとして古いキャッシュを持っているとしよう。これに対しスタブリゾルバが問い合わせると、古い情報が手に入ってしまう。で、古い情報なので対象へつながらないのだが、だからといってもう一度優先ネームサーバや代替ネームサーバに問い合わせたりしない。なぜなら一度応答をもらってしまっているからだ。

なるほど。応答をもらったら、たとえそれがどのようなものであれ、もう一度聞きに行ったりはしないんですね。

そういうことだ。では今回はこれぐらいにしよう。

はいなー。3分間DNS基礎講座でした〜♪

(*4) 優先ネームサーバと代替ネームサーバ [Preferred NameServer] [Alternate NameServer]

第20回 スタブリゾルバ

図20-3 優先ネームサーバと代替ネームサーバ

優先ネームサーバが使用できない場合、代替を使用する

DNSサーバ
優先:ns1

→ ns1

ネームサーバが1台だけなら、その1台に問い合わせる。
これが失敗（サーバの障害など）すると、「問い合わせ失敗」になる

DNSサーバ
優先:ns1
代替:ns2
　　ns3

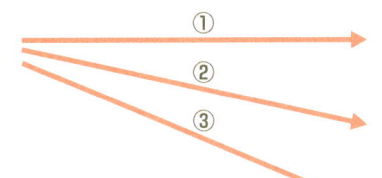

① → ns1
② → ns2
③ → ns3

ネームサーバが複数台設定してあると、
まず優先ネームサーバに問い合わせる。
これが失敗すると次の代替に。それも失敗するとさらに次の代替に。
最後まで問い合わせが失敗すると、「問い合わせ失敗」になる

ネット君の今日のポイント

- アプリケーションの依頼を受けてネームサーバに問い合わせるソフトウェアがスタブリゾルバ。
- 問い合わせのドメイン名がFQDNでないなら、サーチパスをつけてFQDNにする。
- スタブリゾルバには複数のネームサーバを設定し、優先と代替のネームサーバに指定できる。

○月○日　日直　ネット君

第21回 フルサービスリゾルバ

●フルサービスリゾルバとコンテンツサーバ

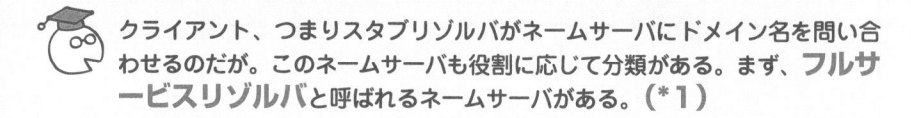

🎓 クライアント、つまりスタブリゾルバがネームサーバにドメイン名を問い合わせるのだが。このネームサーバも役割に応じて分類がある。まず、**フルサービスリゾルバ**と呼ばれるネームサーバがある。(*1)

😀 フルサービス、リゾルバ？ またリゾルバですか？ でも、クライアントの「スタブリゾルバ」は問い合わせで名前解決するから「リゾルバ」なんですよね。問い合わせに答えるネームサーバもリゾルバなんですか？

🎓 うむ。これは問い合わせの種類の話にもなる（P148参照）が、フルサービスリゾルバは**問い合わせに対し完全な応答を返すネームサーバ**だ。完全な応答とは「問い合わせたドメイン名のIPアドレス」か「対象ドメイン名なし」という応答のことだ。このどちらかを応答する。

😀 ん？ それって普通な気がしますけど？

🎓 そうでもない。ネームサーバは自分のゾーンのドメイン名ならばIPアドレスを知っているよな？ しかし、ゾーン外のドメイン名のIPアドレスは知らない。こういう場合どうするんだった？

😀 そういう場合は、ドメイン名の検索をするんじゃなかったでしたっけ？ ゾーンのところでそんな説明をしてましたよね（P96参照）。

🎓 そうだ。**フルサービスリゾルバは、ドメイン名前空間を検索して、対象ドメイン名を探す**ネームサーバだ。検索により、「問い合わせたドメイン名のIPアドレス」か「対象ドメイン名なし」のどちらかの応答を返すことを行う。

(*1) フルサービスリゾルバ [Full-Service Resolver]

第21回 フルサービスリゾルバ

🐟 なるほど。検索という「問い合わせによる名前解決」をするからフルサービス「リゾルバ」なんですね。

🎓 うむ。それに対し、**コンテンツサーバ（*2）** と呼ばれるネームサーバがある。このネームサーバは**オーソリティを持つゾーン以外の問い合わせには「知らない」と応答する**サーバだ。（図21-1）

🐟 ゾーン外の問い合わせに対しては「知らない。知らないから、知ってそうなサーバを教える」。フルサービスリゾルバみたいに、ドメイン名前空間の検索をしてくれないんですね？

🎓 そうだ。役割的に言えば「スタブリゾルバからの問い合わせに応じるフルサービスリゾルバ」と、「フルサービスリゾルバからの問い合わせに応じるコンテンツサーバ」という位置づけになるな。詳しくは先の回の問い合わせのところで話そう（P148参照）。

図21-1　フルサービスリゾルバとコンテンツサーバ

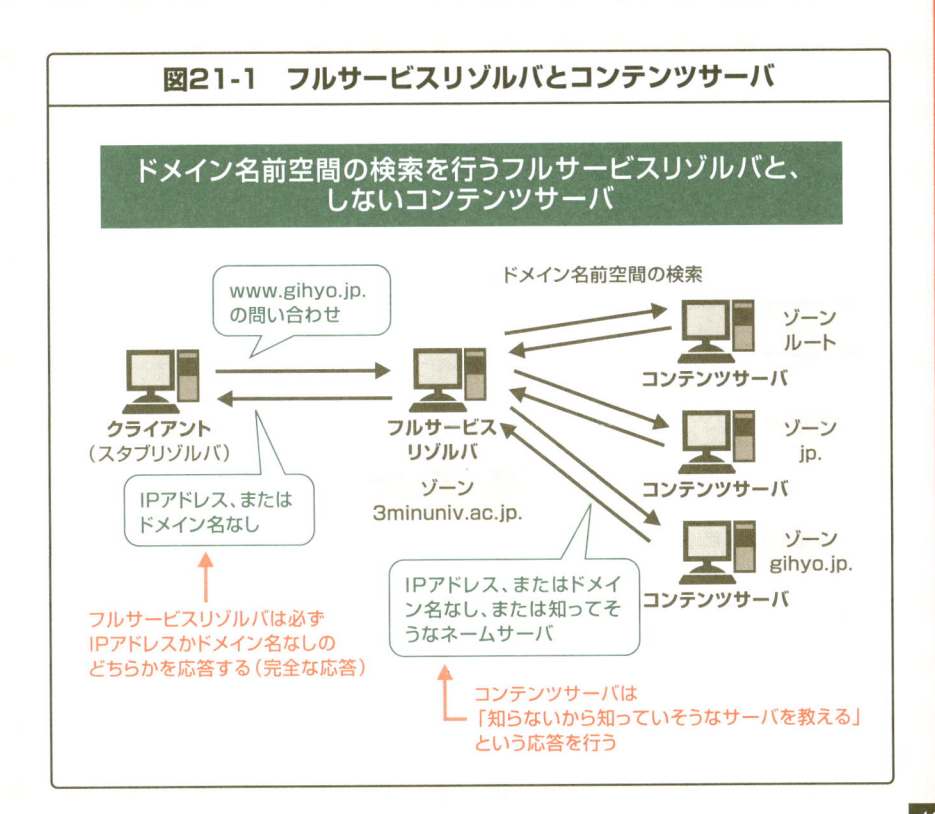

ドメイン名前空間の検索を行うフルサービスリゾルバと、しないコンテンツサーバ

- クライアント（スタブリゾルバ）→ www.gihyo.jp.の問い合わせ → フルサービスリゾルバ（ゾーン 3minuniv.ac.jp.）
- フルサービスリゾルバ ⇄ コンテンツサーバ（ゾーン ルート）
- フルサービスリゾルバ ⇄ コンテンツサーバ（ゾーン jp.）
- フルサービスリゾルバ ⇄ コンテンツサーバ（ゾーン gihyo.jp.）

- クライアントへの応答：IPアドレス、またはドメイン名なし
  - フルサービスリゾルバは必ずIPアドレスかドメイン名なしのどちらかを応答する（完全な応答）
- コンテンツサーバからの応答：IPアドレス、またはドメイン名なし、または知ってそうなネームサーバ
  - コンテンツサーバは「知らないから知っていそうなサーバを教える」という応答を行う

ふむふむ。スタブリゾルバからの問い合わせに、フルサービスリゾルバがコンテンツサーバに問い合わせて探してくれる、って感じですか？

そうだな、その感じでいい。さて、ネームサーバの役割としてもう1つ、**キャッシュサーバ**がある。これは以前話したな（P102参照）。問い合わせの結果をキャッシュしておくネームサーバだ。
通常、フルサービスリゾルバはキャッシュも行う。フルサービスリゾルバ＝キャシュサーバと覚えておいて問題ない。

●フォワーダとスレーブ

さて、ネームサーバの役割だが。フルサービスリゾルバは配置によって、**フォワーダサーバとスレーブサーバ（*3）** と呼ばれる場合がある。単純にフォワーダとスレーブと呼ぶことも多いな。動作としては「スレーブが問い合わせをフォワーダに回送する」ということだ。**(図21-2)**

なんか面倒くさいですね。なんでスレーブが直接ドメイン名前空間の検索を行わないんですか？

うむ。もちろんスレーブがドメイン名前空間の検索をしてもよい。だが、しないことによる利点があるわけだ。1つ目は、キャッシュの有効利用だ。たとえば、会社で部署が3つあるとする。それぞれの部署には、ネームサーバがある。これでフォワーダを使わない場合のキャッシュを考えると？

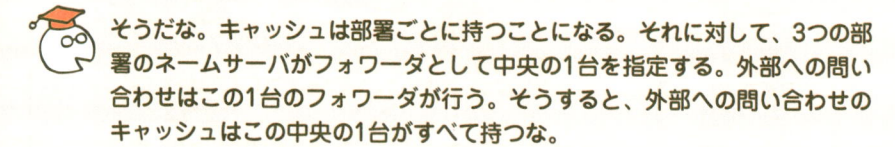

んと、3つの部署のそれぞれのネームサーバが、自分の部署のパソコンからの問い合わせをキャッシュします。

そうだな。キャッシュは部署ごとに持つことになる。それに対して、3つの部署のネームサーバがフォワーダとして中央の1台を指定する。外部への問い合わせはこの1台のフォワーダが行う。そうすると、外部への問い合わせのキャッシュはこの中央の1台がすべて持つな。

そうなりますね。

(*2) コンテンツサーバ [Contents Server]
(*3) フォワーダサーバ、スレーブサーバ [Forwarder Server] [Slave Server]

第21回 フルサービスリゾルバ

図21-2 フォワーダサーバとスレーブサーバ

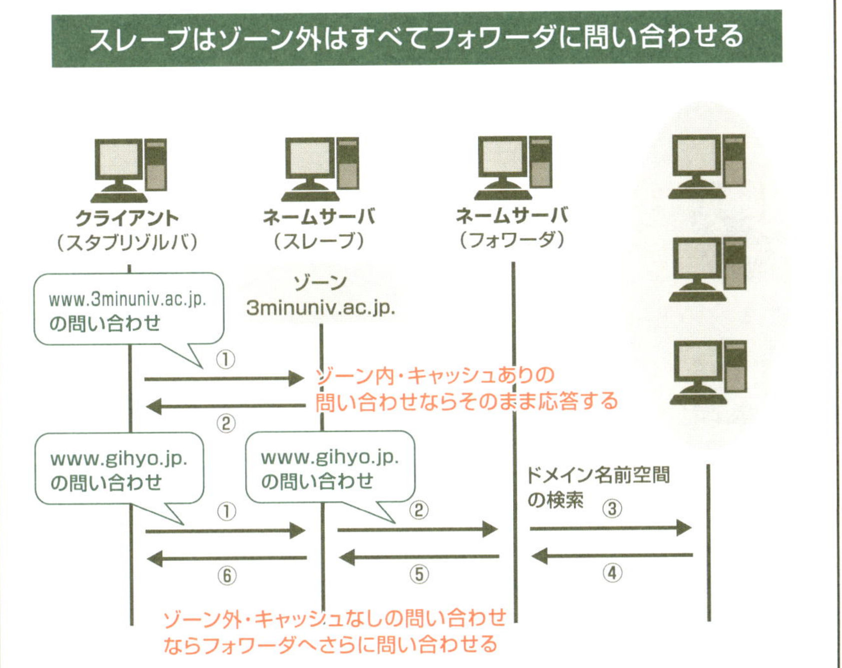

スレーブはゾーン外はすべてフォワーダに問い合わせる

クライアント（スタブリゾルバ） → ネームサーバ（スレーブ）： www.3minuniv.ac.jp.の問い合わせ ①

ゾーン 3minuniv.ac.jp.

② 応答

ゾーン内・キャッシュありの問い合わせならそのまま応答する

www.gihyo.jp.の問い合わせ → ネームサーバ（スレーブ）： www.gihyo.jp.の問い合わせ ① → ネームサーバ（フォワーダ） ② → ドメイン名前空間の検索 ③
④ ← ⑤ ← ⑥

ゾーン外・キャッシュなしの問い合わせならフォワーダへさらに問い合わせる

🎓 この状態なら、部署1からの問い合わせでフォワーダがキャッシュした情報を、部署2のネームサーバが使用できる。つまり、キャッシュの集中が可能になるわけだ。

🐥 なるほど。それぞれがキャッシュを持つだけでなく、1ヶ所にまとめることで、キャッシュされる種類を増やすわけですね。

🎓 そういうことだな。それに、この方法ならば外部へ、つまりインターネットへの問い合わせの回数も、キャッシュを活用するから減る。つまり使用帯域が減るわけだな。（**図21-3**）

🐥 へぇ、いいことずくめですね。

🎓 あとは、家庭用のブロードバンドルータのネームサーバ機能は、スレーブの場合が多いな。自身で問い合わせするよりも、フォワーダに頼むだけのほうが、処理量が少ないからだろう。

図21-3 フォワーダによるキャッシュの活用

キャッシュをまとめることにより、キャッシュを活用する

フォワーダがない場合、ネームサーバごとにバラバラのキャッシュを持つ

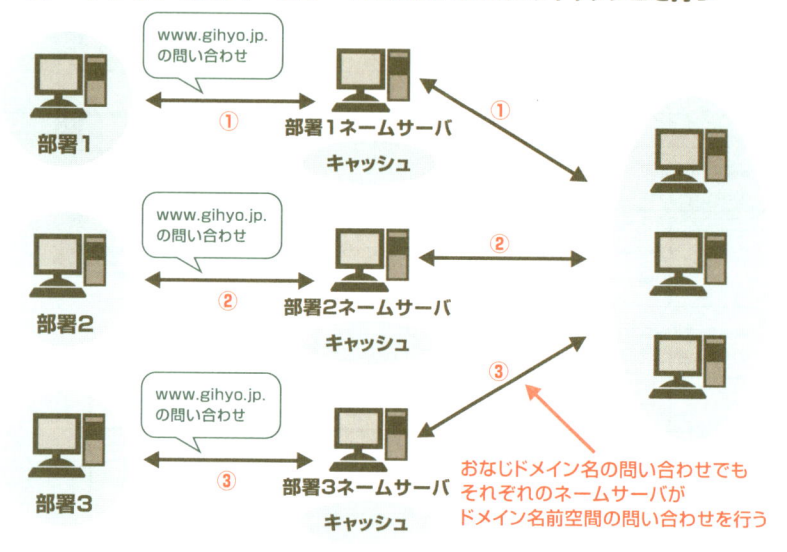

部署1 ←①→ [www.gihyo.jp.の問い合わせ] 部署1ネームサーバ キャッシュ ←①→

部署2 ←②→ [www.gihyo.jp.の問い合わせ] 部署2ネームサーバ キャッシュ ←②→

部署3 ←③→ [www.gihyo.jp.の問い合わせ] 部署3ネームサーバ キャッシュ ←③→

→ おなじドメイン名の問い合わせでも それぞれのネームサーバが ドメイン名前空間の問い合わせを行う

フォワーダがある場合、フォワーダのキャッシュから応答できる

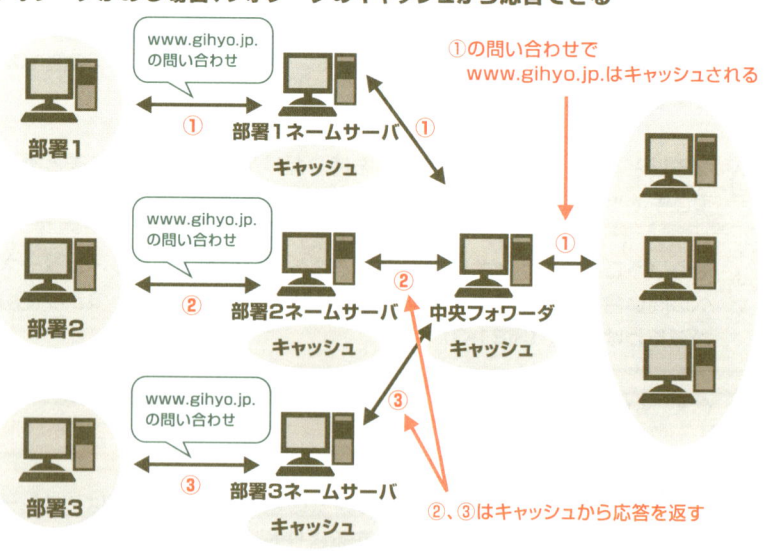

部署1 ←①→ [www.gihyo.jp.の問い合わせ] 部署1ネームサーバ キャッシュ ←①→

部署2 ←②→ [www.gihyo.jp.の問い合わせ] 部署2ネームサーバ キャッシュ ←②→ 中央フォワーダ キャッシュ ←①→

部署3 ←③→ [www.gihyo.jp.の問い合わせ] 部署3ネームサーバ キャッシュ ←③→

①の問い合わせで www.gihyo.jp.はキャッシュされる

②、③はキャッシュから応答を返す

第21回 フルサービスリゾルバ

🐛 ふむふむ。………よくよく考えたら、それぞれのパソコンが、フォワーダになってるネームサーバに直接問い合わせればいいんじゃないですか？ わざわざ部署のネームサーバに問い合わせ、それがフォワーダに問い合わせじゃなくて。いきなりフォワーダへってのはどうです？

🎓 そうだな、たとえば、部署ごとにネームサーバがあると、その部署内のドメイン名の問い合わせはそのネームサーバだけでこと足りるよな？

🐛 そうですね。部署の中でドメイン名を使っていて、それの名前解決は部署のネームサーバが行うってのは確かに合理的です。

🎓 部署にネームサーバを置かないと、その会社のすべてのドメイン名の問い合わせを中央のネームサーバがこなすことになる。まぁ、小さい会社ならいいが、大きい会社なら負荷の問題もあるし、管理の問題もある。

🐛 負荷の問題ってのは、1台に集中するからですね。管理の問題というのは？

🎓 部署ごとに新しくドメイン名を追加・削除したい場合に、中央に1台だけだと、常にそこに申請しなければならない。部署ごとに持っていれば、部署で追加・削除を独自にやればいいわけだから、管理が分散する。
さて、ネームサーバの役割別の分類はわかったかな？ 今回はここまで。

🐛 はい。3分間DNS基礎講座でした〜♪

ネット君の今日のポイント

- ●スタブリゾルバの問い合わせを受けて、ドメイン名前空間の検索をするのがフルサービスリゾルバ。
- ●自身のゾーン以外の問い合わせには「知らない」と応答するのがコンテンツサーバ。
- ●フルサービスリゾルバは一般的にキャッシュを持つキャッシュサーバでもある。
- ●自身では問い合わせを行わず、フォワーダへ問い合わせを転送するのがスレーブ。

○月○日 暗 ネッド君

第22回 ルートサーバ

●ルートサーバとコンテンツサーバ

> さて、ここまでのところでネームサーバの種類を説明したが、「コンテンツサーバ」という役割のサーバがあったな。

> ありましたね。自身のゾーン以外の問い合わせには「知らない」と答えるサーバですね（P137参照）。

> このコンテンツサーバはどういうサーバがなるかというと、**ルートサーバ**（*1）やレジストリのサーバがなる。たとえば、JPRSが持つ「.jp.」や「ac.jp.」のネームサーバだな。他にも、プロバイダや組織が用意している、インターネットでドメイン名を解決するためのサーバがなる。

> ルートサーバ？ ルートってことはドメイン名前空間の「根」のサーバですか？

> ちょっと待て。ルートサーバのことを話す前に、もうちょっとコンテンツサーバの話をしよう。これらのサーバがコンテンツサーバになるわけは、負荷の問題がある。これらのサーバがフルサービスリゾルバになってしまうと、インターネット中のパソコンからの問い合わせに対し、ドメイン名前空間の検索をしてあげなければいけない。それは困るだろう？

> そうかな？ 便利でいいんじゃないですか？

> 確かに使う側からみれば便利だが、運用する側からみれば困る。それは自分のところのネームサーバでやってくれ、って感じだからな。（図22-1）

(*1) ルートサーバ [Root Server]

第22回 ルートサーバ

図22-1 コンテンツサーバの意味

ドメイン名前空間の検索による処理量の増大を防ぐ

もしJPRSのサーバがフルサービスリゾルバなら？

クライアント（スタブリゾルバ）←問い合わせ→フルサービスリゾルバ←ドメイン名前空間の検索→JPRSのネームサーバ←ドメイン名前空間の検索→

フルサービスリゾルバを使わず、直接JPRSのサーバに検索してもらう

本来のjp.ドメインを管理して応答するという処理以外にもドメイン名前空間の検索処理があり負荷が増大する

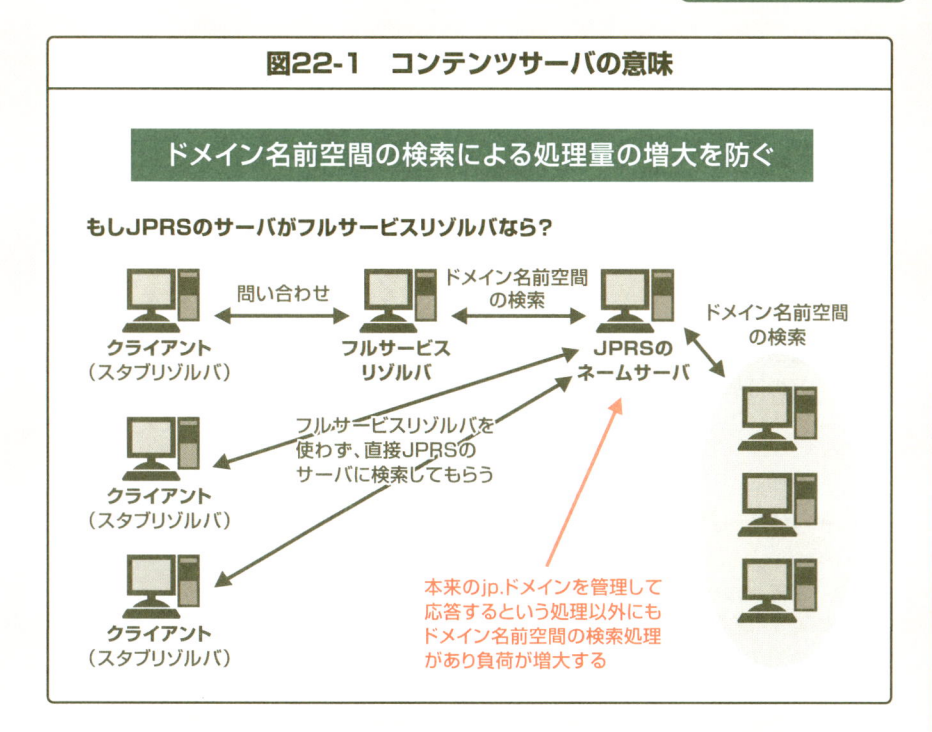

🐱 まぁ、確かに、JPRSのネームサーバがフルサービスリゾルバだったら、みんなそこを使おうとしますよね。だって、障害にも強そうだし。でもJPRSからみれば集中しちゃって確かに困るなぁ。

👨‍🏫 だから、外部に公開しているネームサーバはコンテンツサーバの方が多いのだよ。で、そのコンテンツサーバの代表格がルートサーバだ。これはネット君のいうように、ドメイン名前空間の「根」にあるネームサーバで、**TLDのネームサーバを知っているネームサーバ**だ。

🐱 ドメイン名前空間の根にあるってことは、「ドメイン名前空間の検索」で一番最初に問い合わせるネームサーバ、ですよね（P96参照）。

👨‍🏫 そうだ。負荷分散のため、**世界中で13台存在する**。名前は、A.ROOT-SERVERS.NETからM.ROOT-SERVERS.NETという名前だ。

🐱 13台？ 13台しかないんですか？ インターネットのドメイン名前空間の根にあるサーバなのに、それで大丈夫なんですか？

143

🎓 あー実際は、同じ名前の、たとえばJ.ROOT-SERVERS.NETという名前のサーバを複数置くことによって障害などに対応している。このルートサーバは世界中に存在する。日本にもあるぞ、M.ROOT-SERVERS.NETがそうだ。日本の**WIDEプロジェクト**が管理している。(*2)

🐱 へー、日本にもあるんですね。あとはどこにあるんですか？

🎓 歴史的な経緯から、ほとんどがアメリカ合衆国の団体が管理している。あとはヨーロッパの団体がいくつか、だな。あぁ、さっきも言ったように障害などの問題があるから、サーバそのものは世界中に分散している。**ルートサーバのWebサイト**があるので、そこで調べることができるぞ。(*3)

●ルートサーバの検索と利用

🎓 さて、ルートサーバはネット君が言うように、**ドメイン名前空間の検索で一番最初に問い合わせるネームサーバ**だ。ルートサーバは世界中のTLDに対してオーソリティを持ち、TLDのネームサーバのIPアドレスを知っている。
ということは、ルートサーバのIPアドレスを知らなければ、ドメイン名前空間の検索はできない。じゃあ、どうやってルートサーバのIPアドレスを知るのかね？

🐱 え？　ネームサーバのIPアドレスを知るにはドメイン名前空間を検索すればいいんだけど、ドメイン名前空間を検索するには、ルートサーバから始めるので…あれ？

🎓 正解は、**あらかじめネームサーバに、ルートサーバのIPアドレスを設定しておく**、だ。これを**ルートヒント**と呼ぶ。**ルートヒントを持たないネームサーバはドメイン名前空間の検索ができない**。

🐱 るーとひんと。ドメイン名前空間の根が検索のスタートなんだから、そこのアドレスがわからないとダメってことですね。

(*2) **WIDEプロジェクト** [Widely Integrated Distributed Environment Project]
日本でのインターネットに関する研究プロジェクト。日本のインターネットインフラの運営や研究などを行っている。

(*3) **ルートサーバのWebサイト**　http://www.root-servers.org/

第22回 ルートサーバ

🎓 そういうことだ。で、もちろんこのルートヒントに記述されたIPアドレスが間違っているとダメになるわけだ。なので、まぁそんなに頻繁に変更されないが、ルートヒントを最新の状態にしておかなければならない。(図22-2)

🐣 そうなりますね。間違ったIPアドレスだったらルートサーバへ接続されなくなりますから。どうやって最新の状態にするんですか？

🎓 **ルートヒントの更新はネームサーバの管理者が行う**のだが、たとえば、BIND（P122参照）だと、IANAに**ルートヒントファイル**があるので、これをダウンロードして使う。**(*4)**

🐣 ふむふむ。……そういえば、博士。ルートサーバは13台あるんですよね？どれを使うんですか？

🎓 ふむ。いい質問だな。それは**応答時間が短い（*5）**サーバを使用する。つまり、一番早く応答してくれるサーバを選ぶわけだな。

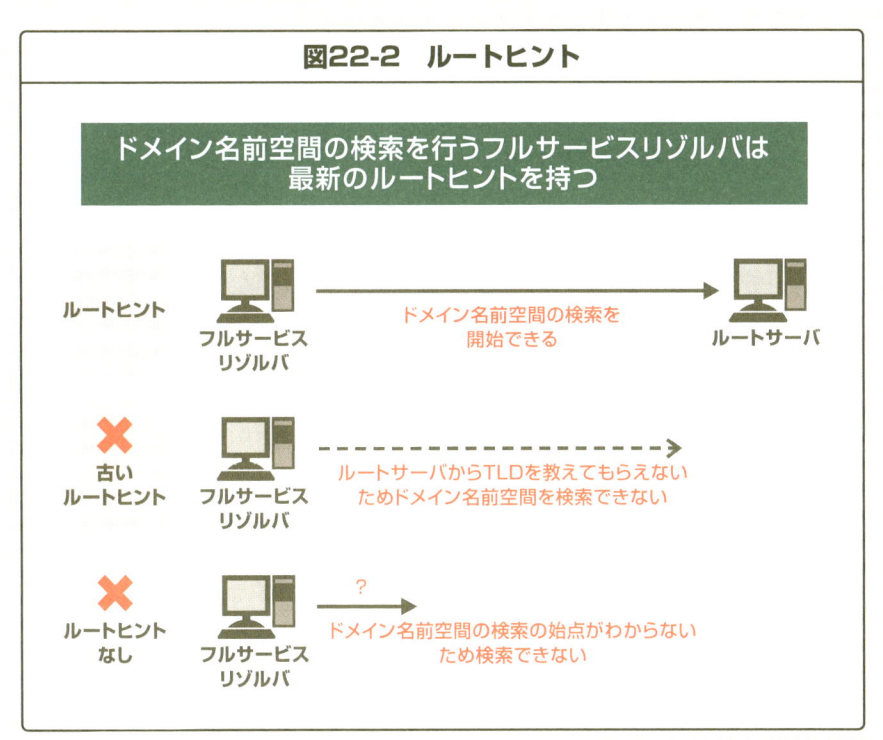

図22-2 ルートヒント

ドメイン名前空間の検索を行うフルサービスリゾルバは
最新のルートヒントを持つ

| ルートヒント | フルサービスリゾルバ | → ドメイン名前空間の検索を開始できる → | ルートサーバ |

❌ 古いルートヒント　フルサービスリゾルバ ----> ルートサーバからTLDを教えてもらえないためドメイン名前空間を検索できない

❌ ルートヒントなし　フルサービスリゾルバ → ? ドメイン名前空間の検索の始点がわからないため検索できない

(*4) ルートヒントファイル　BINDのnamed.rootファイルのこと。
ftp://ftp.rs.internic.net/domain/named.rootに最新のものがある。

図22-3 サーバの選択

応答時間（RTT値）が最少のサーバを選ぶ

①最初にランダムな小さい値のRTT値を設定する

サーバ	RTT値
A.ROOT-SERVERS.NET	4
B.ROOT-SERVERS.NET	8
C.ROOT-SERVERS.NET	6

フルサービスリゾルバ

A.ROOT-SERVERS.NET
B.ROOT-SERVERS.NET
C.ROOT-SERVERS.NET

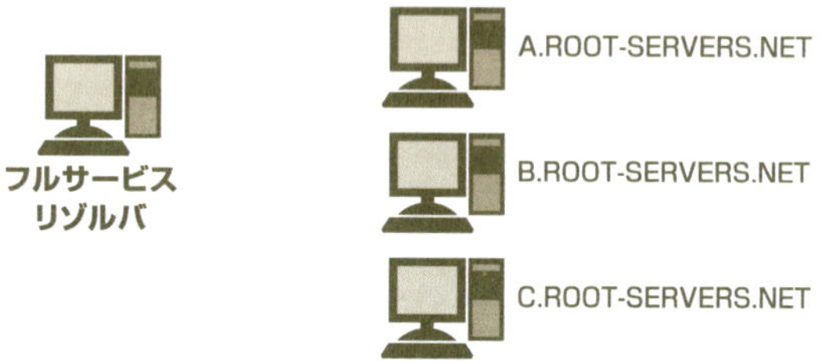

②RTTが最少のサーバに問い合わせ、実際のRTT値に書き換える

サーバ	RTT値
A.ROOT-SERVERS.NET	~~4~~ 500
B.ROOT-SERVERS.NET	8
C.ROOT-SERVERS.NET	6

フルサービスリゾルバ

問い合わせ 500ミリ秒

A.ROOT-SERVERS.NET
B.ROOT-SERVERS.NET
C.ROOT-SERVERS.NET

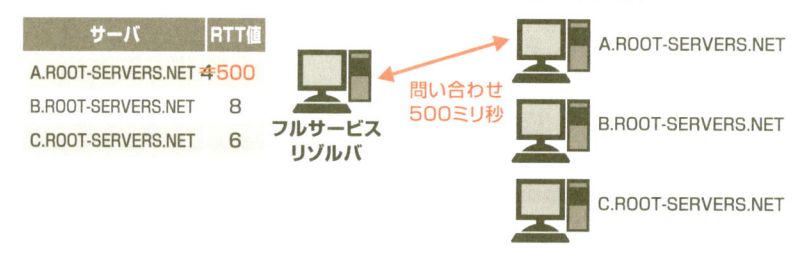

③次の問い合わせもRTT値が小さい値のサーバに行う

サーバ	RTT値
A.ROOT-SERVERS.NET	500
B.ROOT-SERVERS.NET	8
C.ROOT-SERVERS.NET	~~6~~ 750

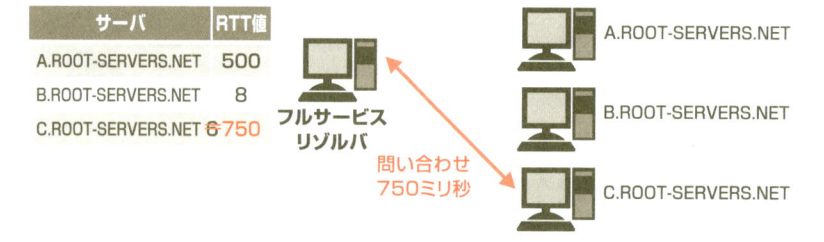

フルサービスリゾルバ

問い合わせ 750ミリ秒

A.ROOT-SERVERS.NET
B.ROOT-SERVERS.NET
C.ROOT-SERVERS.NET

④これを繰り返すことにより、実際のRTT値によるサーバの選択が可能になる

サーバ	RTT値
A.ROOT-SERVERS.NET	500
B.ROOT-SERVERS.NET	~~8~~ 400
C.ROOT-SERVERS.NET	750

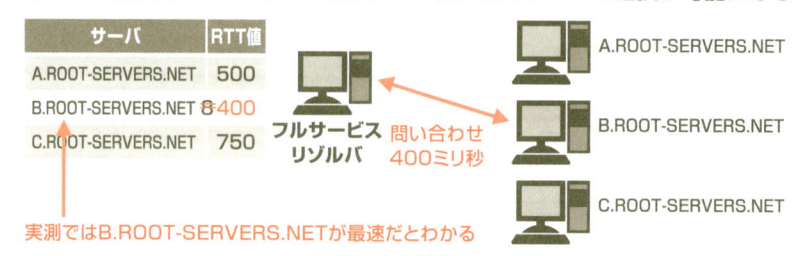

フルサービスリゾルバ

問い合わせ 400ミリ秒

A.ROOT-SERVERS.NET
B.ROOT-SERVERS.NET
C.ROOT-SERVERS.NET

実測ではB.ROOT-SERVERS.NETが最速だとわかる

🐧 なるほど、それは理にかなってますね。……、って博士。その応答時間はどうやって決まるんですか？ それも手動で決めるんですか？ 計測するんですか？

🎓 手動で決めても意味ないだろう。ネームサーバはまず、それぞれのサーバの応答時間をランダムで決めておく。その上で、その中で最小の応答時間を持つサーバに対し、問い合わせする。

🐧 応答時間をランダムで決める…それって勝手に決めるってことですか？ だったら事実上「使用するサーバをランダムで選ぶ」ってことじゃないですか？

🎓 待て待て、続きがある。そして、実際に問い合わせを行った結果得られた応答時間に合わせて、さきほどランダムに決定した応答時間を書き換える。そうやって何度か問い合わせしていくうちに、実際の応答時間がわかるわけだ。**(図22-3)**

🐧 ん〜っと、つまり、最初はランダムで選んで、実際の応答時間を記憶して。そのうち実際の応答時間がわかるから、そこで最少のものを選ぶ？

🎓 そういうことだな。これはルートサーバ以外でも、ネームサーバが複数ある場合には同じことを行う。
では、次回は実際の問い合わせについて説明しよう。ではまた次回。

🐧 了解。3分間DNS基礎講座でした〜♪

(*5) 応答時間 [Round Trip Time] RTT値とも呼ぶ。

ネット君の今日のポイント

- ドメイン名前空間の根に存在するのがルートサーバ。
- ルートサーバは世界中に13台ある。
- ネームサーバはルートサーバの一覧（ルートヒント）を持ち、常にこれを最新の状態にしておかなければならない。

○月○日　@ネッド君

第23回 DNS問い合わせ

●問い合わせの種類

さて、DNSでの名前解決だが。これは**問い合わせ**と**応答**によって行う。これは**ポート番号53番**を使う。

53番ですね。で、TCPですか？ UDPですか？

基本的にはUDPだが、**データ量が多い場合TCPに切り替える**。UDPではデータ量が多い場合、信頼性が低いから使いにくい、という理由だと思う。

切り替える？ ってことは、UDP使ってて、「あーデータ量が多いなー」とかになったらTCPに変えるってことですか？

そうだ。最初はUDPを使うが、**データ量が512バイトを越える**場合、TCPに変える。なので、**ファイアウォールを設定する際にはTCP・UDP両方のポートを開けておく**ことが必要なので忘れないように。（図23-1）

へぇ、面白い動作をするんですね。今まで両方使うのなんか聞いたことないですよ。

まぁ、確かにな。さて、その問い合わせだが、**問い合わせの方法には2種類ある**。つまり、「完全な応答を要求する」のと、「最適な応答を要求する」の2つだ。

「完全な応答」ってあれでしたよね、フルサービスリゾルバが行う「問い合わせたドメイン名のIPアドレス」か「対象ドメイン名なし」のどちらかの応答でしたよね（P136参照）。それと「最適な応答？」

第23回　DNS問い合わせ

図23-1　UDPとTCPの切り替え

データ量が多い場合、UDPからTCPに切り替える

①最初は必ずUDPを使って問い合わせを行う

リゾルバ ──UDP──▶ UDP53 ネームサーバ

②ネームサーバはUDPで応答を返す。データが512オクテット以下ならこれで終了する

リゾルバ ◀──UDP── UDP53 ネームサーバ

③応答が512オクテット以上の場合、データに512オクテット以上と明記されているので、それを見たリゾルバはTCPで再度問い合わせを行う

リゾルバ ◀──UDP（512オクテット以上）── UDP53 ネームサーバ
リゾルバ ──TCP──▶ TCP53

🎓 最適な応答については後述だ。まず「完全な応答を要求する」のは**スタブリゾルバが行う問い合わせ**だ。これを**再帰問い合わせ**と呼ぶ。(*1)

🙂 再帰？　リカーシブ？　もう一回帰ってくる？　へんな言葉ですね。

🎓 もともとはプログラミングで使う用語だな。「自分自身を呼び出す」ってやつだ。まぁ、詳しく話すと本の趣旨が変わるので、簡単に言えば、「同じ行動を繰り返す」とでも覚えておけばいい。

🙂 「同じ行動を繰り返す」、ですか。それでも意味がちょっとわかりません。

(*1) 再帰問い合わせ［Recursive Query］

スタブリゾルバからの「再帰問い合わせ」を受けるのは、普通フルサービスリゾルバだ。フルサービスリゾルバはこの問い合わせに対し、何をするんだった？

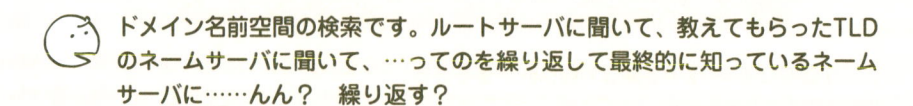

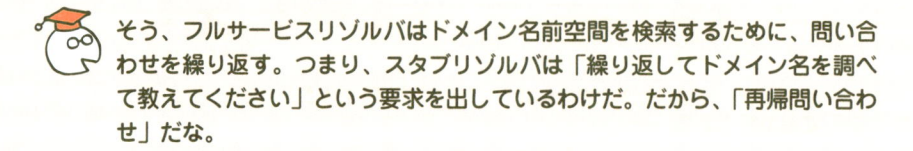

ドメイン名前空間の検索です。ルートサーバに聞いて、教えてもらったTLDのネームサーバに聞いて、…ってのを繰り返して最終的に知っているネームサーバに……ん？　繰り返す？

そう、フルサービスリゾルバはドメイン名前空間を検索するために、問い合わせを繰り返す。つまり、スタブリゾルバは「繰り返してドメイン名を調べて教えてください」という要求を出しているわけだ。だから、「再帰問い合わせ」だな。

なるほど。「再帰してください（繰り返してください）」という問い合わせだから、再帰問い合わせ、ですか。

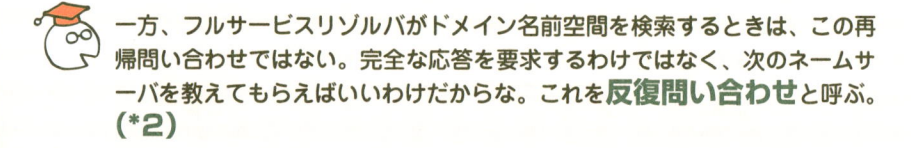

一方、フルサービスリゾルバがドメイン名前空間を検索するときは、この再帰問い合わせではない。完全な応答を要求するわけではなく、次のネームサーバを教えてもらえばいいわけだからな。これを**反復問い合わせ**と呼ぶ。(*2)

反復。イタレイティブ。でも、反復も「繰り返し」だから、再帰と似ていて間違えそうだなあ。

確かにそうだな、注意するように。つまり、フルサービスリゾルバは「再帰問い合わせ」を受けて、他ネームサーバへ「反復問い合わせ」を行う、ということだ。ポイントはそれに対する応答の内容だ。(図23-2)

応答の内容？　スタブリゾルバが行う「再帰問い合わせ」を受けて、「完全な応答」をもらいますよね。「ある」か「ない」かっていう。

そうだ。**再帰問い合わせに対しては完全な応答。反復問い合わせに対しては最適な応答**だ。

最適とはまた微妙ですね。えっと、反復問い合わせはフルサービスリゾルバが他のネームサーバに行う問い合わせですよね。ルートサーバに行ったら、TLDのネームサーバが返ってくる問い合わせ。

....
(*2) 反復問い合わせ [Iteractive Query]　非再帰 [non-Recursive] 問い合わせとも。

第23回 DNS問い合わせ

図23-2　再帰問い合わせと反復問い合わせ

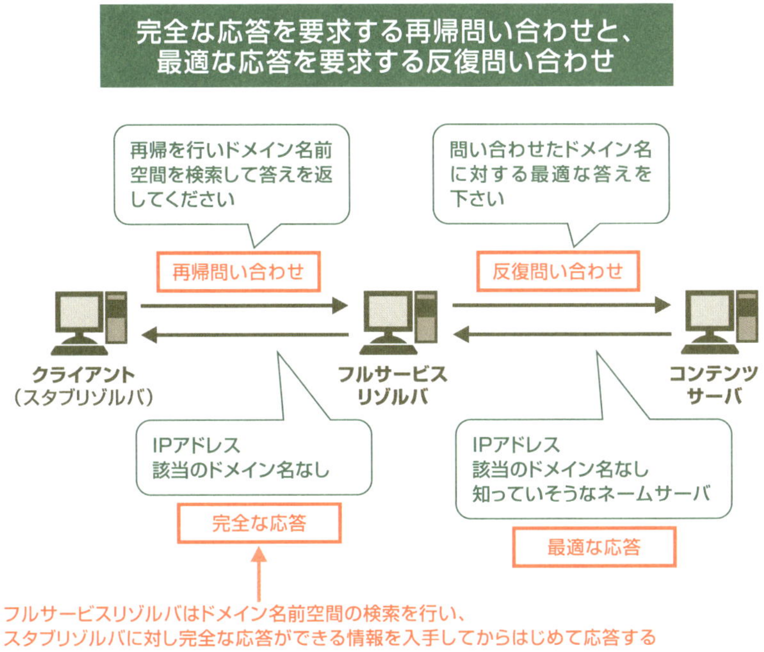

完全な応答を要求する再帰問い合わせと、
最適な応答を要求する反復問い合わせ

再帰を行いドメイン名前空間を検索して答えを返してください

問い合わせたドメイン名に対する最適な答えを下さい

再帰問い合わせ　　　　反復問い合わせ

クライアント　　　　フルサービス　　　　コンテンツ
（スタブリゾルバ）　　リゾルバ　　　　　サーバ

IPアドレス
該当のドメイン名なし

IPアドレス
該当のドメイン名なし
知っていそうなネームサーバ

完全な応答　　　　　　最適な応答

フルサービスリゾルバはドメイン名前空間の検索を行い、
スタブリゾルバに対し完全な応答ができる情報を入手してからはじめて応答する

そう。つまり、**自分は知らないが、知っているであろうネームサーバを教える**だな。あるいは、**問い合わせのドメインのIPアドレス**か、**そのドメイン名は存在しない**という応答か。この3つのうちのいずれかだ。

なるほど、確かにその3つのどれかになりますね。だから、「最適」なのか。了解です。

●DNSメッセージ

さて、DNSの「問い合わせ」と「応答」のやり取りだが。これの中身の説明といこう。これは同じ中身で図のようになっている。（**図23-3**）

図23-3　DNSメッセージ

DNSで使われるデータは3つのセクションからなる

IPヘッダ　TCP／UDPヘッダ　DNSメッセージ

DNSヘッダセクション	16ビット	識別ID	メッセージを識別するID
	16ビット	フラグ	メッセージの情報
	16ビット	質問の数	質問セクションの数
	16ビット	回答の数	回答リソースレコードの数
	16ビット	オーソリティの数	オーソリティリソースレコードの数
	16ビット	追加情報の数	追加リソースレコードの数
質問セクション	可変	質問	問い合わせるドメイン名
回答セクション	可変	回答リソースレコード	質問セクションに対する回答のリソースレコード
	可変	オーソリティリソースレコード	オーソリティを持つサーバを指すリソースレコード
	可変	追加リソースレコード	追加のリソースレコード

問い合わせメッセージ
DNSヘッダセクション
質問セクション

クライアント　→　サーバ

応答メッセージ
DNSヘッダセクション
質問セクション
回答セクション

第23回 DNS問い合わせ

ふむふむ。識別ID、フラグ、質問・回答・オーソリティ・追加情報の数、それぞれのリソースレコード…。

うむ。DNSメッセージは、**「DNSヘッダ」「質問セクション」「回答セクション」の3つからなっている**、ということだ。DNSヘッダには、DNSで使われる情報が入る。これは次の回で説明する（P154参照）。

で、次が質問セクション、ですね。これはわかります。問い合わせるドメイン名を入れるんですよね？

そうだ。そして回答セクション、これはもちろん問い合わせのときは「なし」だ。応答の場合は、質問に合わせたリソースレコードを入れる。

「回答」はわかりますけど、「オーソリティ」や「追加」って何が入るんですか？

それも先の回で説明しよう（P160参照）。とりあえず、DNSメッセージは3つのセクションからなり、それぞれ「ヘッダ」「質問」「回答のリソースレコード」が入る、と覚えておきたまえ。

了解です。

では、次回はメッセージの中身について詳しく説明しよう。ではまた次回。

はいはい。3分間DNS基礎講座でした～♪

ネット君の今日のポイント

- スタブリゾルバが行う、「完全な応答」を要求する再帰問い合わせ。
- フルサービスリゾルバが行う、「最適な応答」を要求する反復問い合わせ。
- DNSメッセージは「ヘッダ」「質問」「回答」のセクションからなる。

○月○日 ○曜 ネット君

第24回 DNSメッセージ・1

●DNSヘッダ

前回、DNSメッセージの中身を紹介したが。まず最初にあるのが、「DNSヘッダ」だ。DNSヘッダにはDNSのやり取りに必要な情報が入っている。

えっと、識別ID、フラグ、質問・回答・オーソリティ・追加の数、でしたっけ。

そうだ。まず、識別ID。これは問い合わせの際にランダムに生成された16ビットの値で、応答には同じ識別IDを入れて応答する。これでどの問い合わせに対する応答かわかるわけだな。

ふむふむ。で、次がフラグですけど、これはなんです？

DNSヘッダの中で**もっとも重要な値がこのフラグだ**。ここには問い合わせと応答で使われるDNSの情報が入っている。(図24-1)

8つの項目があるんですね。それぞれどういう意味なんですか？

まず、「QR」の「問い合わせ／応答フラグ」。これはそのDNSメッセージが「問い合わせ」か「応答」かの識別だ。次が「Opcode」「オペレーションコード」だ。これは「正引き」か「逆引き」のどちらの問い合わせかを識別する。

「正引き」と「逆引き」ってなんですか？

第24回 DNSメッセージ・1

図24-1 DNSヘッダとフラグ

**フラグにはDNSメッセージが
どのようなものかの情報が入っている**

DNSヘッダ セクション	16ビット	識別ID
	16ビット	フラグ
	16ビット	質問の数
	16ビット	回答の数
	16ビット	オーソリティの数
	16ビット	追加情報の数

フラグの中身と意味

1ビット	問い合わせ/応答フラグ	**QR**(Query/Response)	0…問い合わせ 1…応答
4ビット	オペレーションコード	**Opcode**(OperationCode)	0…正引き 1…逆引き
1ビット	オーソリティ応答	**AA**(AuthoritativeAnswer)	0…オーソリティあり 1…オーソリティなし
1ビット	切り捨て	**TC**(TrunCation)	0…データが512バイト未満(なし) 1…データが512バイト以上(あり)
1ビット	再帰要望	**RD**(RecursionDesired)	0…反復問い合わせ 1…再帰問い合わせ
1ビット	再帰有効	**RA**(RecursionAvailable)	0…再帰不可(コンテンツサーバ) 1…再帰可能(フルサービスリゾルバ)
3ビット	予約(ゼロ)	**Z**	将来的な拡張用。ゼロが入る
4ビット	応答コード	**Rcode**(Response code)	0…正常応答 3…ドメイン名なし

🎓 **正引きはドメイン名からIPアドレスを、逆引きはIPアドレスからドメイン名**を調べるという意味だ。通常は「正引き」だ。「逆引き」については先の回で説明する(P196参照)。

🐥 ふむふむ。次が「AA」「オーソリティ応答」ですけど?

🎓 これは**オーソリティを持ったサーバからの応答**であることを示す。それ以外からの応答の場合は「オーソリティなし」になる。

🐥 オーソリティ、権限でしたっけ(P95参照)。なるほど、ちゃんと問い合わせた場合は、ゾーン情報を持つサーバからの応答だから「オーソリティあり」、キャッシュからなら「オーソリティなし」ですね。

そうなる。次の「TC」「切り捨て」は、以前説明した「データ量が多すぎる」ことを説明する。つまり、TCPへの切り替えだな。まずUDPで問い合わせを送り、応答のデータ量が多すぎる場合は切り捨て「あり」で応答する。切り捨て「あり」の応答を受け取ったリゾルバは、TCPで再度問い合わせを送る。

ふむふむ。DNSでは、UDPでデータ量が多い場合にTCPに切り替えるんでしたよね（P148参照）。それを伝えるのが「切り捨て」ですね。なんで「切り捨て」という名前なんですか？

データ量が多いので、UDPを使った応答には一部のデータしか入っていませんよ、残りは「切り捨て」てますよ、だからTCPでもう一度お願い。で、「切り捨て」だ。

なるほど。次は「RD」「再帰要望」ですね。

「RD」「再帰要望」と「RA」「再帰有効」はまとめて話そう。RDは問い合わせの際に「再帰問い合わせ」か「反復問い合わせ」かを示す。一方、RAは応答の際に応答するサーバが「フルサービスリゾルバ」か「コンテンツサーバ」かを示す。

ははぁ、問い合わせが再帰なのか、反復なのか。そして応答するサーバが、再帰ができるフルサービスリゾルバなのか、再帰を受けつけないコンテンツサーバなのか示すんですね。

そういうことだ。で、予約があって、最後が「Rcode」「応答コード」だな。これはどのような応答かを示す。基本は「エラーなし（正常応答）」か「ドメイン名なし」を示すと覚えておけばいい。フラグをまとめたものを図に示そう。**(図24-2)**

このフラグで、DNSメッセージの問い合わせと応答の情報を示しているんですね。

そういうことだな。あと、DNSヘッダには、質問、回答、オーソリティ、追加それぞれの数が書いてある。問い合わせの場合は、回答、オーソリティ、追加はゼロだ。

逆に、応答の場合は質問がゼロなんですね。

図24-2 問い合わせと応答のフラグ

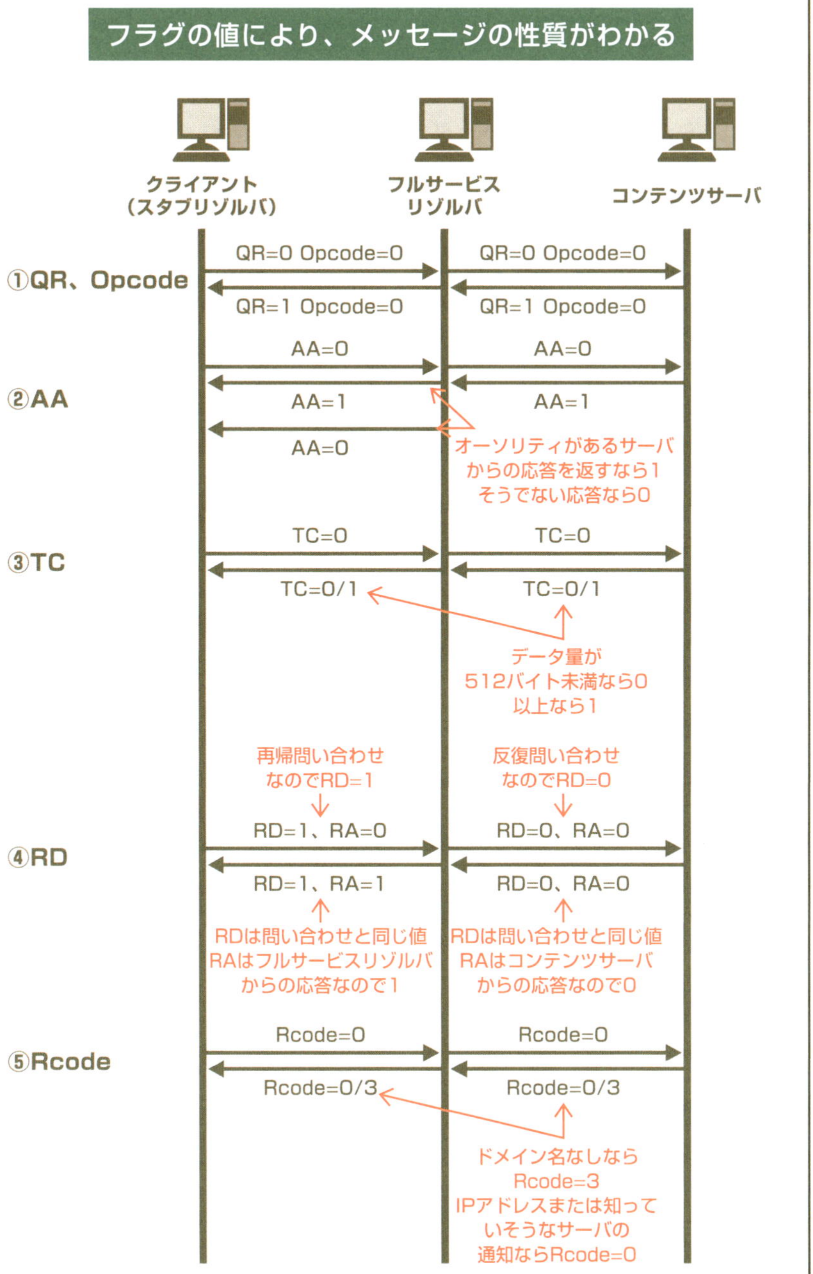

フラグの値により、メッセージの性質がわかる

	クライアント （スタブリゾルバ）	フルサービス リゾルバ	コンテンツサーバ

①QR、Opcode
- クライアント → フルサービスリゾルバ：QR=0 Opcode=0
- フルサービスリゾルバ → コンテンツサーバ：QR=0 Opcode=0
- フルサービスリゾルバ → クライアント：QR=1 Opcode=0
- コンテンツサーバ → フルサービスリゾルバ：QR=1 Opcode=0

②AA
- AA=0
- AA=0
- AA=1
- AA=1
- AA=0

オーソリティがあるサーバからの応答を返すなら1 そうでない応答なら0

③TC
- TC=0
- TC=0
- TC=0/1
- TC=0/1

データ量が512バイト未満なら0 以上なら1

④RD
再帰問い合わせなのでRD=1 → RD=1、RA=0

反復問い合わせなのでRD=0 → RD=0、RA=0

RD=1、RA=1
RD=0、RA=0

RDは問い合わせと同じ値
RAはフルサービスリゾルバからの応答なので1

RDは問い合わせと同じ値
RAはコンテンツサーバからの応答なので0

⑤Rcode
- Rcode=0
- Rcode=0
- Rcode=0/3
- Rcode=0/3

ドメイン名なしならRcode=3
IPアドレスまたは知っていそうなサーバの通知ならRcode=0

いや違う。応答する際にも質問をつけて送り返すので、ゼロにはならない。問い合わせの「質問の数」が、そのまま応答にも入る。

●質問セクション

DNSメッセージのDNSヘッダの次は「質問セクション」だ。質問セクションは可変長で、**問い合わせするドメイン名、タイプ、クラス**を入れる。

問い合わせするドメイン名、タイプ…。タイプはレコードタイプですか（P99参照）？ 質問でどのレコードタイプを問い合わせるのかわざわざ書くんですか？

うむ。通常はAレコードの問い合わせが多いが、メールサーバの問い合わせにはMXを指定するし、IPv6の問い合わせにはAAAAを指定しないといけないからな。

あぁ、そうか。MXレコードやNSレコードというのもありましたよね（P110参照）。

あとは、ドメイン名の書き方も正確にはちょっと違う。それもあわせて図で説明しよう。**(図24-3)**

ラベルと、ラベルの長さ…。面倒くさい書き方ですね？

DNSメッセージにはデータ長という概念がないのでな。長さを明記しながら、ドメイン名を書いているわけだ。あぁ、そうそう、この書き方はDNSメッセージの他の場所でも使う。リソースレコードにドメイン名が書かれている場合などだな。

ふむふむ、この書き方をする、と。

次の回答セクションは、次回説明する。ということで今回はこれで終了。

いぇっさー。3分間DNS基礎講座でした〜♪

第24回 DNSメッセージ・1

図24-3 質問セクション

問い合わせるドメイン名、レコードタイプ、クラスが入る

名前	ビット数	内容	説明
質問セクション	可変	質問	問い合わせるドメイン名

内容

可変	ドメイン名（QName）	問い合わせるドメイン名が入る
16ビット	レコードタイプ（Qtype）	問い合わせるレコードタイプ値は、リソースレコードで使われているタイプを示す値を使う
16ビット	クラス（QClass）	通常はIN（1）

ドメイン名の記述の仕方

① ドメイン名をドットの位置で分割する（これをラベルと呼ぶ）
　www.3minuniv.ac.jp. → www　3minuniv　ac　jp

② ラベルの先頭に16進数2ケタでそれぞれの文字数をつける
　www　3minuniv　ac　jp → 0x03www　0x083minuniv　0x02ac　0x02jp

③ すべてくっつけて、最後に空のドメイン（ルート）を示す0x00（0文字）をつける
　0x03www　0x083minuniv　0x02ac　0x02jp →
　0x03www0x083minuniv0x02ac0x02jp0x00

（ネット君の今日のポイント）

● DNSヘッダはID、フラグ、リソースレコードの数からなる。
● フラグには問い合わせと応答の情報が入る。
● 質問セクションには問い合わせるドメイン名、レコードタイプ、クラスが入る。

第25回 DNSメッセージ・2

●回答セクション

🎓 前回はDNSメッセージの「ヘッダ」「質問」セクションの話をしたので、次は「回答」セクションだ。回答セクションは、もちろん問い合わせに対する応答にのみつけられる。

🐱 ふむふむ。回答セクションは、「回答」「オーソリティ」「追加」の項目がありましたよね。

🎓 そうだ。それぞれに**対応したリソースレコードがそのまま入る**。

🐱 応答は、リソースレコードをくっつけて送るって前言ってましたよね（P105参照）。で、「回答」リソースレコードはわかるんですけど、他の2つは何に使うんですか？

🎓 まず、「回答」は問い合わせの質問セクションで**質問したタイプに対する応答**が入る。これはいいな？

🐱 質問セクションには問い合わせの「ドメイン名」「タイプ」「クラス」がありましたよね（P158参照）。そのタイプに応じた回答、ですね。

🎓 そうだ。一方の「オーソリティ」だが、これは問い合わせに応じて違いはあるが、**質問したドメイン名に対してオーソリティを持つサーバのレコード**が入る。通常はNSレコードが入ることが多い。

🐱 ふむー、オーソリティを持つサーバのレコード。ってことは、たとえばwww.3minuniv.ac.jp.を質問したら、3minuniv.ac.jp.のドメイン名に対してオーソリティを持つサーバのレコードだから、ネームサーバのレコードが入るってことですか？

第25回 DNSメッセージ・2

👨‍🏫 そうだな、その例の場合、3minuniv.ac.jp.のNSレコードが入る。そして、「追加」には「回答」と「オーソリティ」にAとCNAME以外のリソースレコードが入っている場合に、**Aレコードが入る**。

🧑 「回答」「オーソリティ」にあるレコードがA、CNAME以外の場合? たとえばNSとかMXとかですか?

👨‍🏫 そうだ。その場合、たとえばMXレコードはメール転送ホストのドメイン名を教えてくれるだろう? だがそれだけではIPアドレスがわからない。よって、「追加」にそのIPアドレスを示すAレコードを入れるのだよ。(**図25-1**)

図25-1 回答セクションのリソースレコード

回答、オーソリティ、追加にそれぞれ対応するリソースレコードを入れる

①Aレコードの問い合わせの場合

| 質問 | www.3minuniv.ac.jp. | A | IN |

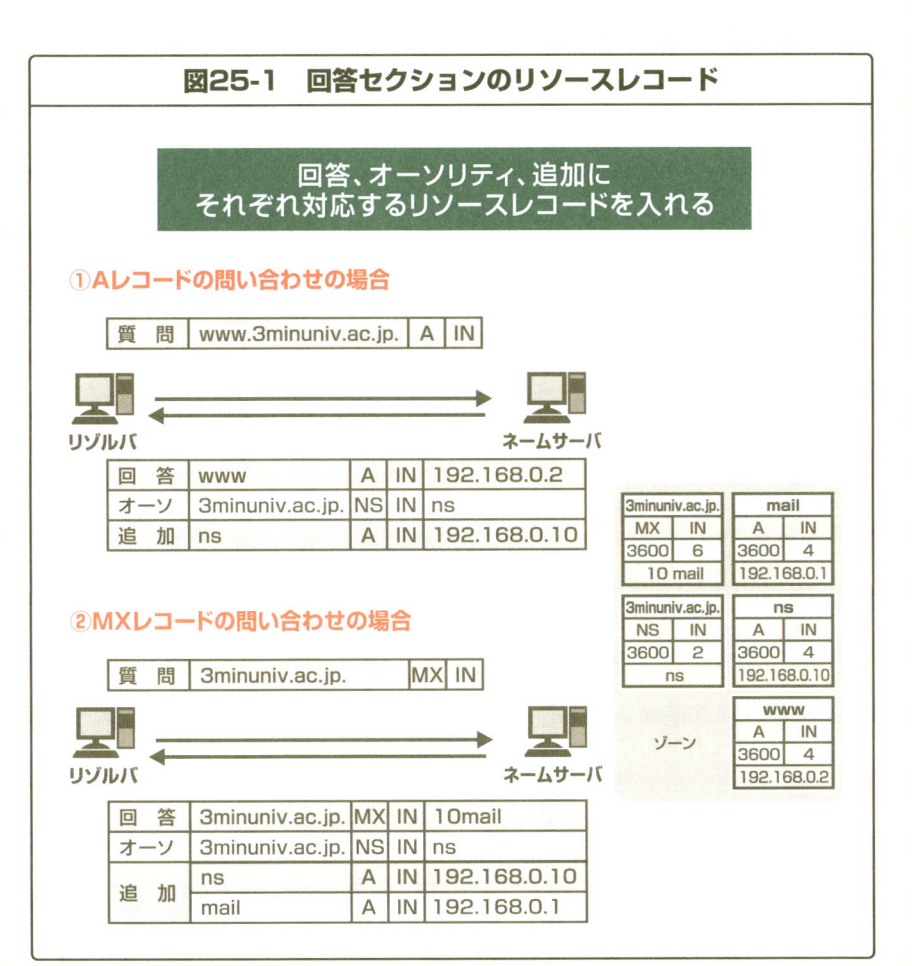

リゾルバ ⇄ ネームサーバ

回答	www		A	IN	192.168.0.2
オーソ	3minuniv.ac.jp.	NS	IN	ns
追加	ns		A	IN	192.168.0.10

②MXレコードの問い合わせの場合

| 質問 | 3minuniv.ac.jp. | | MX | IN |

リゾルバ ⇄ ネームサーバ

回答	3minuniv.ac.jp.	MX	IN	10 mail
オーソ	3minuniv.ac.jp.	NS	IN	ns
追加	ns		A	IN	192.168.0.10
	mail		A	IN	192.168.0.1

ゾーン:

3minuniv.ac.jp.	
MX	IN
3600	6
10 mail	

mail	
A	IN
3600	4
192.168.0.1	

3minuniv.ac.jp.	
NS	IN
3600	2
ns	

ns	
A	IN
3600	4
192.168.0.10	

www	
A	IN
3600	4
192.168.0.2	

●DNSメッセージのやり取り

では、実際のやり取りを考えよう。まず基本的なAレコードの問い合わせで考えてみる。ドメイン名に対応するIPアドレスを知りたいわけだな。www.3minuniv.ac.jp.を例として考えよう。まず、スタブリゾルバからフルサービスリゾルバに問い合わせをする。

そうすると、フルサービスリゾルバは、そのフルサービスリゾルバが管理しているゾーンに対する質問であるか、キャッシュに残っていれば応答するわけですね。なければドメイン名前空間の検索をする、と。

そうだ。通常のAレコードの問い合わせで、フルサービスリゾルバがそのリソースレコードを知っている場合、フルサービスリゾルバはそのまま回答を返すわけだな。**(図25-2)**

ふむふむ。なるほど、回答セクションの「回答」にはwww.3minuniv.ac.jp.のAレコード、「オーソリティ」には3minuniv.ac.jp.のNSレコード、追加にはns.3minuniv.ac.jp.のAレコード、と。

そうだ。あとフラグの値がどうなっているのかも考えておくとよい。たとえば回答の「再帰有効」はフルサービスリゾルバだから「有効」、「オーソリティ応答」はキャッシュからの応答か、それともオーソリティを持つサーバからの応答かが判別できる（P156参照）。

ですね。で、博士。フルサービスリゾルバのゾーン外や、キャッシュしてない場合はどうなるんですか？

そうだな。その場合は、フルサービスリゾルバがドメイン名前空間の検索をする。では、フルサービスリゾルバがwww.3minuniv.ac.jp.をルートサーバに問い合わせた場合を考えてみよう。この場合の応答は、「回答」にリソースレコードは入らない。あと、応答コードは「エラーなし（正常応答）」になる。

そうなんですか？「回答」リソースレコードでjp.のJPRSのネームサーバを教えてくれるんじゃないんですか？

違う。「回答」はあくまでも「質問」に対する回答だ。www.3minuniv.ac.jp.のAレコードに対する問い合わせだから、それは回答になってない。「オーソリティ」にJPRSのネームサーバの情報を入れて応答してくる。**(図25-3)**

第25回 DNSメッセージ・2

図25-2 問い合わせと応答・1

Aレコードに対する問い合わせ

ヘッダ	質問
ID=1 QR=0（問い合わせ） Opcode=0（正引き） AA=0 TC=0 RD=1（再帰問い合わせ） RA=0 Rcode=0 質問の数=1 回答の数=0 オーソリティの数=0 追加情報の数=0	www.3minuniv.ac.jp. A IN

ゾーン:

3minuniv.ac.jp.		mail	
MX	IN	A	IN
3600	6	3600	4
10 mail		192.168.0.1	

3minuniv.ac.jp.		ns	
NS	IN	A	IN
3600	2	3600	4
ns		192.168.0.10	

www	
A	IN
3600	4
192.168.0.2	

スタブリゾルバ ← → フルサービスリゾルバ

ヘッダ	質問	回答	オーソリティ	追加
ID=1 QR=1（応答） Opcode=0（正引き） AA=1（オーソリティあり） TC=0 RD=1 RA=1（再帰可能） Rcode=0 質問の数=1 回答の数=1 オーソリティの数=1 追加情報の数=1	www.3minuniv.ac.jp. A IN	www A IN 192.168.0.2	3minuniv.ac.jp. NS IN ns	ns A IN 192.168.0.10

※回答、オーソリティ、追加にはリソースレコードのTTLやRDLengthも書かれますが省略しています

🙂 なるほど。「オーソリティ」と「追加」から次に問い合わせるネームサーバの情報を得て、ドメイン名前空間の検索を行うんですね。

🎓 そういうことだ。あと、Aレコード以外の問い合わせに対する応答も説明しておこう。MXレコードの問い合わせ、3minuniv.ac.jp.のメール転送ホストに対する問い合わせと応答だ。**(図25-4)**

図25-3 問い合わせと応答・2

コンテンツサーバに対する問い合わせ

ヘッダ	質問
ID=11 QR=0（問い合わせ） Opcode=0（正引き） AA=0 TC=0 RD=0（反復問い合わせ） RA=0 Rcode=0 質問の数=1 回答の数=0 オーソリティの数=0 追加情報の数=0	www.3minuniv.ac.jp. A IN

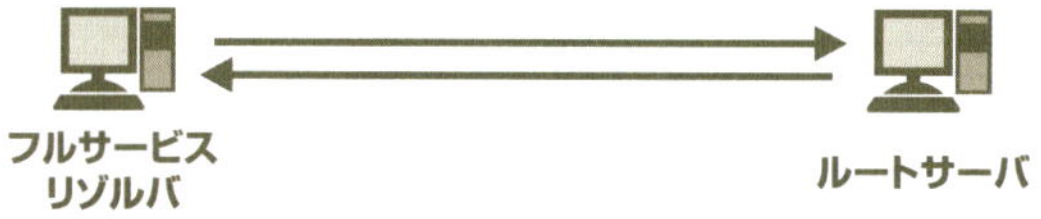

フルサービスリゾルバ ← → ルートサーバ

TLDの情報

※JPRSのjp.のサーバは7台あるので、7つのNSレコードが応答されます

ヘッダ	質問	回答	オーソリティ	追加
ID=11 QR=1（応答） Opcode=0（正引き） AA=1（オーソリティあり） TC=0 RD=0 RA=0（再帰不可） Rcode=0 質問の数=1 回答の数=0 オーソリティの数=7 追加情報の数=7	www.3minuniv.ac.jp. A IN		jp. NS IN A.DNS.jp. jp. NS IN B.DNS.jp. （省略）	A.DNS.jp. A IN 203.119.1.1 B.DNS.jp. A IN 202.12.30.131 （省略）

🐤「回答」にはMXレコードが、「追加」にはそのMXレコードに対応するAレコードが入るんですね。

👨‍🎓 そういうことだ。さて、ネット君、DNSのメッセージのやり取りの詳細はわかったかね？ ではまた次回としよう。

🐤 はい。3分間DNS基礎講座でした～♪

第25回　DNSメッセージ・2

図25-4　問い合わせと応答・3

MXレコードに対する問い合わせ

ヘッダ	質問
ID=21 QR=0（問い合わせ） Opcode=0（正引き） AA=0 TC=0 RD=1（再帰問い合わせ） RA=0 Rcode=0 質問の数=1 回答の数=0 オーソリティの数=0 追加情報の数=0	3minuniv.ac.jp. MX IN

スタブリゾルバ　←　フルサービスリゾルバ

ゾーン
- 3minuniv.ac.jp. MX IN 3600 6 10 mail
- mail A IN 3600 4 192.168.0.1
- 3minuniv.ac.jp. NS IN 3600 2 ns
- ns A IN 3600 4 192.168.0.10
- www A IN 3600 4 192.168.0.2

ヘッダ	質問	回答	オーソリティ	追加
ID=21 QR=1（応答） Opcode=0（正引き） AA=1（オーソリティあり） TC=0 RD=1 RA=1（再帰可能） Rcode=0 質問の数=1 回答の数=1 オーソリティの数=1 追加情報の数=2	3minuniv.ac.jp. MX IN	3minuniv.ac.jp. MX IN 10 mail	3minuniv.ac.jp. NS IN ns	ns A IN 192.168.0.10 mail A IN 192.168.0.1

ネット君の今日のポイント

- 回答セクションの「回答」には、質問に対する答えが入る。
- 「オーソリティ」には問い合わせのドメインに対するオーソリティを持つサーバが入る。
- 「追加」にはAレコードが入る。

第26回 SOAレコード

●ネームサーバの冗長性

さて、ここまでのところで、DNSの問い合わせの説明をしてきた。DNSの基本は、前回までで説明してきた「問い合わせ／応答」のやり取りになる。

ドメイン名とタイプを問い合わせて、それに応じたレコードが返ってくるわけですね。

そうだ。で、今回からはこの「ドメイン名の問い合わせと、それに対する応答」という動作以外のDNSの動作について説明しよう。リソースレコードにはいくつか種類があったが、まだ説明していないものがあるな？

えっと、「A、NS、MX、CNAME、SOA、PTRについて説明を行う」って前に言ってましたよね（P100参照）。A、NS、MX、CNAMEはもう説明されたので、あと残っているのはSOAとPTRかな？

うむ。残り2つのうち、今回はSOAレコードの説明をしよう。さて、ネット君？ DNSというしくみはとても大事だ、という話はしたよな？

はい、インターネットのインフラだ、と。

うむ。よって、DNSの中核的存在であるネームサーバは**障害に強くないと困る**。ネームサーバに障害が発生すると、フルサービスリゾルバならクライアントからの再帰問い合わせに対して応答できなくなり、クライアントは名前解決ができなくなる。

(*1) プライマリサーバ、セカンダリサーバ [Primary Server] [Secondary Server]
DNSサーバソフトによっては「マスタ (master)」と「スレーブ (slave)」と呼ぶ場合もある。また、「プライマリマスタ」「セカンダリマスタ」と呼ぶこともある。

第26回 SOAレコード

🐤 そうですね。そのために、フルサービスリゾルバを複数台用意して、クライアントがそれらを優先ネームサーバと代替ネームサーバとしておけば大丈夫ですよね。（P132参照）。

🎓 そうだな。そしてもう1つ、オーソリティを持つネームサーバに障害が発生すると**ゾーンに対する問い合わせに応答ができなくなる**。つまり、そのゾーンの名前解決ができなくなるわけだ。

🐤 確かに。えっと、そのためにネームサーバを複数用意して、ゾーン情報をコピーするって話をしてましたよね（P111参照）。

🎓 いいぞ、ネット君。よく覚えていた。そう、これを**ゾーン転送**と呼ぶ。ゾーン転送はコピー元、これを**プライマリサーバ**と呼ぶが、プライマリサーバが持つゾーンの情報を、コピー先**セカンダリサーバ**へコピーする。（*1）（図26-1）

🐤 ふむふむ。それにより、同じゾーン情報を持つサーバができるから、どちらかに問い合わせれば名前解決ができるようになるわけですね。

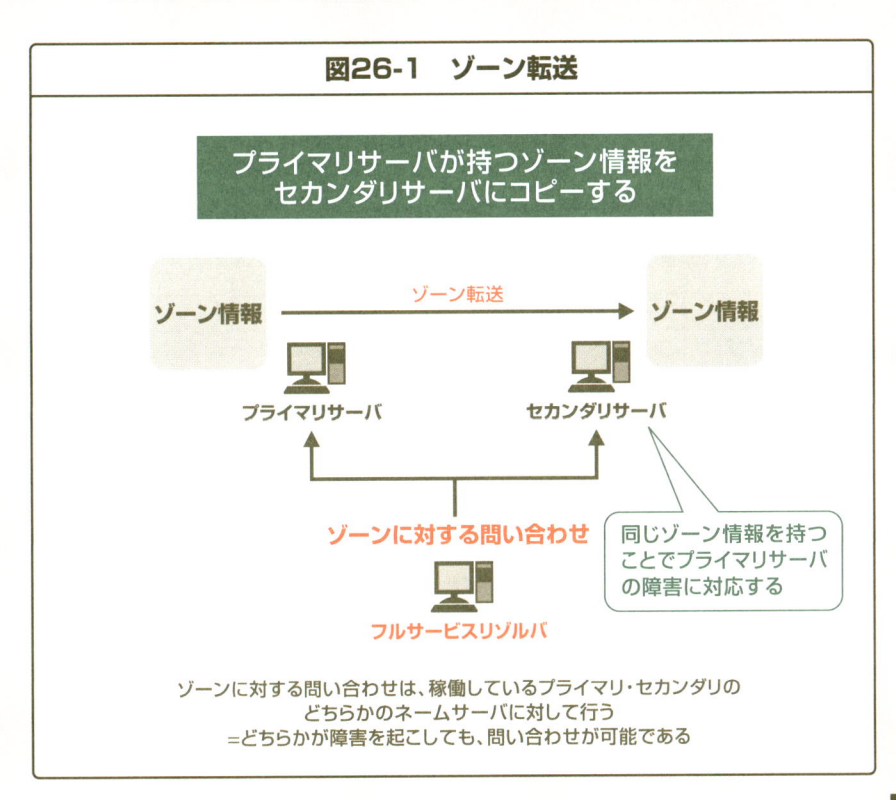

図26-1　ゾーン転送

プライマリサーバが持つゾーン情報を
セカンダリサーバにコピーする

ゾーン情報 ──ゾーン転送──→ ゾーン情報

プライマリサーバ　　セカンダリサーバ

ゾーンに対する問い合わせ

フルサービスリゾルバ

同じゾーン情報を持つことでプライマリサーバの障害に対応する

ゾーンに対する問い合わせは、稼働しているプライマリ・セカンダリの
どちらかのネームサーバに対して行う
＝どちらかが障害を起こしても、問い合わせが可能である

●SOAレコード

そうだ。ゾーン転送のやり方は次回説明するが（P172参照）、まず理解してほしいのがSOAレコードの役割だ。**SOAレコードはゾーン転送を制御するためのリソースレコード**で、通常の「ドメイン名とIPアドレス」の名前解決には使われない。

前回までの「問い合わせ／応答」に出てこなかったのはそれが理由ですか。ゾーン転送を制御するために使うんですね……、制御って具体的に何するんですか？

主に**ゾーン転送のタイミングを決定する**ために使われる。まず、SOAレコードの中身を見てもらおう。**（図26-2）**
RDATAの中で、3番目のSerialからが、ゾーン転送で使われる重要な値だ。まず、**Serialはゾーン情報の新しさを示す**。Serialはゾーン情報が変更されるたびに増加する。正確には管理者が増加させるわけだがな。

ゾーン情報の新しさ？　で、変更されるたびに増加するってことは、数字が大きい方が新しい？

図26-2　SOAレコード

ゾーン転送で使用するパラメータが入っている

名前	ゾーンの名前（FQDN）		
タイプ	SOA		
クラス	IN		
TTL	リソースコードがキャッシュされる秒数		
RDLength	RDATAの長さ		
RDATA	Mname	可変長	ゾーンのプライマリネームサーバ名
	RName	可変長	ゾーンの管理者のメールアドレス
	Serial	32ビット	ゾーン情報の新しさ
	Refresh	32ビット	ゾーン転送の間隔
	Retry	32ビット	ゾーン転送の再試行間隔
	Expire	32ビット	停止時間
	MinTTL	32ビット	ネガティブキャッシュのTTL

第26回 SOAレコード

そうだ。現在のSerialよりも数字が大きいSerialのゾーン情報があった場合、そちらの方が新しいということがわかるしくみになっているわけだな。そして、Refresh、Retry、Expireはゾーン転送のタイミングを決定する値だ。

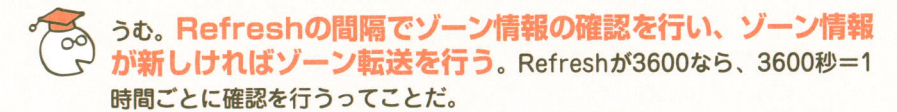

ゾーン転送のタイミング。ってことは、いつゾーン転送するかを決めているってことですか？

うむ。**Refreshの間隔でゾーン情報の確認を行い、ゾーン情報が新しければゾーン転送を行う**。Refreshが3600なら、3600秒＝1時間ごとに確認を行うってことだ。

確認して、ゾーン情報が新しければって、あぁそうか。さっきのSerialで新しいかどうか確認するんだ。

そういうことだな。次のRetryは**プライマリサーバがゾーン情報の確認に応答しない場合の再確認までの時間**だ。

ゾーン情報の確認に応答しないってことは、プライマリサーバに障害かなんかが発生して応答してくれないってことですね。その場合、Retryの時間待って再度確認する、と。

うむ。そして、Expire。これは**Expireの時間、プライマリサーバが応答しない場合セカンダリサーバは名前解決を停止する**。

名前解決を停止する？ということは問い合わせに対して応答しなくなるってことですか？ なんでそんなことに？

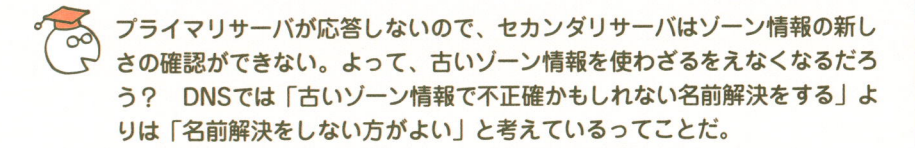

プライマリサーバが応答しないので、セカンダリサーバはゾーン情報の新しさの確認ができない。よって、古いゾーン情報を使わざるをえなくなるだろう？ DNSでは「古いゾーン情報で不正確かもしれない名前解決をする」よりは「名前解決をしない方がよい」と考えているってことだ。

へぇ、古い情報でも名前解決してくれた方がいいように思うけどなぁ。

いや、古い情報で名前解決されると混乱が発生するからダメだ。www.3minuniv.ac.jpへアクセスしたつもりなのに、違うサーバに接続した、なんてことがありえるからな。そしてSOAレコード最後の値が、MinTTL。これは**ネガティブキャッシュのTTL**だ。

図26-3 SOAレコードの意味

ゾーン転送のタイミングや再試行間隔などを決定している

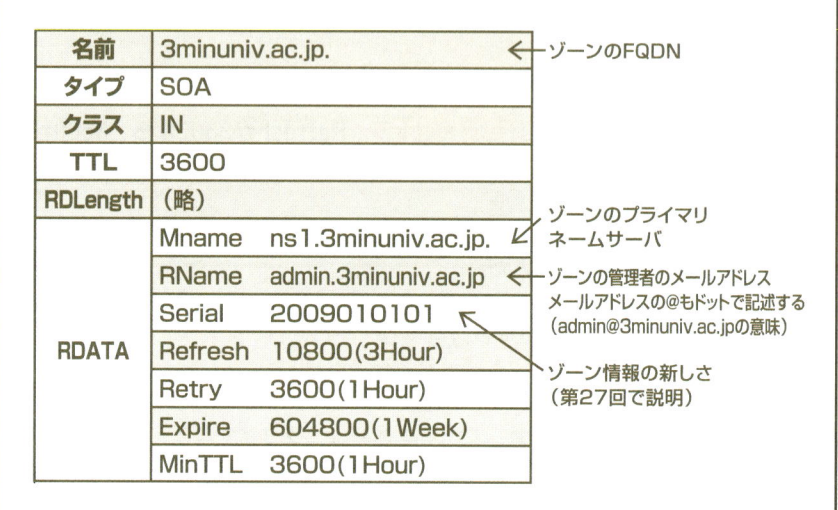

名前	3minuniv.ac.jp.	← ゾーンのFQDN
タイプ	SOA	
クラス	IN	
TTL	3600	
RDLength	（略）	
RDATA	Mname　ns1.3minuniv.ac.jp.	← ゾーンのプライマリネームサーバ
	RName　admin.3minuniv.ac.jp	← ゾーンの管理者のメールアドレス メールアドレスの@もドットで記述する（admin@3minuniv.ac.jpの意味）
	Serial　2009010101	← ゾーン情報の新しさ（第27回で説明）
	Refresh　10800(3Hour)	
	Retry　3600(1Hour)	
	Expire　604800(1Week)	
	MinTTL　3600(1Hour)	

Refresh・Retry・Expireの意味

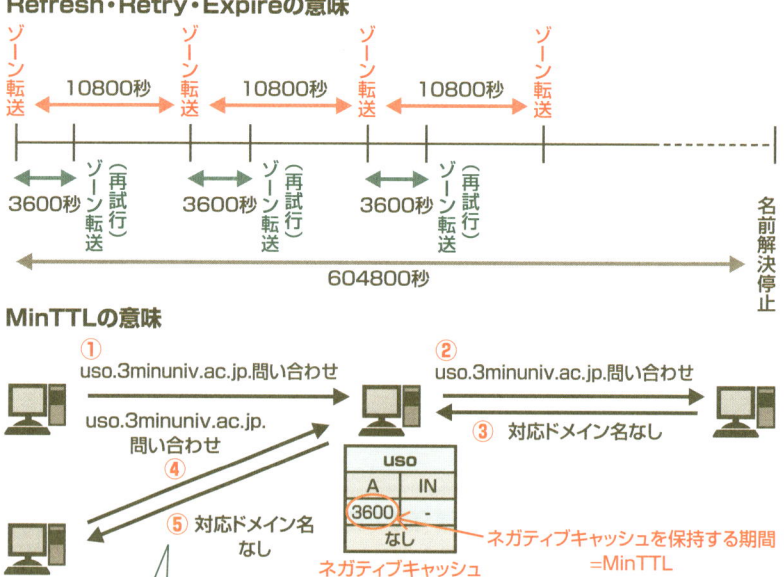

ゾーン転送 ←10800秒→ ゾーン転送 ←10800秒→ ゾーン転送 ←10800秒→ ゾーン転送 ……… 名前解決停止

3600秒 ゾーン転送（再試行）　3600秒 ゾーン転送（再試行）　3600秒 ゾーン転送（再試行）

←――――――――― 604800秒 ―――――――――→

MinTTLの意味

① uso.3minuniv.ac.jp.問い合わせ
② uso.3minuniv.ac.jp.問い合わせ
③ 対応ドメイン名なし
④ uso.3minuniv.ac.jp.問い合わせ
⑤ 対応ドメイン名なし

uso		
	A	IN
	3600	-
	なし	

ネガティブキャッシュ

ネガティブキャッシュを保持する期間 ＝MinTTL

ネガティブキャッシュから応答するので応答が早い・問い合わせを行わずに済む

第26回 SOAレコード

🐤 ネガティブキャッシュ？ ネガティブなキャッシュ？ なんですかそれ？

🎓「ドメイン名が存在しない」ということをキャッシュするのだよ。これをキャッシュしておかないと、その「存在しない」ドメイン名の問い合わせをフルサービスリゾルバが受けるとどうなる？

🐤 キャッシュがないと、普通に反復問い合わせをして、ドメイン名前空間を検索しますよね。で、その結果また「ドメイン名が存在しない」という結果を手に入れ、それをスタブリゾルバに返します。

🎓 そうだ。キャッシュはもともと「ドメイン名前空間を検索する」時間を短縮し、応答を早めるためにある。通常のキャッシュだけでなく、この「存在しなかった」という結果もキャッシュすることで応答を早めているのだよ。MinTTLはそのキャッシュのTTLだ。Refresh、Retry、Expire、MinTTLをまとめて図で説明しよう。**(図26-3)**

🐤 ふむふむ。SOAレコードによって、ゾーン転送のタイミングが決まったり、ゾーン情報の新しさが決まったり、ネガティブキャッシュの時間が決まるんですね。

🎓 そういうことだ。このSOAレコードの値を使って、ゾーン転送が行われる。次回はその話にしよう。

🐤 了解。3分間DNS基礎講座でした〜♪

ネット君の今日のポイント

- ●ネームサーバの障害に備え、ゾーン情報のコピーを持つサーバを作成する。
- ●ゾーン情報のコピーはゾーン転送と呼ばれ、プライマリサーバからセカンダリサーバへゾーン情報が送られる。
- ●SOAレコードによりゾーン転送が制御される。

○月○日 拝 ネット君

第27回 ゾーン転送

●ゾーン転送とサーバ

🎓 障害に備えてネームサーバを複数持ち、同じゾーン情報を保持させておく。このゾーン情報のコピーが「ゾーン転送」だ。

😀 プライマリサーバから、セカンダリサーバへコピーするんでしたよね（P167参照）。

🎓 うむ。このゾーン転送を理解するためのポイントだが、**管理者はプライマリサーバのゾーン情報を管理する**ということだ。セカンダリサーバのゾーン情報は触らない。

😀 ん？　どういうことです？　プライマリサーバのゾーン情報を管理するのは当然として、セカンダリには触らない？

🎓 セカンダリサーバは、あくまでもコピーを持つ役割だ。なので、セカンダリサーバのゾーン情報を修正したりしてはいけないってことだ。修正したい場合は、プライマリサーバのゾーン情報を修正する。

😀 あー、コピー元、原本だけを修正するってことですか？　コピーしたものを修正したらダメってことですね。

🎓 そういうことだ。逆に言えば、プライマリサーバのゾーン情報を修正すれば、すべてのセカンダリサーバにコピーされるということだ。修正するのは1台、プライマリサーバだけでよいってことになる。**(図27-1)**

😀 なるほどなるほど。複数のネームサーバをひとつひとつ修正していく必要はないってことになりますね。

🎓 それがゾーン転送を行う理由だな。ひとつひとつ修正していくと、どこかで必ず間違うからな。特にネット君ならば。

> 僕ならば、という表現はどうかと思いますけど、まぁ、たくさんあれば間違うこともあるでしょうね。

> あと、気をつけておいてほしいのは、プライマリ・セカンダリの両方ともゾーンに対してオーソリティを持つ、ということだ。

> オーソリティ、権限でしたよね（P95参照）。う〜ん、セカンダリはコピーをもらうだけだから、権限なんてなさそうですけど？

> 確かにそういうイメージを持つかもしれないが、セカンダリもゾーンのドメイン名を管理していることに違いはないので、両方ともオーソリティを持つ、という扱いになるのだよ。

●ゾーン転送の動作

> このゾーン転送で重要な役割を果たすのが、SOAレコードだ。特に、Serialが大事になる。Serialが、ゾーン情報の新しさを示す値だからな。

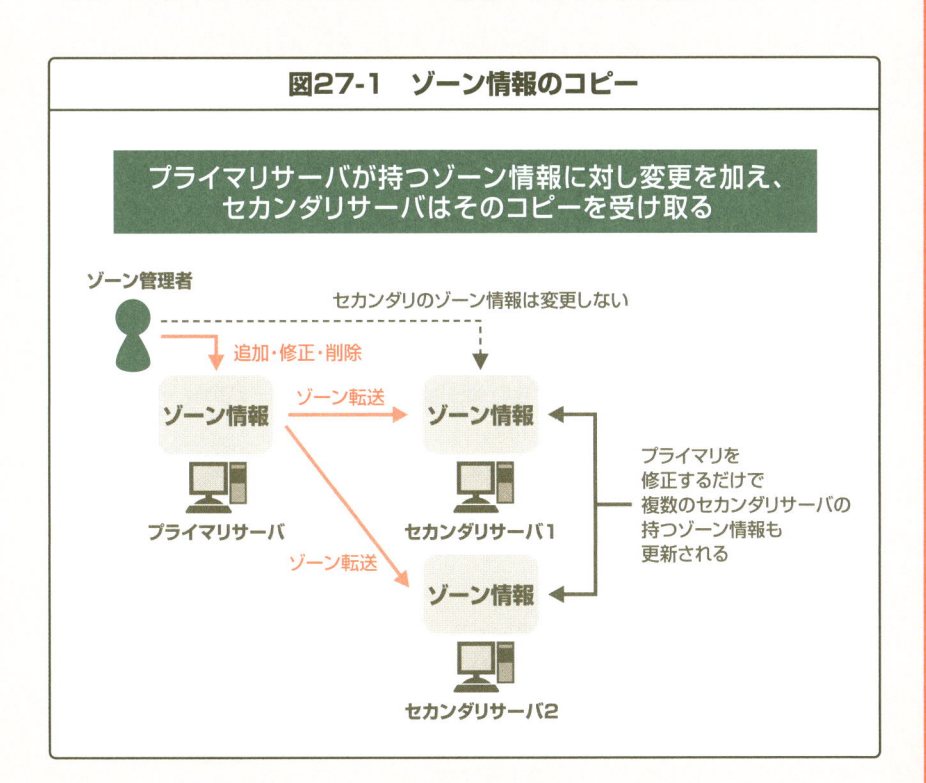

図27-1　ゾーン情報のコピー

プライマリサーバが持つゾーン情報に対し変更を加え、
セカンダリサーバはそのコピーを受け取る

ゾーン管理者　　　　　　セカンダリのゾーン情報は変更しない
　追加・修正・削除
ゾーン情報　─ゾーン転送→　ゾーン情報
プライマリサーバ　　　　　　セカンダリサーバ1

　　　　　　　ゾーン転送
　　　　　　　　　　　　　　ゾーン情報
　　　　　　　　　　　　　　セカンダリサーバ2

プライマリを修正するだけで複数のセカンダリサーバの持つゾーン情報も更新される

Serialの値が大きい方が新しいんでしたっけ（P168参照）。

そうだ。なので、**ゾーン情報を更新した場合、Serialを増加させる**ことを忘れないようにしなければならない。よくあるミスとして、新しいリソースレコードを追加したのに、その情報がセカンダリサーバにコピーされない、なんてミスがある。
これは、Serialを増加させないと、セカンダリサーバはそれを新しい情報とはみなさないからだ。よって、コピーをしないことになり、追加したリソースレコードをセカンダリサーバでは持たなくなる。**(図27-2)**

なるほど。ゾーン情報を修正したら、必ずSerialを増加させろ、ですね。

そうだ。では、ゾーン転送の手順を説明しよう。**ゾーン転送はセカンダリサーバから開始**される。SOAのRefreshで指定された秒数が経過したら、**セカンダリサーバはプライマリサーバへSOAレコードの問い合わせを行う**。

SOAレコードの問い合わせ？ Aレコードを問い合わせると、Aレコードが応答されますよね。SOAレコードを問い合わせると？

もちろん、SOAレコードが応答される。セカンダリサーバは**受け取ったSOAレコードのSerialと、今現在自分が持つSOAレコードのSerialを比較**し、**受け取ったSOAレコードのSerialが大きい場合、ゾーン転送を実施する**。

ふむふむ？ プライマリサーバのSOAレコードを応答してもらう。そこのSerialを見る。もし、自分が持つSOAレコードと比較して、受け取ったSOAレコードのSerialの方が大きいならば、プライマリサーバのゾーン情報が新しい、ってことになりますよね。

そうだ。そして、セカンダリサーバは**質問セクションの問い合わせタイプ（QTYPE）がAXFRの問い合わせ**を行う。**(＊1)** これがゾーン転送だ。

問い合わせタイプがAXFR？ ってことは、AXFRっていうタイプのリソースレコードがあるって意味ですか？

第27回 ゾーン転送

図27-2 情報の新しさ

Serialはゾーン情報を変更したら必ず増加させる

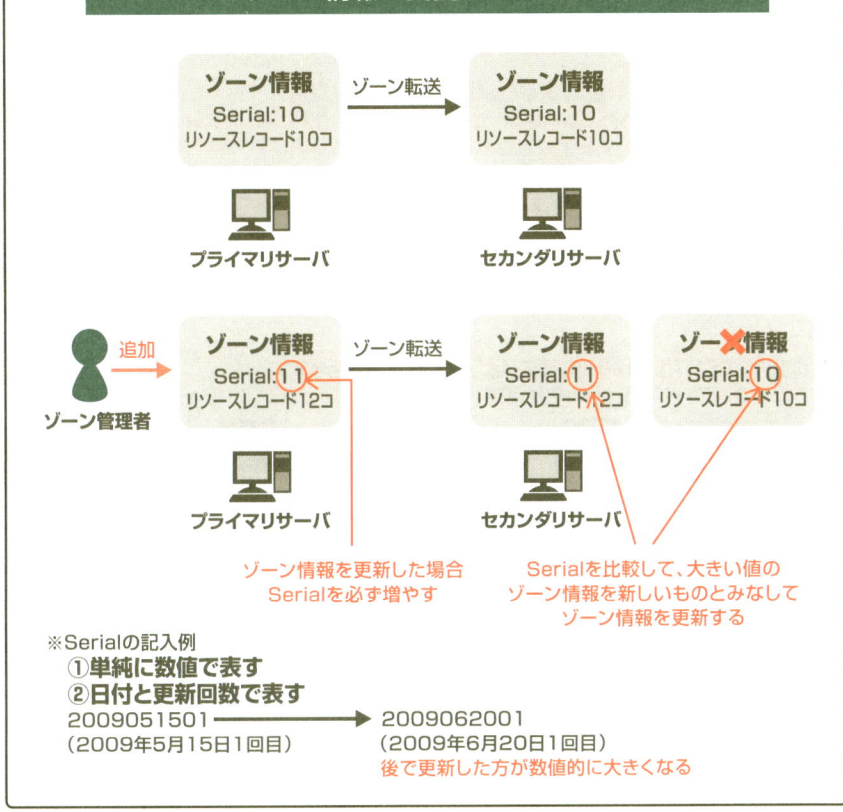

ゾーン情報
Serial:10
リソースレコード10コ
→ ゾーン転送 →
ゾーン情報
Serial:10
リソースレコード10コ

プライマリサーバ　　セカンダリサーバ

ゾーン管理者 追加→

ゾーン情報
Serial:11
リソースレコード12コ
→ ゾーン転送 →
ゾーン情報
Serial:11
リソースレコード12コ

ゾー✗情報
Serial:10
リソースレコード10コ

プライマリサーバ　　セカンダリサーバ

ゾーン情報を更新した場合Serialを必ず増やす

Serialを比較して、大きい値のゾーン情報を新しいものとみなしてゾーン情報を更新する

※Serialの記入例
①単純に数値で表す
②日付と更新回数で表す
2009051501 ——→ 2009062001
（2009年5月15日1回目）　（2009年6月20日1回目）
後で更新した方が数値的に大きくなる

いや、AXFRはゾーン転送時にのみ使える特別なタイプの「質問タイプ」で（P101参照）、**ゾーン全体の転送要求**を意味する。これを受け取ったプライマリサーバは、**すべてのリソースレコードを応答する**。（図27-3）

ふむ、ふむ。まず、セカンダリサーバがSOAレコードを問い合わせて、プライマリサーバのゾーン情報が新しくなっている、つまりSerialが大きいかどうか確認する。

....
(*1) AXFR [Asynchronous xfer]　xferはtransferの略なので「同期転送」の意味。

図27-3 ゾーン転送の動作

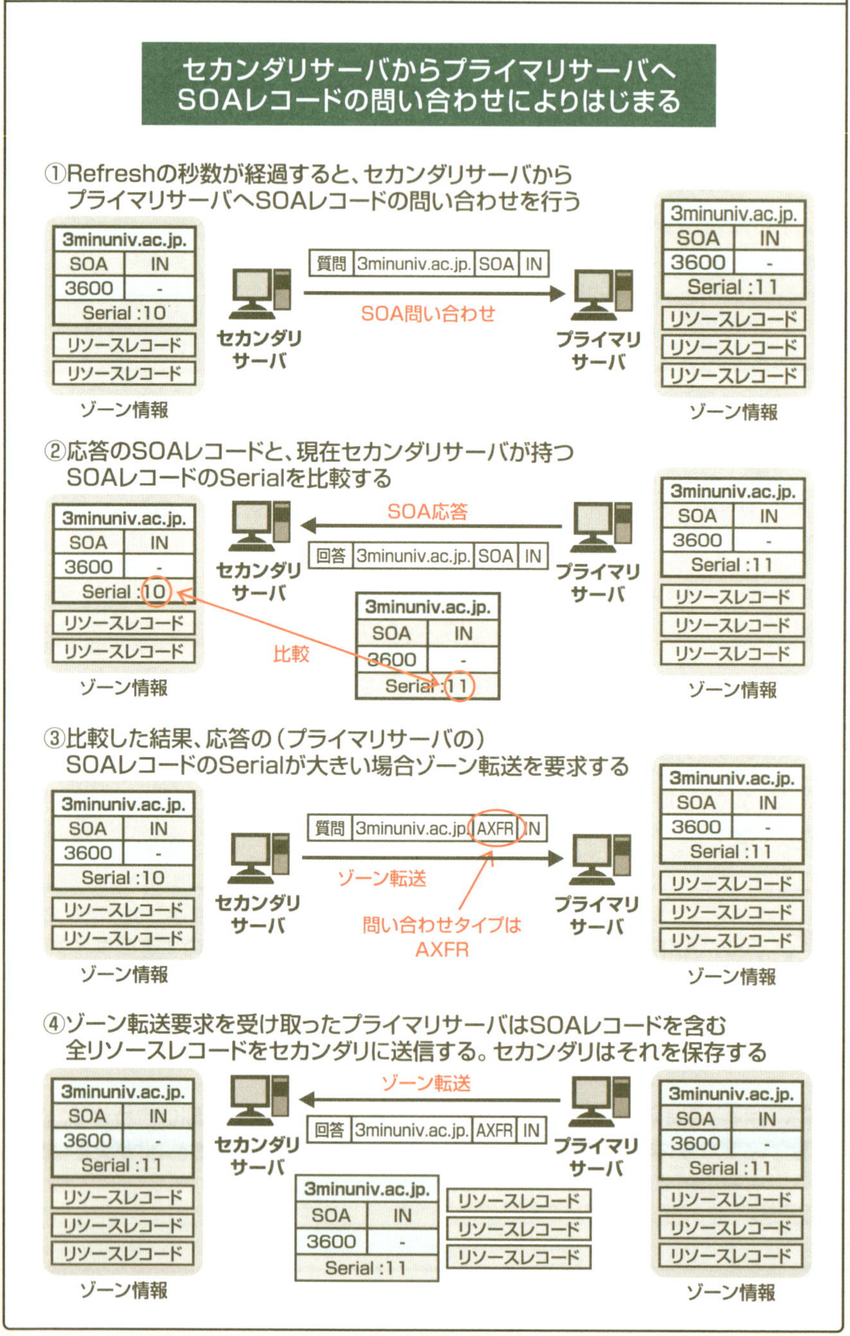

セカンダリサーバからプライマリサーバへ SOAレコードの問い合わせによりはじまる

① Refreshの秒数が経過すると、セカンダリサーバから プライマリサーバへSOAレコードの問い合わせを行う

セカンダリサーバ ゾーン情報:
3minuniv.ac.jp.	
SOA	IN
3600	-
Serial :10	
リソースレコード	
リソースレコード	

質問 3minuniv.ac.jp. SOA IN
SOA問い合わせ

プライマリサーバ ゾーン情報:
3minuniv.ac.jp.	
SOA	IN
3600	-
Serial :11	
リソースレコード	
リソースレコード	

② 応答のSOAレコードと、現在セカンダリサーバが持つ SOAレコードのSerialを比較する

SOA応答
回答 3minuniv.ac.jp. SOA IN

比較対象:
3minuniv.ac.jp.	
SOA	IN
3600	-
Serial :11	

③ 比較した結果、応答の(プライマリサーバの) SOAレコードのSerialが大きい場合ゾーン転送を要求する

質問 3minuniv.ac.jp. AXFR IN
ゾーン転送
問い合わせタイプはAXFR

④ ゾーン転送要求を受け取ったプライマリサーバはSOAレコードを含む 全リソースレコードをセカンダリに送信する。セカンダリはそれを保存する

ゾーン転送
回答 3minuniv.ac.jp. AXFR IN

送信データ:
3minuniv.ac.jp.	
SOA	IN
3600	-
Serial :11	
リソースレコード	
リソースレコード	

セカンダリサーバ ゾーン情報(更新後):
3minuniv.ac.jp.	
SOA	IN
3600	-
Serial :11	
リソースレコード	
リソースレコード	
リソースレコード	

第27回 ゾーン転送

そうだ。もし新しいならば、「ゾーン情報全部ちょうだい」って要求を出して、リソースレコードをすべて送信してもらう、ってことだ。
あと、**ゾーン転送にはTCPを使う場合が多い**ことも言っておかないとな。DNSは通常UDPを使用するが？

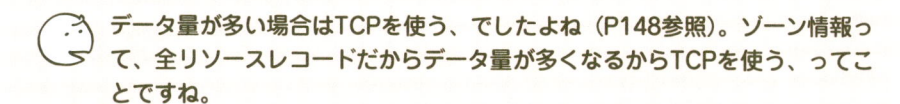

データ量が多い場合はTCPを使う、でしたよね（P148参照）。ゾーン情報って、全リソースレコードだからデータ量が多くなるからTCPを使う、ってことですね。

そういうことだ。さて、最後のポイントを説明しよう。いままでプライマリ、セカンダリと説明したが、これは問い合わせを行うリゾルバ（スタブリゾルバ・フルサービスリゾルバ）には関係ない話なのだよ。リゾルバから見れば、問い合わせに正しく応答してくれるならば、ゾーン情報がコピー元であれ、コピーであれ関係ないからな。

まぁ、そうですね。ちゃんと正しい情報が手に入るなら、コピーでも全然かまいませんから。

うむ。よって、リゾルバはいちいちプライマリか、セカンダリかという判断はしない。SOAレコードにプライマリが記述してある（MName）が、必ずしもプライマリに問い合わせるわけではない、ということだ。
今回はここまでにしておこう。ではまた次回。

あいあいさー。3分間DNS基礎講座でした〜♪

（ネット君の今日のポイント）

●プライマリサーバのゾーン情報を修正することにより、セカンダリサーバのゾーン情報も修正される。
●SOAレコードのSerialの値は、ゾーン情報が変更されたら必ず増加しなければならない。
●セカンダリサーバはSOAレコードを問い合わせてゾーン情報の新しさを確認し、ゾーン転送を行う。

〇月〇〇日
🙂ネッド君

第28回 動的更新

●ゾーンの静的な変更

> さてさて、ゾーン転送により複数台のネームサーバが同一のゾーン情報を持つことが可能になったわけだ。

> プライマリサーバから、セカンダリサーバへコピーすることがゾーン転送で、それによりプライマリもセカンダリも同じゾーン情報を持つことができるようになるわけですね。

> そういうことだ。このゾーン転送にはいくつかの拡張機能があるのだが。それを説明する前に、ゾーン転送の前には必ずゾーン情報の変更が行われているわけだから、**ゾーン情報の変更**ということについて考えてみよう。

> ゾーン情報の変更？ それはあれじゃないですか？ リソースレコードを追加したり削除したりすればいいんじゃないんですか？

> そうだな。それプラス、Serialの増加がある。「リソースレコードの追加・削除」と「SOAのSerialの増加」、これがゾーン情報の変更、ということになる。で、今回の話のポイントは、どのようにゾーン情報を変更するか、ということだ。

> どのように、って。ゾーン情報が書かれているファイルを書き換えるんでしょ？

> それは手動の、つまり**静的なゾーン情報の変更**ということになる。この手法が最も一般的だな。一般的だが、とある条件では静的変更は問題になる。(図28-1)

> ふむー。DHCPとかでIPアドレスが変更される場合がある、と。その場合、コンピュータのドメイン名とIPアドレスの対応が変更されてしまう。そのたびに手動で直す必要が出てくる、と。

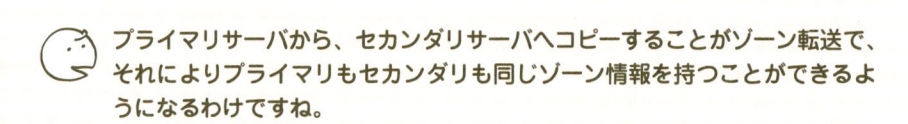

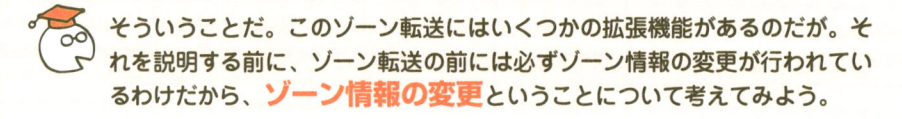

図28-1　静的なゾーン情報の変更の問題点

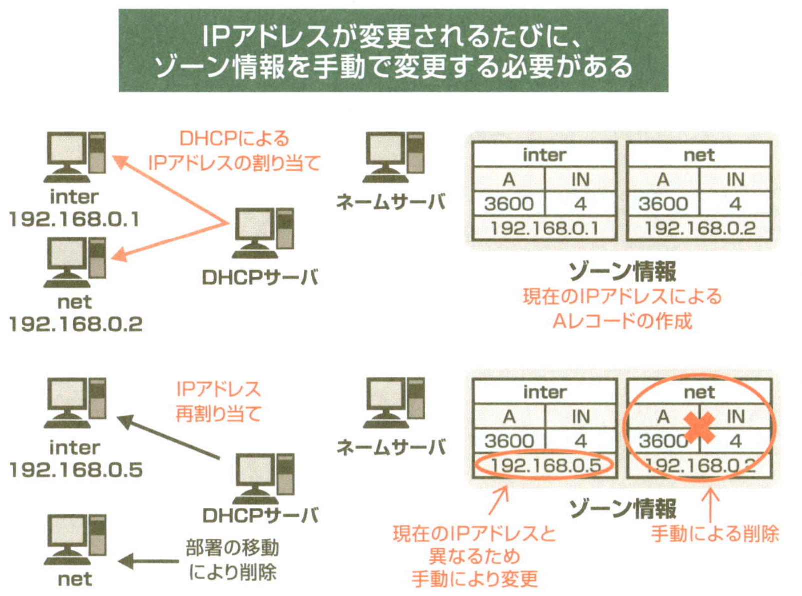

IPアドレスが変更されるたびに、
ゾーン情報を手動で変更する必要がある
DHCPによる
IPアドレスの割り当て
inter
192.168.0.1
net
192.168.0.2
DHCPサーバ
ネームサーバ
inter
A
IN
3600
4
192.168.0.1
net
A
IN
3600
4
192.168.0.2
ゾーン情報
現在のIPアドレスによる
Aレコードの作成
IPアドレス
再割り当て
inter
192.168.0.5
DHCPサーバ
部署の移動
により削除
net
ネームサーバ
inter
A
IN
3600
4
192.168.0.5
net
A
IN
3600
4
192.168.0.2
ゾーン情報
現在のIPアドレスと
異なるため
手動により変更
手動による削除

インターネット接続サービスなどでグローバルIPアドレスをプロバイダから割り振られている場合も、IPアドレスの変更が起きる。

インターネット接続サービス？　たとえば、僕の自宅のパソコンだとどんな感じですか？

ネット君のパソコンに割り振られるグローバルIPアドレスは、IPアドレス固定サービスを受けていない限りは接続ごとに変更される。プロバイダによっては一定時間ごとに変わる場合もある。そういう場合にネット君が、自分のパソコンをWebサーバにしたとしよう。

はい、Webサーバにしました。……そうすると、ドメイン名を使ってアクセスされたいですね。そのほうがかっちょいいです。

カッコイイかどうかはともかくとして、ドメイン名を使いたい理由はわかる。インターネット接続サービスではグローバルIPアドレスが変更される可能性がある。ドメイン名ではなく、IPアドレスでサーバを指定していると、この変更が起きた時に困るからな。

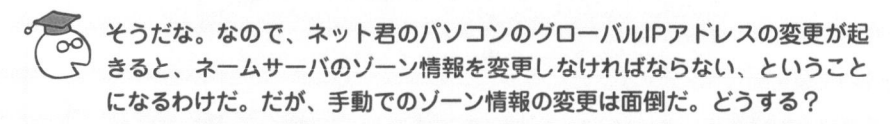

あー、それはドメイン名のところで説明してましたよね。「ユーザが使う宛先」と「実際のアドレス」が乖離しているのがドメイン名の利点だって（P66参照）。

そうだな。なので、ネット君のパソコンのグローバルIPアドレスの変更が起きると、ネームサーバのゾーン情報を変更しなければならない、ということになるわけだ。だが、手動でのゾーン情報の変更は面倒だ。どうする？

ん〜、手動が面倒ならば、やっぱり自動化、ですかね。

●DNS Dynamic Update

うむ。つまり、**動的なゾーン情報の変更**を行うわけだな。これは**DNS Dynamic Update**と呼ばれる。(*1)

ダイナミックアップデート。動的にゾーン情報を変更するんですね。どうやって？

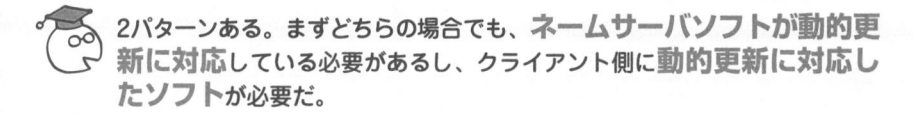

2パターンある。まずどちらの場合でも、**ネームサーバソフトが動的更新に対応している**必要があるし、クライアント側に**動的更新に対応したソフト**が必要だ。

ははぁ、ちゃんと対応するソフトが必要なんですね。それも、ネームサーバとクライアントの両方に。

そういうことだ。まず、最初のパターンは、**DHCPサーバが動的更新を行う**方法だ。DHCPサーバがクライアントにIPアドレスを割り振る時に、一緒に**ネームサーバへの登録を行う**。

登録？　何を登録するんですか？

IPアドレスとドメイン名の組み合わせを、ネームサーバのゾーン情報に「登録」する。つまり、ゾーン情報を変更するわけだな。**(図28-2)**

(*1) **DNS Dynamic Update**　もしくは「DNS Update」とも言う。RFC2136の「Dynamic Updates in the Domain Name System」で定義されている。

第28回 動的更新

図28-2 DHCPサーバによる動的更新

DHCPサーバでの割り当て時にネームサーバのリソースレコードも変更する

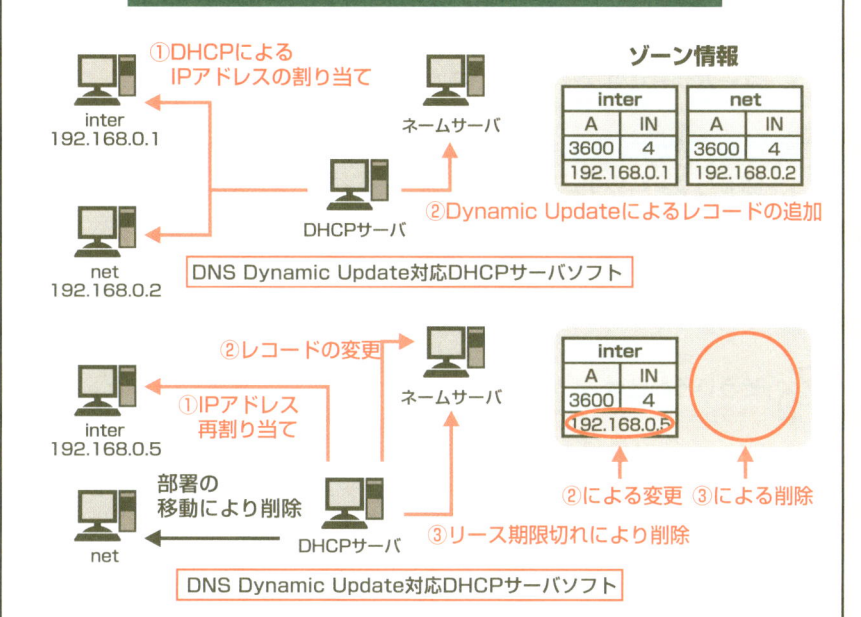

①DHCPによるIPアドレスの割り当て
inter 192.168.0.1
net 192.168.0.2
DHCPサーバ
ネームサーバ
②Dynamic Updateによるレコードの追加

ゾーン情報

inter		net	
A	IN	A	IN
3600	4	3600	4
192.168.0.1		192.168.0.2	

DNS Dynamic Update対応DHCPサーバソフト

②レコードの変更
①IPアドレス再割り当て
inter 192.168.0.5
部署の移動により削除
net
DHCPサーバ
ネームサーバ
③リース期限切れにより削除

inter	
A	IN
3600	4
192.168.0.5	

②による変更　③による削除

DNS Dynamic Update対応DHCPサーバソフト

DNS Dynamic Updateによるゾーン情報の変更の動作

①Dynamic Update対応のソフトはまず、変更したいリソースレコードの削除要求を行う

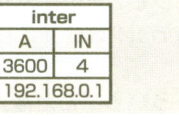

inter 192.168.0.5 ← 再割り当て ← DHCPサーバ → 削除要求 → ネームサーバ

inter	
A	IN
3600	4
192.168.0.1	

②次に、登録したいドメイン名が存在するかどうかの問い合わせを行う

inter 192.168.0.5　DHCPサーバ　ドメイン名問い合わせ　ネームサーバ

③存在しないなら、リソースレコードの追加要求を行う

inter 192.168.0.5　DHCPサーバ　追加要求　ネームサーバ

inter	
A	IN
3600	4
192.168.0.5	

← 追加

🐱 なるほど。DHCPサーバがIPアドレスを割り振ると、その割り振ったアドレスとドメイン名を、Aレコードとして、ゾーン情報に追加するんですね。

🎓 そういうことだ。もちろん、DHCPサーバソフトがDNSの動的更新に対応していることが前提だけれどもな。

🐱 これ便利ですね。IPアドレスが自動で割り振られると、自動でドメイン名がネームサーバのゾーン情報に追加されるんですから。

🎓 うむ、確かに。それで、IPアドレスのリース期限が切れると、レコードの削除を行う。この手法ではDHCPサーバとネームサーバが同期して、ゾーン情報を更新する、ということだ。

🐱 でも、これってDHCPを使っている場合のみですよね。静的に割り振っている場合とか、インターネット接続サービスの場合はどうするんですか?

🎓 そういう場合は、**クライアントに動的更新に対応したソフトを入れることで対応する。**(図28-3)

🐱 ははぁ、つまり、動的更新のソフトがIPアドレスの変更を確認すると、ネームサーバにドメイン名とIPアドレスを登録しにいく、と。

🎓 このように、ゾーン情報の動的な変更が行われることになるわけだ。さて、ネット君、ゾーン情報の変更、つまり「リソースレコードの追加・削除」とセットで行うことはなんだった?

🐱 えっと、……「SOAのSerialの増加」!! ゾーン情報が変更されたことを、Serialを増やすことによって明示しないといけません(P168参照)。

🎓 そういうことだな。動的更新に対応しているネームサーバソフトは、この**Serialの増加も自動で行う機能**を持っている。そうしないと、ゾーン転送の時に困るからな。

🐱 Serialが増加しないと、ゾーン情報が新しくなったことがわからないからですね。

🎓 そういうことだ。今回はここまでとして、次回としよう。

🐱 あい。3分間DNS基礎講座でした〜♪

第28回 動的更新

図28-3 クライアントによる動的更新

Dynamic Update対応ソフトにより、
IPアドレスが変更されるとゾーン情報の変更を行う

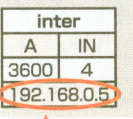

DNS Dynamic Update
対応ソフト

②レコードの変更 →

inter
192.168.0.5

①IPアドレス
割り当て

DHCPサーバ

ネームサーバ

inter	
A	IN
3600	4
192.168.0.5	

↑ ゾーン情報
②による変更

Windowsでの設定：ネットワーク接続のプロパティ、TCP/IPのプロパティ

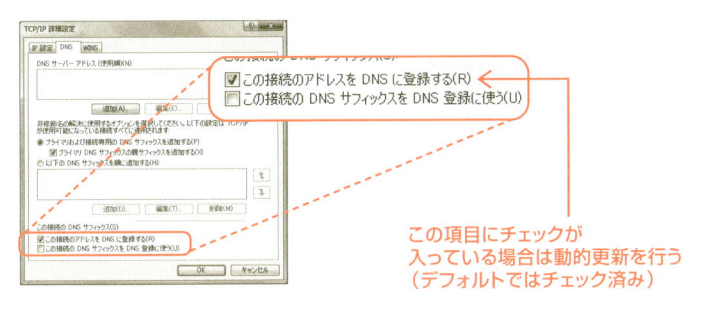

☑ この接続のアドレスを DNS に登録する(R)
☐ この接続の DNS サフィックスを DNS 登録に使う(U)

この項目にチェックが
入っている場合は動的更新を行う
（デフォルトではチェック済み）

ネット君の今日のポイント

● IPアドレスの変更が起きるDHCPやインターネット接続サービスでは、ゾーン情報の書き換えが必要。

● IPアドレスの変更が行われると、自動でゾーン情報を書き換えるのがDNS Dynamic Update。

● DNS Dynamic Updateには、ネームサーバと、クライアントに対応ソフトを入れる必要がある。

○月○日
日記＠ネット君

第29回 Notifyと差分

●Notifyを使ったゾーン転送

ゾーン転送の話、そしてその転送されるゾーンの動的変更の話をしたわけだ。この2つの話に関係する、ゾーン転送の拡張の話をしよう。

ゾーン転送の拡張？　何を拡張するんですか？

機能の拡張、だな。これには3つの話がある。まず今回はそのうち2つを説明しよう。さて、ネット君、ゾーン転送を行うタイミングについて教えてくれないか？

ゾーン転送を行うタイミング？　それは、SOAレコードにあるRefreshの秒数の間隔で行うんですよね（P169参照）。Refreshの時間が過ぎると、セカンダリサーバがプライマリサーバに問い合わせる。

そうだな。つまり、ゾーン転送は通常、一定間隔で行われる。これはつまり、**ゾーンの変更はすぐにはセカンダリサーバに伝わらない**ということだ。

う、う〜ん、そうなりますかね。ゾーン転送した直後に、プライマリサーバのゾーン情報が変更されると、次のRefreshまではゾーン転送されないことになりますね。

その通り。ゾーン転送されないから、新しいゾーン情報の内容はセカンダリサーバにはすぐ伝わらない。これは新しく追加した、もしくは変更・削除したリソースレコードの情報をすぐ使いたい場合には困る。さぁ、ネット君、どうする？

どうするといわれましても。そうですねぇ、Refresh間隔を短くすればいいんじゃないですか？

第29回　Notifyと差分

🎓 それでは、プライマリサーバへ問い合わせが増える、つまり負荷が増大するという問題が発生するので却下だ。通常のゾーン転送は、「セカンダリサーバ」が、Refresh間隔で問い合わせることによって開始されるよな？　ここを変更するんだ。

🐣 変更……。う〜ん、たとえば、「プライマリサーバ」の「ゾーン情報が変更」されたらゾーン転送を開始する、に変える？

図29-1　DNS Notify

プライマリサーバがゾーン情報の変更を通知することにより、ゾーン転送を開始する

①プライマリサーバが再起動、もしくはゾーン情報が更新されると、ゾーン情報のNSレコードを調べ、SOAレコードのMname（プライマリサーバ）以外のNSレコードのサーバへNotifyを送信する

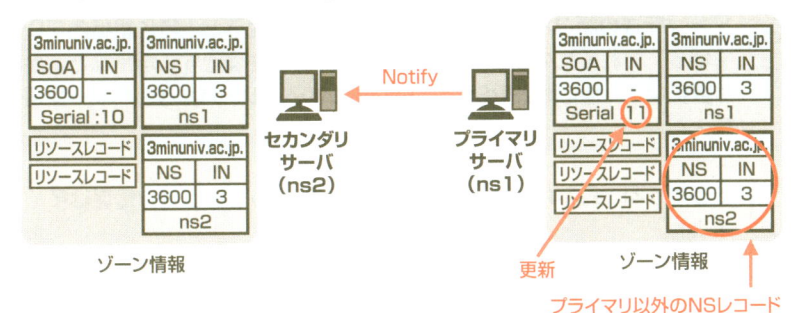

3minuniv.ac.jp.		3minuniv.ac.jp.	
SOA	IN	NS	IN
3600	-	3600	3
Serial :10		ns1	
リソースレコード		3minuniv.ac.jp.	
リソースレコード		NS	IN
		3600	3
		ns2	

セカンダリサーバ (ns2) ← Notify ← プライマリサーバ (ns1)

3minuniv.ac.jp.		3minuniv.ac.jp.	
SOA	IN	NS	IN
3600	-	3600	3
Serial :11		ns1	
リソースレコード		3minuniv.ac.jp.	
リソースレコード		NS	IN
リソースレコード		3600	3
		ns2	

更新　　ゾーン情報　　プライマリ以外のNSレコード

②Notifyを受け取ったセカンダリサーバは、Refresh間隔が経過したものとみなしプライマリサーバへSOAレコードの問い合わせを行い、その後は通常のゾーン転送を行う

3minuniv.ac.jp.		3minuniv.ac.jp.	
SOA	IN	NS	IN
3600	-	3600	3
Serial :10		ns1	
リソースレコード		3minuniv.ac.jp.	
リソースレコード		NS	IN
		3600	3
		ns2	

セカンダリサーバ (ns2) → SOA問い合わせ → プライマリサーバ (ns1)

3minuniv.ac.jp.		3minuniv.ac.jp.	
SOA	IN	NS	IN
3600	-	3600	3
Serial :11		ns1	
リソースレコード		3minuniv.ac.jp.	
リソースレコード		NS	IN
リソースレコード		3600	3
		ns2	

ゾーン情報　　　　　　　　　　ゾーン情報

正解だ。つまり、**プライマリサーバがゾーン情報の変更をセカンダリサーバに通知する**ということだ。そうすれば、ゾーン情報の変更がすぐにセカンダリサーバに伝わることになる。これを**DNS Notify**と呼ぶ。DNS Notifyでは、**通知を受けたセカンダリサーバはゾーン転送を開始する**。(図29-1)

Notifyメッセージを受け取ると、Refresh間隔がゼロになったとみなすわけですね。

そういうことだ。Refreshがゼロになったので、セカンダリサーバは通常のゾーン転送を開始する。SOAレコードの問い合わせをプライマリサーバに送るわけだな。

それで、送り返してもらったSOAレコードのSerialと自分のSerialを比較して、新しければゾーン転送するわけですね。

● 差分ゾーン転送

ゾーン転送の話の2つ目をしよう。動的更新を使うと、特に組織内でDHCPを使ってそれぞれのコンピュータのドメイン名を登録する場合など、かなりの数になる。他にもJPRSが持つco.jp.のネームサーバなども、ゾーン情報は膨大だ。

そうですね、日本にいくつあるんだろ、co.jp.って。ゾーン情報は多そうですよね。

2011年11月1日現在で、**約35万ドメイン**だそうだ。(*1) これだけ大量の情報を、ゾーン転送では「全部」転送する。これはものすごく負荷がかかる。

32万ドメイン。リソースレコードが1個20バイトで、1ドメイン1リソースレコードとしても、640万だから、6メガバイト。

1ドメイン1リソースレコードならな。NSレコードとAレコードの最低2つはいるし、ネームサーバが複数あったらもっと増える。ともかく、ゾーン転送の負荷が問題になるわけだ。さぁ、どうする？

どうするって言われても。分割して送るとか？

第29回 Notifyと差分

🎓 分割して、という発想は悪くないがそれだけではダメだ。ここで使うのは**差分ゾーン転送**という方法だ。差分とは、**現在保有する情報と新しい情報の「差」の分の情報**という意味だ。バックアップなどでよく使われる用語だ。

🐥 なるほど、増えた分だけゾーン転送してもらうんですね。

🎓 そういうことだ。この差分ゾーン転送のポイントだが、**プライマリサーバは必ず更新履歴を持っていなければならない**。更新履歴がなければ、「差」がわからないからな。（図29-2）

🐥 なるほどなるほど。Serialと、ゾーンの更新内容との対応を取っておくんですね。

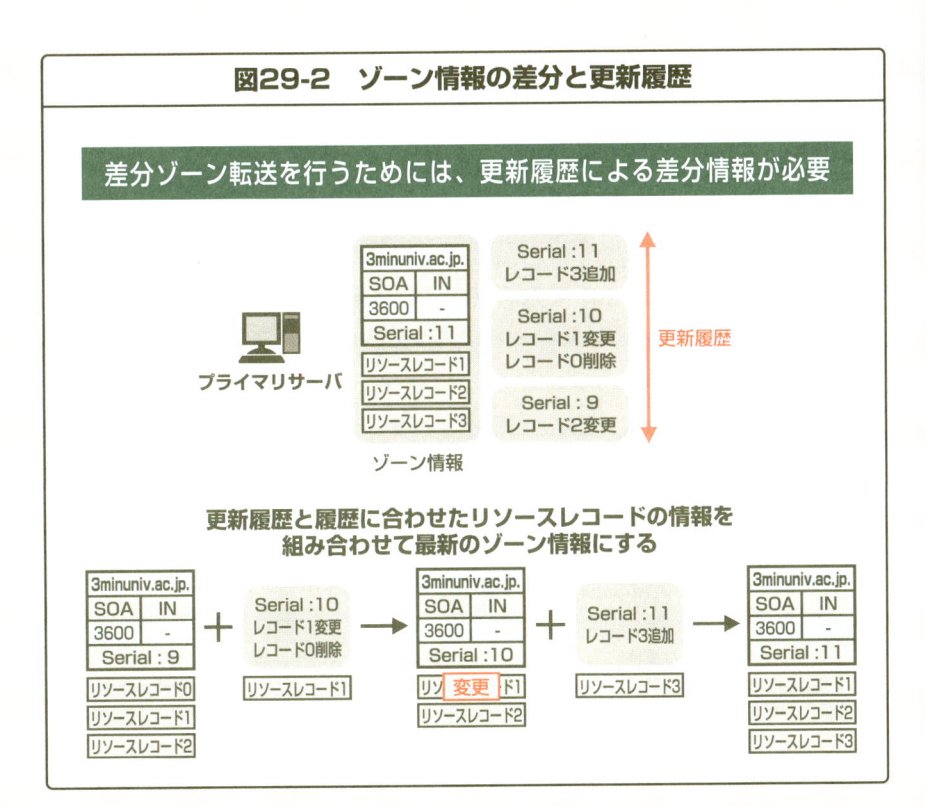

図29-2 ゾーン情報の差分と更新履歴

差分ゾーン転送を行うためには、更新履歴による差分情報が必要

プライマリサーバ

ゾーン情報:
3minuniv.ac.jp.	
SOA	IN
3600	-
Serial : 11	
リソースレコード1	
リソースレコード2	
リソースレコード3	

更新履歴:
- Serial : 11　レコード3追加
- Serial : 10　レコード1変更　レコード0削除
- Serial : 9　レコード2変更

更新履歴と履歴に合わせたリソースレコードの情報を組み合わせて最新のゾーン情報にする

3minuniv.ac.jp.	
SOA	IN
3600	-
Serial : 9	
リソースレコード0	
リソースレコード1	
リソースレコード2	

＋ Serial : 10　レコード1変更　レコード0削除 →

3minuniv.ac.jp.	
SOA	IN
3600	-
Serial : 10	
リソ 変更 ド1	
リソースレコード2	

＋ Serial : 11　レコード3追加 →

3minuniv.ac.jp.	
SOA	IN
3600	-
Serial : 11	
リソースレコード1	
リソースレコード2	
リソースレコード3	

(*1) 32万ドメイン　JPRSの統計情報より。http://jpinfo.jp/stats/

図29-3　差分ゾーン転送

差分ゾーン転送要求（IXFR）と SOAレコードを送ることにより、差分情報を入手する

①通常と同じように、SOAレコードの問い合わせと応答を行う

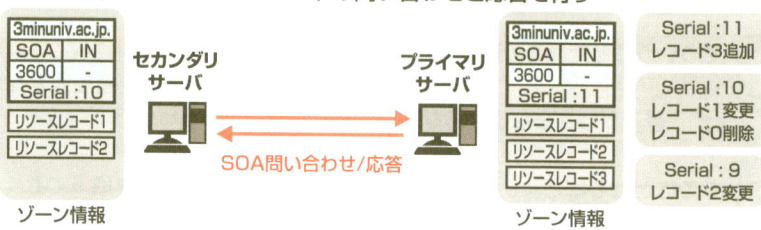

セカンダリサーバ ← SOA問い合わせ/応答 → プライマリサーバ

セカンダリ ゾーン情報:
- 3minuniv.ac.jp. SOA IN 3600 - Serial:10
- リソースレコード1
- リソースレコード2

プライマリ ゾーン情報:
- 3minuniv.ac.jp. SOA IN 3600 - Serial:11
- リソースレコード1
- リソースレコード2
- リソースレコード3

更新履歴:
- Serial:11 レコード3追加
- Serial:10 レコード1変更 レコード0削除
- Serial:9 レコード2変更

②受け取ったSOAのSerialの方が大きい場合、差分ゾーン転送要求（IXFR）と現在のSOAレコードを送信する

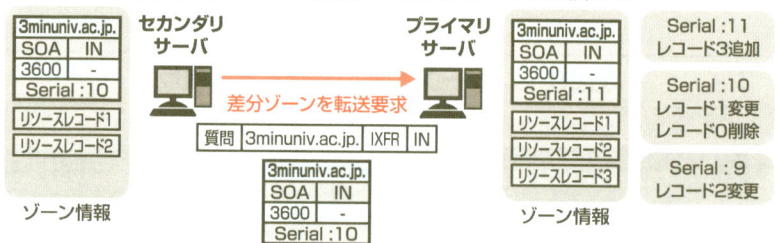

セカンダリサーバ → 差分ゾーンを転送要求 → プライマリサーバ

質問: 3minuniv.ac.jp. IXFR IN
3minuniv.ac.jp. SOA IN 3600 - Serial:10

③プライマリサーバは受け取ったSOAのSerialと現在のSerialの差分を調べ、更新履歴と差分情報のみを送信する

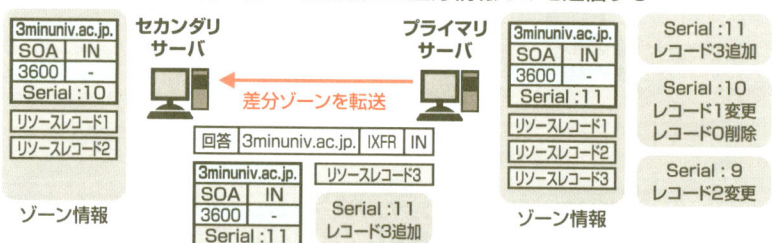

セカンダリサーバ ← 差分ゾーンを転送 ← プライマリサーバ

回答: 3minuniv.ac.jp. IXFR IN
3minuniv.ac.jp. SOA IN 3600 - Serial:11
リソースレコード3
Serial:11 レコード3追加

④受け取った差分情報と更新履歴により、ゾーン情報を更新する

セカンダリ ゾーン情報:
- 3minuniv.ac.jp. SOA IN 3600 - Serial:11
- リソースレコード1
- リソースレコード2
- リソースレコード3

プライマリ ゾーン情報:
- 3minuniv.ac.jp. SOA IN 3600 - Serial:11
- リソースレコード1
- リソースレコード2
- リソースレコード3

更新履歴:
- Serial:11 レコード3追加
- Serial:10 レコード1変更 レコード0削除
- Serial:9 レコード2変更

第29回 Notifyと差分

🎓 そうだ。この更新履歴は、動的更新の方が取りやすい。動的更新では、更新したログを自動保存してくれるからな。つまり、差分データ転送は動的更新に最適、ということだ。

🐤 静的、つまり手動でゾーン情報を書き換えた場合はできないんですか?

🎓 できないことはないが、ネームサーバのサーバソフト次第だな。ともかく、だ。この更新履歴を使ったゾーン転送を、**問い合わせタイプがIXFRの問い合わせ**によって行う。(*2)(図29-3)

🐤 IXFR? 通常のゾーン転送はAXFRでしたよね(P174参照)。

🎓 そうだ。AXFRは同期転送、つまりゾーン情報を「同期」させるため、すべてのゾーン情報を転送する。一方のIXFRはAXFRと同じ「質問タイプ」だが、「増分転送」、つまり増えた分のゾーン情報だけを転送する。

🐤 なるほどなるほど。ここでもやっぱりSerialの大きさがキーになるんですね。

🎓 うむ。Serialはゾーン転送の要になる値だからな。さて、今回はここまで。

🐤 了解。3分間DNS基礎講座でした〜♪

(*2) IXFR [Incremental xfer] xferはTransferなので、「増分転送」の意味。

ネット君の今日のポイント

- ●DNS Notifyを使用すると、ゾーン情報をすぐにセカンダリサーバに更新させることができる。
- ●差分ゾーン転送を使うことで、ゾーン情報の転送量を減らし負荷を軽減できる。

○月○日 晴 ネット君

第30回 ゾーン情報のセキュリティ

●セキュリティの問題点

さて、ゾーン転送の機能拡張の話の3つ目だ。ゾーン転送の危険性についての話、だ。

ゾーン転送の危険性？　何が危険なんですか？

これには大きく分けて2つある。まず1つ目。通常の問い合わせは、「指定した名前を持つ機器のIPアドレスを教えてもらう」だな。

そうですよ。「www.3minuniv.ac.jp.のIPアドレスを教えて？」ですよね。

これはつまり、「知らない名前の機器のIPアドレスを教えてもらうことはできない」ということになる。3minuniv.ac.jp.にinterという機器があったとしても、「inter.3minuniv.ac.jp.」という問い合わせをしないと、そのIPアドレスは入手できない。

そうなりますね。まぁ、あてずっぽうで問い合わせるっていう方法もないわけじゃないですけど、効率悪いですよね。

それに対し、ネームサーバに対して、AXFRでゾーン転送を要求する。AXFRのゾーン転送はゾーン情報をすべて送る。つまり、ゾーン転送によりゾーン内のすべての機器の名前とIPアドレスを入手できる。

そ、そうなりますね。でも、なんでそれが問題なんですか？

第30回 ゾーン情報のセキュリティ

🎓 セキュリティの基本原則は「余計なことは伝えない」ことだ。ゾーン転送によりすべての機器の名前とIPアドレスが知られるのはあまりよくない。
そしてゾーン転送の危険性の2つ目、セカンダリサーバはプライマリサーバからのゾーン情報を入手して、自分のゾーン情報を更新する。

🐱 それが「ゾーン転送」ですよね。プライマリサーバのゾーン情報のコピーを入手することにより、更新の手間とかをなくす。

🎓 だが、誰かが書き換えた**ニセモノのゾーン情報をセカンダリサーバが受け取る**とどうなる？

🐱 ニ、ニセモノ？ もし、偽物のゾーン情報だとしても、自分のゾーン情報を更新しちゃうんじゃないかな？

🎓 そう、更新してしまう。これは非常に問題となる。たとえば、www.3minuniv.ac.jp.のAレコードの部分がニセモノのゾーン情報をセカンダリサーバに送ることにより、www.3minuniv.ac.jp.へアクセスしたつもりでも、**違うサーバに接続させることができてしまう**。（図30-1）

🐱 た、確かに。www.3minuniv.ac.jp.と思わせといて、違うサーバにアクセスしちゃいますね。この状態だと、すごく困ることになりますね。

●TSIG

🎓 つまり、**正規のサーバ以外に対してゾーン転送を行わない**こと、**ゾーン情報が書き換えられていないこと**を確かめなければならない。

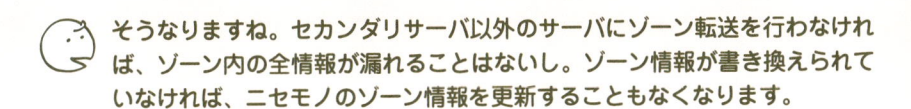

🐱 そうなりますね。セカンダリサーバ以外のサーバにゾーン転送を行わなければ、ゾーン内の全情報が漏れることはないし、ゾーン情報が書き換えられていなければ、ニセモノのゾーン情報を更新することもなくなります。

🎓 このセキュリティ対策を行う手段はいくつかあるのだが、今回は**TSIG**を説明しよう。(*1) **TSIGはハッシュ関数と暗号化を使った署名による認証技術**だ。

🐱 ハッシュ関数？ 暗号化？ 署名？ 認証？ いきなり複数の知らない単語がでてきましたよ。

(*1) TSIG [Transaction Signature] トランザクション署名。トランザクションは更新・処理などの意味がある。RFC2845で定義。

図30-1 ニセモノのゾーン情報

ニセモノのゾーン転送により、悪意のあるサーバへ誘導できる

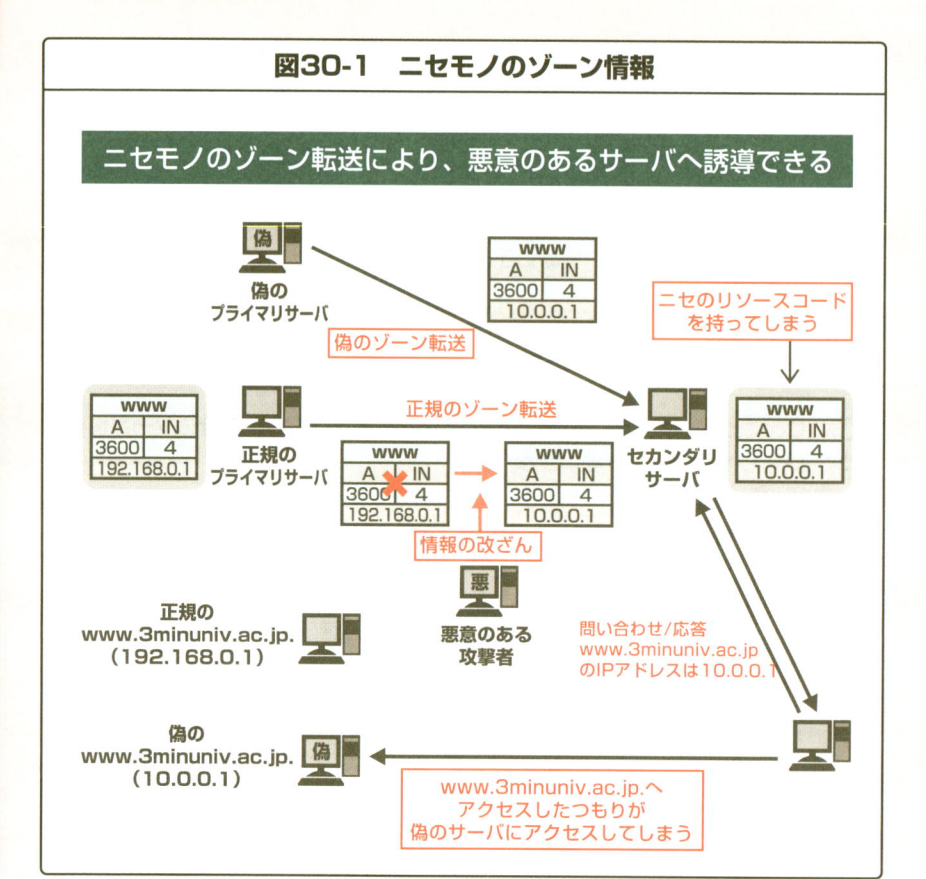

（図：偽のプライマリサーバから偽のゾーン転送でセカンダリサーバへ「www A IN 3600 4 10.0.0.1」を送信し、ニセのリソースコードを持ってしまう。正規のプライマリサーバ（www A IN 3600 4 192.168.0.1）からの正規のゾーン転送は悪意のある攻撃者によって情報の改ざんが行われる。結果、問い合わせ/応答で「www.3minuniv.ac.jp のIPアドレスは10.0.0.1」となり、正規の www.3minuniv.ac.jp（192.168.0.1）ではなく偽の www.3minuniv.ac.jp（10.0.0.1）へアクセスしてしまう。）

🎓 認証とは「正しいことを証明する」ことだ。認証技術であるTSIGを使うことにより**ゾーン転送の要求が正規のサーバのものである**こと、そして**ゾーンの情報が改ざんされていない**ことを証明できる。

🙂 ハッシュ関数、暗号化、署名ってのは？

🎓 正しさを証明するために、署名、つまりサイン・捺印をするってことだ。これを行う方法が「ハッシュ関数」と「暗号化」だ。**(図30-2)**
ハッシュ関数によって作られたハッシュ値と元のデータは1対1の対応関係にある。よって、データが改変されるとハッシュ値と一致しなくなる。これでデータの改ざんが行われたどうかわかるわけだ。

🙂 そして暗号化？　暗号化すると同じ「鍵」を持っていないと、そのデータを元に戻せない？

第30回 ゾーン情報のセキュリティ

図30-2 ハッシュ関数と暗号化による署名

署名をつけることにより、認証が行われる

ハッシュ関数（一方向ハッシュ関数）

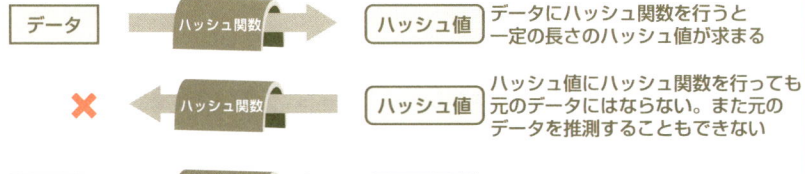

データ → ハッシュ関数 → ハッシュ値：データにハッシュ関数を行うと一定の長さのハッシュ値が求まる

× ← ハッシュ関数 ← ハッシュ値：ハッシュ値にハッシュ関数を行っても元のデータにはならない。また元のデータを推測することもできない

データ1 → ハッシュ関数 → ハッシュ値1
≠
データ2 → ハッシュ関数 → ハッシュ値2

1ビットでも違うデータから求められるハッシュ値は違うハッシュ値になる
（ハッシュ値1とハッシュ値2は違うので、元データ1と元データ2は違う）

データ1 → ハッシュ関数 → ハッシュ値1
＝
データ2 → ハッシュ関数 → ハッシュ値2

ハッシュ値が等しいなら、元のデータは等しい
（ハッシュ値1とハッシュ値2が等しいので、元データ1と元データ2は等しい）

暗号化

データ →(鍵データ)→ 暗号化データ →(鍵データ／復号)→ データ

同じ鍵データをもっていないと、暗号化したデータを元に戻せない
また、暗号化したデータを改ざんすると、正しく戻らない

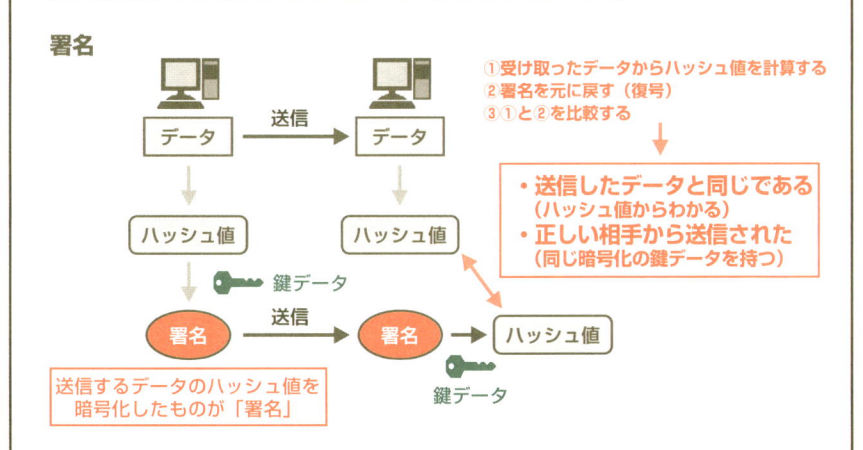

署名

データ → 送信 → データ
↓　　　　　　　↓
ハッシュ値　　ハッシュ値
↓(鍵データ)
署名 → 送信 → 署名 →(鍵データ)→ ハッシュ値

送信するデータのハッシュ値を暗号化したものが「署名」

① 受け取ったデータからハッシュ値を計算する
② 署名を元に戻す（復号）
③ ①と②を比較する

・送信したデータと同じである
　（ハッシュ値からわかる）
・正しい相手から送信された
　（同じ暗号化の鍵データを持つ）

4 DNSの動作

そういうことだ。同じ鍵を持っている「正しい相手」しかデータを元に戻せないから、相手が正しいことがわかる。さらに、ハッシュ値が変更されるのも暗号化することにより防ぐことができる、というわけだ。

なるほどなるほど。上手いこと考えますね。

この**データのハッシュ値を暗号化したものを署名**と呼ぶ。この署名を送受信するデータにくっつけることにより、「正しさが証明される」ということだ。

データが正しく、相手が正しいってことがわかるわけですね。

この認証技術を使って、ゾーン転送のセキュリティを確保するわけだ。具体的には**TSIGレコードをゾーン転送の際に付加する**ことで行う。（図30-3）
TSIGレコードが、署名の役割を果たすわけだ。セカンダリサーバはゾーン転送を始めるAXFR／IXFRにTSIGレコードをつける。これによりサーバは正しいセカンダリサーバが要求してきたことがわかる。

同じ暗号化鍵を持っていることから、それがわかりますね。

うむ。そしてサーバはゾーン情報を送り返すが、それにもTSIGレコードをつける。それにより改ざんの有無がわかり、相手がプライマリサーバであることもわかるわけだな。

これで「正しいゾーン転送」ができるわけですね。

そういうことだな。では、今回はこれぐらいにしておこう。

はいなー。3分間DNS基礎講座でした～♪

第30回 ゾーン情報のセキュリティ

図30-3　TSIGによるゾーン転送のセキュリティ

署名となるTSIGレコードにより、
ゾーン転送の相手、ゾーン転送のデータを認証する

①ゾーン転送を要求する際に、AXFR/IXFRメッセージ全体のハッシュ値を計算し、それを事前に共有した暗号化の鍵データで暗号化したTSIGレコードをつける

②プライマリサーバが送信するゾーン情報も、TSIGレコードを作成して、TSIGレコードと一緒に送信する

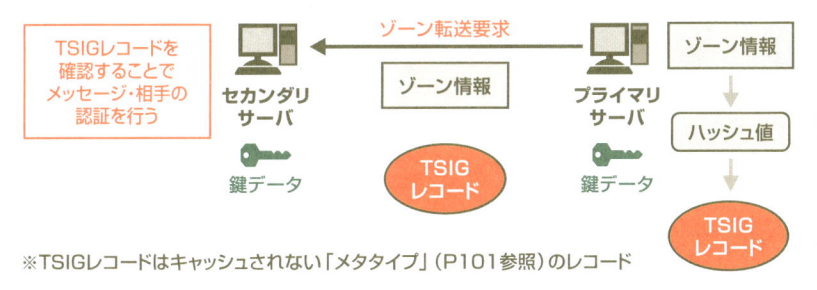

※TSIGレコードはキャッシュされない「メタタイプ」(P101参照)のレコード

ネット君の今日のポイント

- 正しいゾーン転送を行わないとセキュリティ上の問題が発生する。
- 正しいドメイン名で不正なサーバに接続してしまう可能性もある。
- TSIGを使うことで、ゾーン転送の情報が署名され、正しくゾーン転送が行われる。

第31回 逆引き

●逆引きのドメイン名

さてさて、ゾーン転送がらみの話は前回で終了だ。ゾーン転送の話はSOAレコードから始まったわけだが、まだ説明していないリソースレコードタイプがあったよな、ネット君。

A、NS、MX、CNAME、SOA、PTR…。説明してないのはPTRですね。

そう、PTRレコードだ。これは**逆引き**と呼ばれる問い合わせに使用する。

逆引き……、問い合わせの説明で出てきましたよね。「Opcode」の「オペレーションコード」が「正引き」か「逆引き」か、って（P155参照）。

そうだな。正引きは通常の「ドメイン名からIPアドレスを問い合わせる」問い合わせだ。逆引きはその逆「**IPアドレスからドメイン名を問い合わせる**」問い合わせだ。

IPアドレスからドメイン名を問い合わせる？ ってことは、たとえば「192.168.0.1のドメイン名は？」って問い合わせると「www.3minuniv.ac.jp.です」って応答するってことですか？

その通り。それが「逆引き問い合わせ」だ。さて、ここでDNSというシステムのしくみを考えてみよう。DNSは「ドメイン名前空間」から「対象ドメイン名のIPアドレス」を検索するしくみだ。逆に言えば、ドメイン名前空間に存在しないものは探し出せない。

まぁ、そうですね。ドメイン名前空間に存在しないと、ルートサーバから順番に探していくってことができませんから。

第31回 逆引き

🎓 うむ。一方、逆引きは「対象IPアドレスのドメイン名」を探す。だが、IPアドレスはドメイン名前空間に存在しない。これではDNSで探せない。

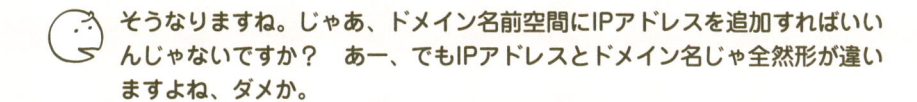

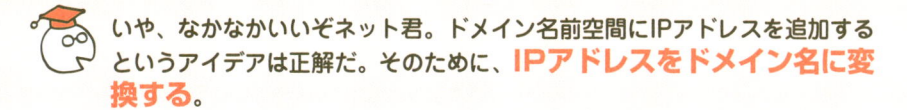

🐙 そうなりますね。じゃあ、ドメイン名前空間にIPアドレスを追加すればいいんじゃないですか？　あー、でもIPアドレスとドメイン名じゃ全然形が違いますよね、ダメか。

🎓 いや、なかなかいいぞネット君。ドメイン名前空間にIPアドレスを追加するというアイデアは正解だ。そのために、**IPアドレスをドメイン名に変換する**。

🐙 IPアドレスをドメイン名に変換する？　そんなことできるんですか？

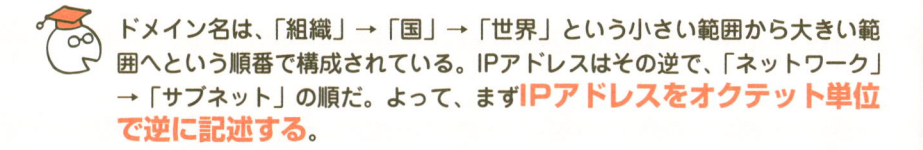

🎓 ドメイン名は、「組織」→「国」→「世界」という小さい範囲から大きい範囲へという順番で構成されている。IPアドレスはその逆で、「ネットワーク」→「サブネット」の順だ。よって、まず**IPアドレスをオクテット単位で逆に記述する**。

🐙 逆に記述？　192.168.0.1をオクテット単位で逆にすると、1.0.168.192、ですよね。

🎓 そうだ、それがIPアドレスのドメイン名になる。これにTLDとSLDを追加する。これは固定値で、**TLDは「arpa」、SLDは「in-addr」というドメイン名であらわす**（P84参照）。よって？

🐙 んん？　192.168.0.1のドメイン名は、「1.0.168.192.in-addr.arpa.」ですか？

🎓 その通り。その結果、「in-addr.arpa.」というドメインに、すべてのIPアドレスが入ることになる。これで、ドメイン名前空間に「逆引き用の空間」ができたことになる。（図31-1）

🐙 ははぁ、ドメイン名前空間の一部に、逆引きのために使われる「in-addr.arpa.」があることになるわけですね。

🎓 そういうことだ。さて、ドメイン名前空間に存在すると、DNSで検索ができるようになるな。そのためには何が必要だった、ネット君？　ドメイン名前空間でドメイン名を管理するのは？

図31-1 逆引き用のドメイン名前空間

ドメイン名前空間に逆引き用のドメインを追加する

逆引きで使われる「ドメイン名」

192.168.0.1
↓
1.0.168.192.in-addr.arpa.

TLDがarpa、SLDがin-addrでIPアドレスをオクテット単位で逆にする

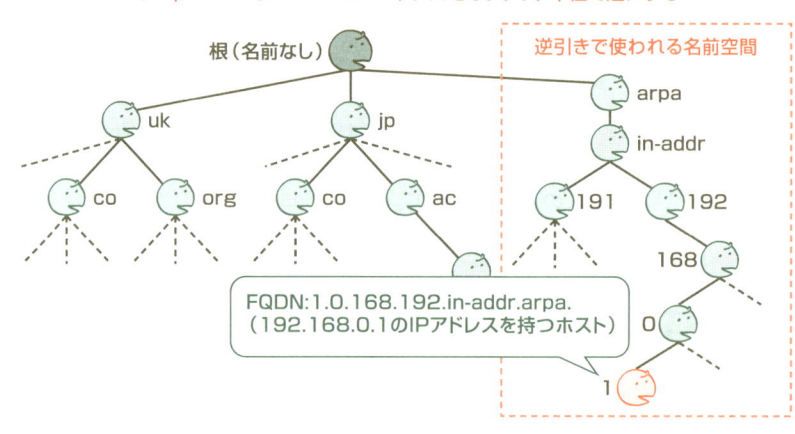

逆引きで使われる名前空間

根（名前なし）
├ uk ─ co, org
├ jp ─ co, ac
└ arpa ─ in-addr ─ 191, 192 ─ 168 ─ 0 ─ 1

FQDN:1.0.168.192.in-addr.arpa.
（192.168.0.1のIPアドレスを持つホスト）

🐣 ネームサーバ、ですよね。

👨‍🏫 そう。つまり、**逆引き用のゾーンと、ゾーンを管理するネームサーバが必要**だ。これは通常のネームサーバが持つゾーン情報と同じだ。違うのは、通常Aレコードを使って「ドメイン名に対応するIPアドレス」を記述しているが、逆引きではPTRレコードを使って「IPアドレスに対応するドメイン名」を記述する、という点だな。**(図31-2)**

🐣 ははぁ、普通のゾーンと同じようにSOAレコードとNSレコードがあるんですね。で、普通のゾーンならAレコードがあるところが、PTRレコードになっている、と。あと、正引きのネームサーバと逆引きのネームサーバが同じになっていますけど、いいんですか？

👨‍🏫 うむ。かまわない。というか、普通は兼用するのが一般的だ。たとえば、arpaとin-addrのネームサーバは、ルートサーバが兼用している。

第31回 逆引き

図31-2 逆引きで使われるゾーン情報

逆引きで使用するネームサーバとゾーンが必要

3minuniv.ac.jp（192.168.0.0/24）ドメインの正引き用のゾーン情報

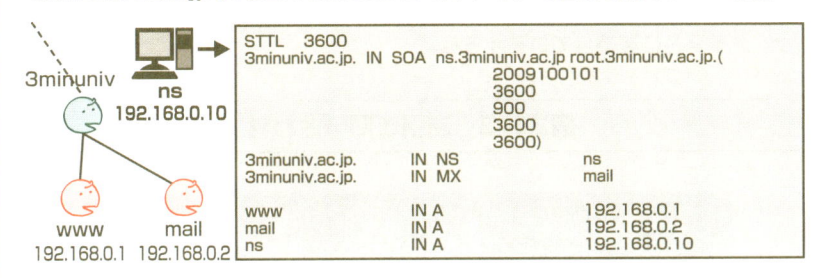

```
STTL   3600
3minuniv.ac.jp.  IN SOA  ns.3minuniv.ac.jp root.3minuniv.ac.jp.(
                         2009100101
                         3600
                         900
                         3600
                         3600)
3minuniv.ac.jp.    IN NS        ns
3minuniv.ac.jp.    IN MX        mail

www                IN A         192.168.0.1
mail               IN A         192.168.0.2
ns                 IN A         192.168.0.10
```

3minuniv — ns 192.168.0.10 — www 192.168.0.1 / mail 192.168.0.2

↓ 逆引き用のゾーンを作成すると…

192.168.0.0/24の逆引き用のゾーン情報

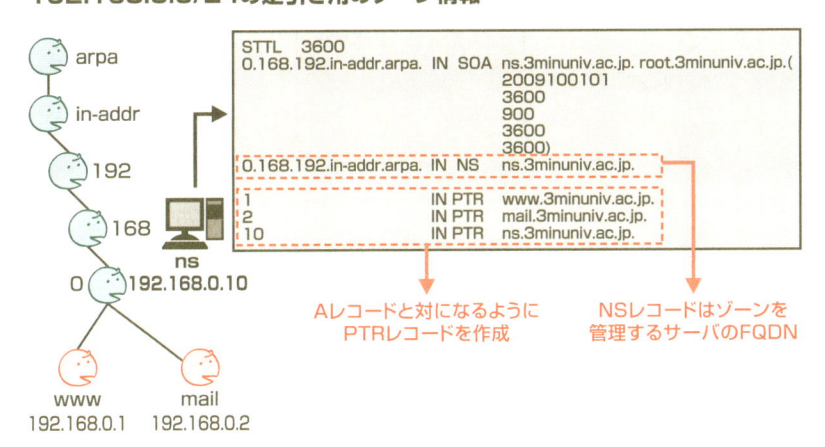

```
STTL   3600
0.168.192.in-addr.arpa.  IN SOA  ns.3minuniv.ac.jp root.3minuniv.ac.jp.(
                                 2009100101
                                 3600
                                 900
                                 3600
                                 3600)
0.168.192.in-addr.arpa.  IN NS   ns.3minuniv.ac.jp.

1                        IN PTR  www.3minuniv.ac.jp.
2                        IN PTR  mail.3minuniv.ac.jp.
10                       IN PTR  ns.3minuniv.ac.jp.
```

arpa — in-addr — 192 — 168 — 0 — ns 192.168.0.10 — www 192.168.0.1 / mail 192.168.0.2

Aレコードと対になるようにPTRレコードを作成

NSレコードはゾーンを管理するサーバのFQDN

●逆引き問い合わせ

逆引きと言ってもIPアドレスをドメイン名に変換し、ドメイン名と同じ扱いができるようになっているわけだから、動作の基本は正引きと同じになる。

正引きと同じってことは。ドメイン名前空間を、ルートサーバから検索して行って、目的のIPアドレスを探すってことですね。

唯一違う点は、問い合わせが「逆引き」問い合わせになって、問い合わせタイプが「PTR」になるところぐらいだな。**(図31-3)**

はー、ホントにOpcodeと、問い合わせタイプが違っている以外、いつもといっしょですね。

うむ。逆引きはDNSのシステムをそのまま使用するために、IPアドレスをドメイン名に変換しているからな。

図31-3　逆引き問い合わせ

Opcodeが逆引き、質問する問い合わせタイプはPTRで問い合わせる

ヘッダ	質問
ID＝1 QR＝0（問い合わせ） Opcode＝1（逆引き） AA＝0 TC＝0 RD＝1（再帰問い合わせ） RA＝0 Rcode＝0 質問の数＝1 回答の数＝0 オーソリティの数＝0 追加情報の数＝0	1.0.168.192.in-addr.arpa. PTR IN 逆引き用のドメイン名に変換してPTRレコードを問い合わせ

リゾルバ　←→　フルサービスリゾルバ

ゾーン:

1		2	
PTR	IN	PTR	IN
3600	-	3600	-
www.3minuniv.ac.jp.		mail.3minuniv.ac.jp.	

10		0.168.192.in-addr.arpa.	
PTR	IN	NS	IN
3600	-	3600	-
ns.3minuniv.ac.jp.		ns.3minuniv.ac.jp.	

ヘッダ	質問	回答	オーソリティ	追加
ID＝1 QR＝1（応答） Opcode＝1（逆引き） AA＝1（オーソリティあり） TC＝0 RD＝1 RA＝1（再帰可能） Rcode＝0 質問の数＝1 回答の数＝1 オーソリティの数＝1 追加情報の数＝1	1.0.168.192.in-addr.arpa. PTR IN www.3minuniv.ac.jp	1.0.168.192.in-addr.arpa. PTR IN www.3minuniv.ac.jp.	0.168.192.in-addr.arpa. NS IN ns.3minuniv.ac.jp.	

第31回 逆引き

- 上手いこと考えますね。まったく別のシステムを使うんじゃなくて、変換することによってDNSで可能にするなんて。

- そういうことだ。さて、DNSというシステムについての説明は今回で終了だ。

- あれ？ そうなんですか？ まだページがありますよ。

- ページとかいうな。次回、次次回は、DNSでの問い合わせを実際にやってみる話をする。

- へぇ、それはなんか面白そうですね。

- では、今回はこれにて終了。また次回。

- いぇっさー。3分間DNS基礎講座でした～♪

ネット君の今日のポイント

- ●IPアドレスからドメイン名を検索するのが「逆引き」。
- ●IPアドレスをドメイン名に変換し、ドメイン名前空間に追加する。
- ●PTRレコードを問い合わせることにより、逆引きを行う。

○月○日　晴　ネッ度君

第32回 nslookup

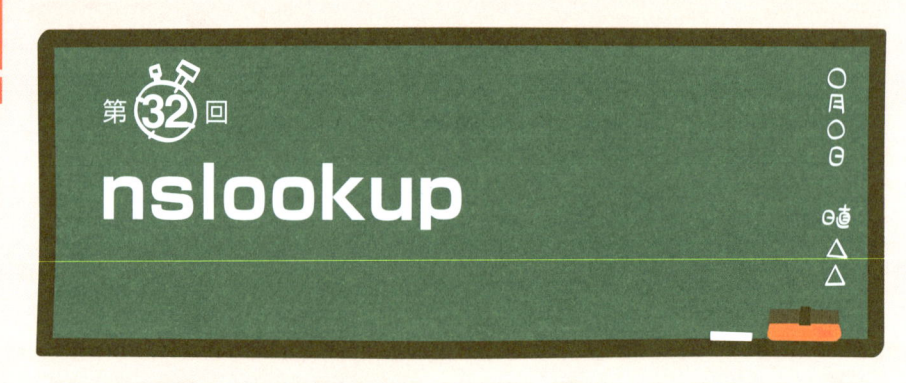

●DNSの問い合わせの確認

 DNSについての、システムの説明は前回で終了したわけだ。理解したかね？

 ま、まぁ。なんとなく。

 うむ、その自信なさ気な解答は非常にネット君らしくてよろしい。今回はDNSの問い合わせを実際に試してみよう、という話だ。通常のDNSの問い合わせは、スタブリゾルバが実施している。ユーザはその結果を受け取るだけなので、DNSのやり取りというのは表になかなかでてこない。

 そうですね。スタブリゾルバがいつ動いているかとかわからないですよね。

 なので、それを実際に試してみよう。今回使うのは**nslookup**というツールだ。これはWindowsでもLinuxでも使える**標準的なDNS問い合わせツール**だ。(*1)
Windowsなら、「コマンドプロンプト」と呼ばれる、コマンドでWindowsを操作できるウィンドウを使う。「コマンドプロンプト」は、「すべてのプログラム」をクリックして表示されるメニューの中の、「アクセサリ」というフォルダの中に入っている。この「コマンドプロンプト」で、「nslookup」と入力する。

 ふむふむ、「コマンドプロンプト」…「nslookup」…。はい、メモとりました。で、次は？

(*1) 標準的なツール　UNIX／Linuxでは「dig」というツールも標準的に使われます。

第32回　nslookup

一番簡単な使い方は、「nslookup［スペース］検索したいドメイン名」でOKだ。もしくは「nslookup」と入力してからエンターキーを押して、入力待ちにしてからドメイン名を入力する。（図32-1）

おー、入力したドメイン名に対応するIPアドレスが表示されましたよ。なるほど、スタブリゾルバって、こういう風にIPアドレスを入手しているんですね。

nslookupとスタブリゾルバは、ほとんど同じ動きをする。違うのは、nslookupは1台のサーバにしか問い合わせできないが、スタブリゾルバは前に説明したように優先ネームサーバと代替ネームサーバに問い合わせを行うことができるという点だな。

図32-1　nslookup・1

スタブリゾルバの問い合わせを行うことができるnslookup

コマンドプロンプトで「nslookup ドメイン名」と入力する（対話モード）

```
C:\>nslookup  www.3minuniv.ac.jp

Server:  ns.3minuniv.ac.jp       → 問い合わせするネームサーバ
Address: 192.168.0.10

Name: www.3minuniv.ac.jp         → 問い合わせに対する応答
Address: 192.168.0.1
```

コマンドプロンプトで「nslookup<ENTER>」と入力した後、ドメイン名を入力する（コマンドラインモード）

```
C:\>nslookup
Default Server:  ns.3minuniv.ac.jp    → デフォルトで設定されている
Address: 192.168.0.10                    ネームサーバ

>www.3minuniv.ac.jp                   → コマンドラインモードでは「>」が
                                         表示されている状態でドメイン名や
                                         コマンドを入力することにより、
Server:  ns.3minuniv.ac.jp               コマンドの結果を出力する。
Address: 192.168.0.10                    終了する場合は「exit」と入力する

Name: www.3minuniv.ac.jp              → 実際に問い合わせたネームサーバ
Address: 192.168.0.1

>
```

優先ネームサーバがだめなら、代替ネームサーバへ問い合わせるんでしたよね（P134参照）。

そうだ。nslookupでは、問い合わせたネームサーバが応答しなかったら、それでおしまい。代替ネームサーバへ問い合わせたい場合は、自分でそれを指定しなければいけないってところが違う。

●nslookupを使った問い合わせ

nslookupのデフォルト設定は、「ネットワーク設定で設定された優先ネームサーバ」に、「Aレコード」「INクラス」を問い合わせることになっている。それ以外の問い合わせを行いたい場合は、自分で設定を変更する必要がある。

「ネットワーク設定で設定された優先ネームサーバ」ってことは、DHCPで入手したり、静的に決定された優先ネームサーバってことですね。

その通り。さて、設定の変更方法だが。Windowsのnslookupで使える主要なコマンドを説明しておこう（図32-2）。なお、UNIX／Linuxで使えるnslookupとはコマンドが違うところもあるので注意するように。
さて、nslookupを使う際に注意する点として、サーチパスがある。

サーチパス…、前に説明があった、問い合わせる際に、ドメイン名を後ろにくっつけるやつですね（P132参照）。

そうだ。サーチパスを使う設定がされている場合は、問い合わせるドメイン名の最後にドットをつけてFQDNにすることを忘れないように。さもないと、自動でサーチパスがつけられて、思っていた問い合わせと違う問い合わせをしてしまうことになる。

ははぁ、たとえばサーチパスが「3minuniv.ac.jp.」だとしたら、「www.gihyo.jp」が「www.gihyo.jp.3minuniv.ac.jp.」になっちゃうんですね。「www.gihyo.jp.」ってやらないとダメってことですね。

そういうことだ。サーチパスを無効にしたい場合は、「set nosearch」と設定すること。反対に有効にしたい場合は「set search」だ。「set」を使うと、設定をいろいろ変更した問い合わせができる。たとえば、MXレコードを問い合わせてみよう。（図32-3）

第32回 nslookup

図32-2 nslookupのオプション

コマンドラインモードではコマンドにより問い合わせの動作を変更できる

```
C:¥>nslookup
Server:  ns.3minuniv.ac.jp
Address:  192.168.0.10

>
```

コマンドラインモードで、「>」の入力待ち状態でコマンドを入力できる

ドメイン名 サーバ名	後ろに記述したサーバに、ドメイン名を問い合わせる
server サーバ名	問い合わせるサーバをサーバ名のサーバに変更する
root	問い合わせるサーバをルートサーバに変更する
set d2 または set nod2	詳細デバッグモードに入る、または出る
set recurse または set norecurse	再帰問い合わせを要求する、またはしない
set search または set nosearch	サーチパスを使用する、またはしない
set vc または set novc	UDPで問い合わせする、またはTCPで問い合わせる
set type=タイプ名	指定したリソースレコードを問い合わせる
set all	現在の設定を表示する
ls -d ドメイン名	ゾーン転送を要求する
? または help	ヘルプを表示する

※ここで紹介したのは代表的なコマンドのみ。他にもコマンドは存在する

🐱 「set type=mx」でMXレコードを問い合わせるわけですね。へへぇ、ちゃんとメール転送ホストが表示されますね。

ん～っと、博士。この「Non-authoritative answer」って何ですか？

🎓 あぁ、それは「権威のない応答」という意味だ。つまり、オーソリティがあるサーバからの応答ではない、という意味だな。キャッシュからの返答という意味だ。

🐱 あぁ、そういえばそういうことが応答メッセージにありましたっけ（P162参照）。……あと、ゾーン転送もnslookupでできるんですね。「ls」コマンドで。

図32-3　nslookup・2

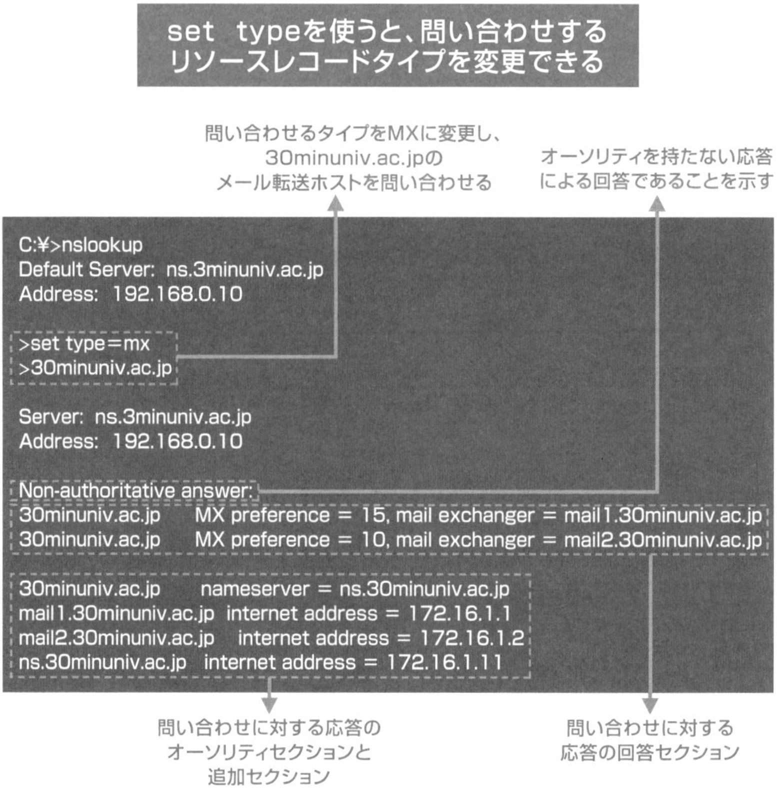

> set typeを使うと、問い合わせする
> リソースレコードタイプを変更できる

問い合わせるタイプをMXに変更し、
30minuniv.ac.jpの
メール転送ホストを問い合わせる

オーソリティを持たない応答
による回答であることを示す

```
C:¥>nslookup
Default Server: ns.3minuniv.ac.jp
Address: 192.168.0.10

>set type=mx
>30minuniv.ac.jp

Server: ns.3minuniv.ac.jp
Address: 192.168.0.10

Non-authoritative answer:
30minuniv.ac.jp    MX preference = 15, mail exchanger = mail1.30minuniv.ac.jp
30minuniv.ac.jp    MX preference = 10, mail exchanger = mail2.30minuniv.ac.jp

30minuniv.ac.jp       nameserver = ns.30minuniv.ac.jp
mail1.30minuniv.ac.jp internet address = 172.16.1.1
mail2.30minuniv.ac.jp internet address = 172.16.1.2
ns.30minuniv.ac.jp    internet address = 172.16.1.11
```

問い合わせに対する応答の
オーソリティセクションと
追加セクション

問い合わせに対する
応答の回答セクション

うむ。ただ、ゾーン転送は前の回でも説明したとおり、セキュリティ上の理由で禁止されているネームサーバも多い。そのため、nslookupではできない場合の方が多い。ちなみに、もしできる場合は次の図のような結果になる。**(図32-4)**

あー、ホントに全部のゾーン情報が表示されちゃうんですね。

ま、そうなる。さて今回の説明のnslookupだが、これはどっちかというと表面的なやり取りをそのまま見せているだけだ。
　もうちょっと細かい問い合わせのやり取りを見ることも、nslookupではできる。次回はその方法を説明しよう。ではまた次回。

図32-4　nslookup・3

**lsコマンドにより、ゾーン転送で
やり取りされるゾーン情報を確認できる**

↑ lsコマンドを実施する際は、サーバをゾーン転送するプライマリサーバに変更しておく

```
C:¥>nslookup
Server: ns.3minuniv.ac.jp
Address: 192.168.0.10

> ls -d 3minuniv.ac.jp
[ns.3minuniv.ac.jp]
3minuniv.ac.jp.           SOA   ns.3minuniv.ac.jp root.3minuniv.ac.jp.
 (2009010101 10800 5400 86400 7200)
3minuniv.ac.jp.           NS    ns.3minuniv.ac.jp.
3minuniv.ac.jp.           MX    10  mail.3minuniv.ac.jp.
3minuniv.ac.jp.           MX    15  mail2.3minuniv.ac.jp.
mail                      A     192.168.0.5
mail2                     A     192.168.0.6
www                       A     192.168.0.1
ftp                       CNAME  www
infotec                   NS    ns.infotec.3minuniv.ac.jp.
ns.infotec                A     192.168.10.10
```

↑ lsコマンドのゾーン転送は
AXFRなので、すべてのリソースレコードが表示される

> はいはい。3分間DNS基礎講座でした〜♪

ネット君の今日のポイント

● スタブリゾルバが行う問い合わせを手動で行うツールがnslookup。

● setで設定を変更した問い合わせを行うことができる。

第33回 nslookup（詳細デバックモード）

●nslookup（詳細デバックモード）

🎓 さて、実際にスタブリゾルバの動きを手動でやってみよう、というのがnslookupだったわけだが。普通にnslookupを行うと、問い合わせしたリソースレコードが表示されるだけだったな。

🐱 そうですね。それ以外も表示されるんですか？

🎓 DNSメッセージのところを思い出してもらおう。DNSには、質問・回答・追加セクションなどがある（P152参照）。nslookupを普通に使うと、DNSメッセージの内、質問と回答・追加セクションのところが表示される、と思えばいい。

🐱 DNSメッセージには、他にDNSヘッダと、オーソリティセクションがありますよね。

🎓 そう、その部分だ。DNSヘッダのフラグの内容や、オペレーションコードなどの部分を確認したい場合、通常のnslookupではダメ、だ。そこで使うのが**詳細デバックモード**だ。

🐱 詳細デバックモード？　どんなモードで、どうやって使うんですか？

🎓 setコマンドで、「**set d2**」と行えばいい。これで詳細デバックモードになる。使い方は通常のnslookupと同じだが、応答が異なる。（*1）(図33-1)

(*1) set d2　詳細デバックモードから通常のモードに戻るには、set nod2、set nodebugと2回コマンドを入力する必要がある。

第33回 nslookup（詳細デバックモード）

図33-1　詳細デバックモード

DNSメッセージの詳細を確認できる

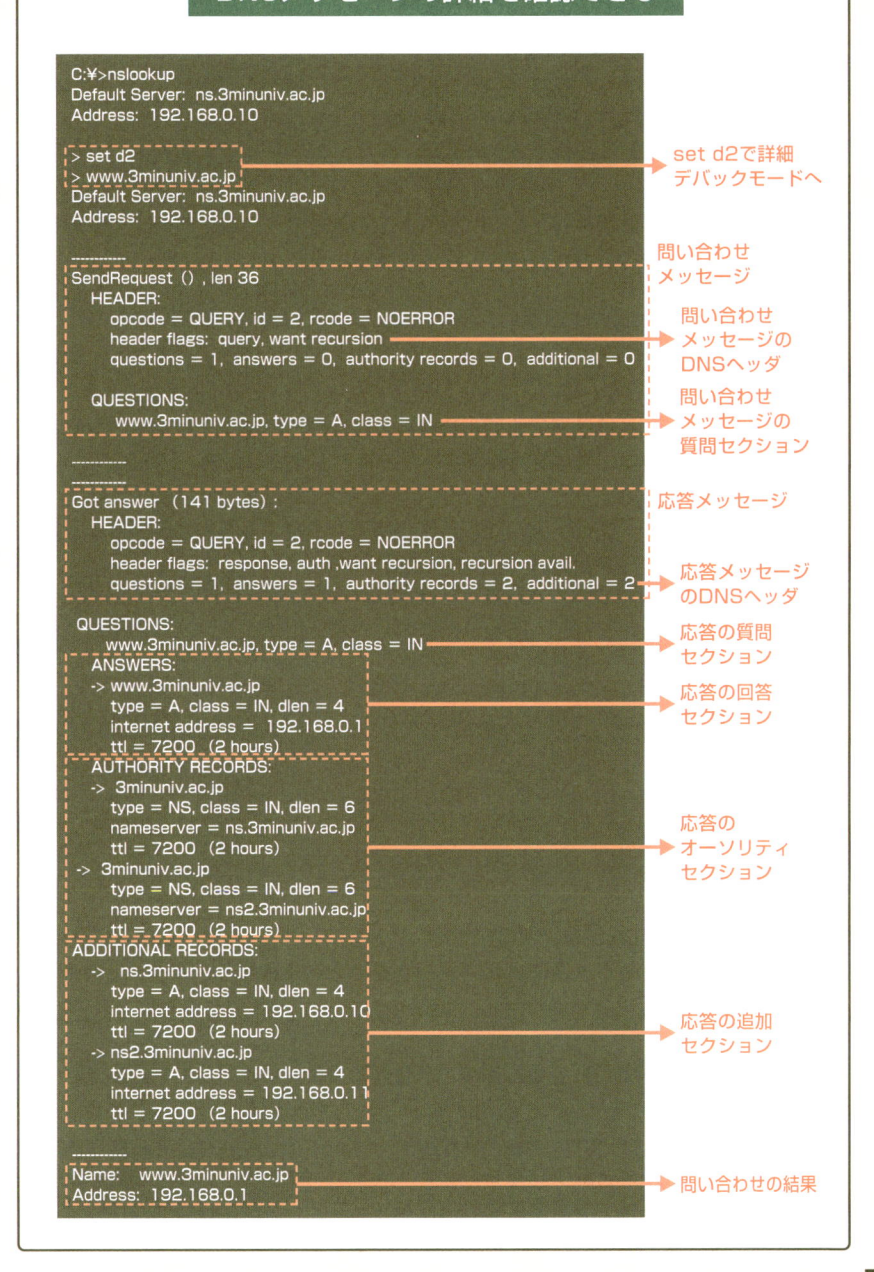

```
C:¥>nslookup
Default Server: ns.3minuniv.ac.jp
Address: 192.168.0.10

> set d2
> www.3minuniv.ac.jp
Default Server: ns.3minuniv.ac.jp
Address: 192.168.0.10

------------
SendRequest () , len 36
  HEADER:
    opcode = QUERY, id = 2, rcode = NOERROR
    header flags: query, want recursion
    questions = 1, answers = 0, authority records = 0, additional = 0

  QUESTIONS:
    www.3minuniv.ac.jp, type = A, class = IN

------------
Got answer (141 bytes) :
  HEADER:
    opcode = QUERY, id = 2, rcode = NOERROR
    header flags: response, auth ,want recursion, recursion avail.
    questions = 1, answers = 1, authority records = 2, additional = 2

  QUESTIONS:
    www.3minuniv.ac.jp, type = A, class = IN
  ANSWERS:
  -> www.3minuniv.ac.jp
    type = A, class = IN, dlen = 4
    internet address = 192.168.0.1
    ttl = 7200 (2 hours)
  AUTHORITY RECORDS:
  -> 3minuniv.ac.jp
    type = NS, class = IN, dlen = 6
    nameserver = ns.3minuniv.ac.jp
    ttl = 7200 (2 hours)
  -> 3minuniv.ac.jp
    type = NS, class = IN, dlen = 6
    nameserver = ns2.3minuniv.ac.jp
    ttl = 7200 (2 hours)
  ADDITIONAL RECORDS:
  -> ns.3minuniv.ac.jp
    type = A, class = IN, dlen = 4
    internet address = 192.168.0.10
    ttl = 7200 (2 hours)
  -> ns2.3minuniv.ac.jp
    type = A, class = IN, dlen = 4
    internet address = 192.168.0.11
    ttl = 7200 (2 hours)

------------
Name:   www.3minuniv.ac.jp
Address: 192.168.0.1
```

- set d2で詳細デバックモードへ
- 問い合わせメッセージ
- 問い合わせメッセージのDNSヘッダ
- 問い合わせメッセージの質問セクション
- 応答メッセージ
- 応答メッセージのDNSヘッダ
- 応答の質問セクション
- 応答の回答セクション
- 応答のオーソリティセクション
- 応答の追加セクション
- 問い合わせの結果

うわわわ、長いっ!! なんかいっぱいでてきましたよ、応答メッセージが。

よ～く見ると、ちゃんと意味がわかる。DNSメッセージのところを見直しながら、順番に上から見ていくといい。

う～ん……この「HEADER」「QUESTIONS」「ANSWERS」「AUTHORITY RECORDS」「ADDITIONAL RECORDS」ってのがそれぞれのセクションですね。

そうだ。特に注目するところはHEADERの部分だ。ここはDNSヘッダの部分で、それぞれの項目がちゃんと表示されている。

ふむふむ～。……いまいちよくわからんッス。

まったく。これは言葉で説明してもなかなか難しいな。それぞれの意味を図にしてみたので、それを見ながらもっとよく考えてみたまえ。(図33-2)

あー、確かに。DNSヘッダの説明であったようなフラグとか、ちゃんと表示されているんですね。へー。すごいや、DNS。

すごいというか。まぁ、当たり前なんだがな。説明したとおりの値になっているのは確認できるだろう?

ええ、確かに。

●DNS・まとめ

さて、今回でDNSの説明はお終いだ。次回からは別のプロトコルの説明をするが、ここでもう一度DNSのポイントをまとめてみよう。まず、**ドメイン名前空間**。

全世界の機器の名前を管理する、木構造ですね。

そう、ドメイン名前空間あってこそのDNSだ、ということをまず理解する必要がある。ドメイン名前空間の構造があって、ドメイン名の検索が可能になる。そして、このドメイン名前空間を管理する**ネームサーバとゾーン**。

第33回 nslookup（詳細デバックモード）

図33-2　DNSヘッダ

詳細デバックモードでは、DNSヘッダの値を確認できる

問い合わせメッセージのDNSヘッダ部分

Opcode（正引き）、id（2）
rcode（エラーなし）

```
SendRequest () , len 36
    HEADER:
      opcode = QUERY, id = 2, rcode = NOERROR
      header flags:  query, want recursion
      questions = 1,  answers = 0,  authority records = 0,  additional = 0
```

フラグの値を表示
query（問い合わせ/応答フラグが問い合わせ）
want recursion（再帰要望フラグが再帰問い合わせ）

応答メッセージのDNSヘッダ部分

Opcode（正引き）、id（2）
rcode（エラーなし）

```
HEADER:
    opcode = QUERY, id = 2, rcode = NOERROR
    header flags:  response, auth ,want recursion, recursion avail.
    questions = 1,  answers = 1,  authority records = 2,  additional = 2
```

フラグの値を表示
response（問い合わせ/応答フラグが応答）
auth（オーソリティ応答フラグがオーソリティあり）
want recursion（再帰要望フラグが再帰問い合わせ）
recursion avail（再帰有効フラグが再帰可能）

🧒 **分散型データベース**でしたっけ。1つのサーバが管理するんじゃなくて、多くのネームサーバがドメイン名前空間を構築しているという。

👨‍🏫 そうだ。それぞれのネームサーバが管理する範囲をゾーンといい、ネームサーバはゾーンに対し**オーソリティを持つ**ということだな。

🧒 でした。「権限」でしたよね。

👨‍🏫 ゾーンの情報は**リソースレコード**という形で表す。あと、ネームサーバにも役割があったよな？

「スタブリゾルバ」「フルサービスリゾルバ」「コンテンツサーバ」、ですね。

そして、**ゾーン転送**。複数台のネームサーバにより障害に対応する。

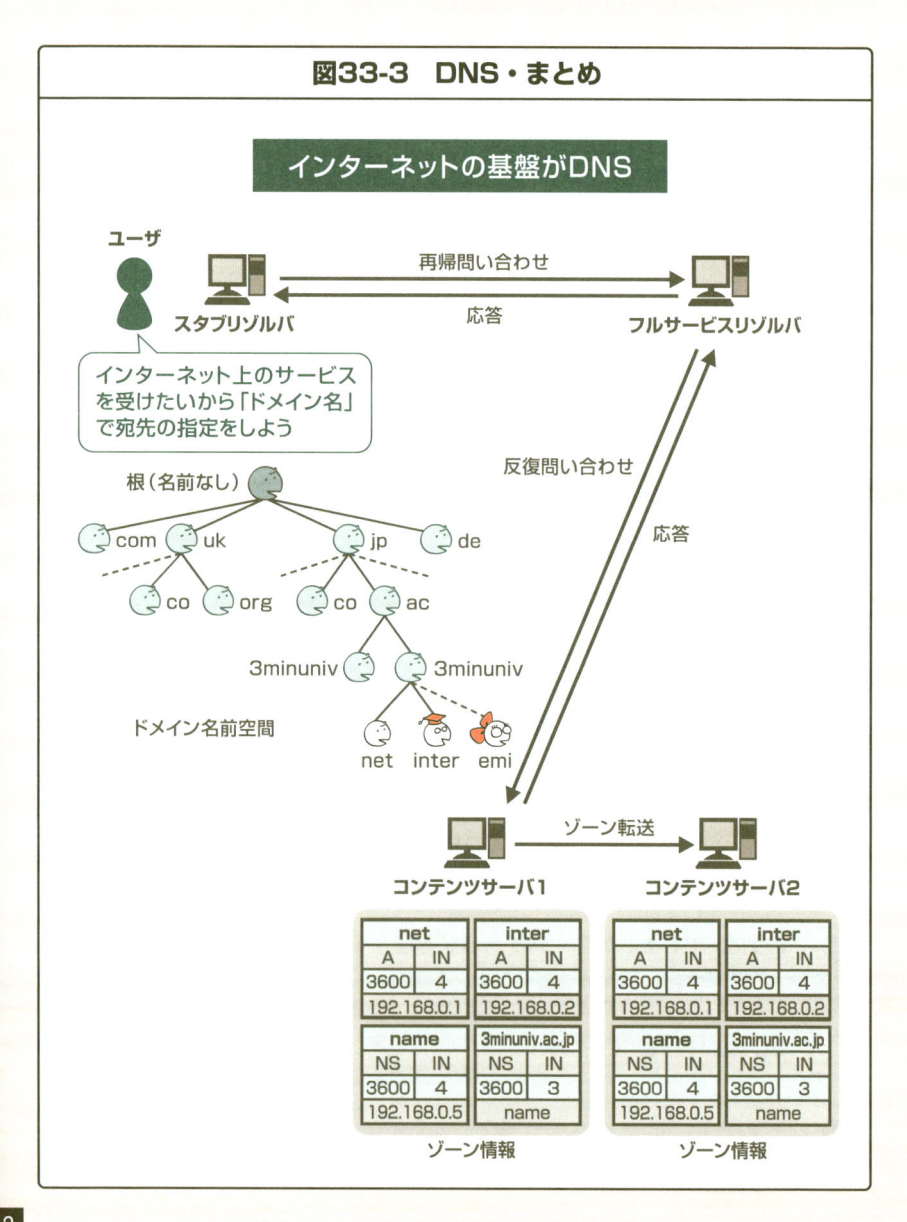

図33-3　DNS・まとめ

インターネットの基盤がDNS

ユーザ → スタブリゾルバ ←再帰問い合わせ／応答→ フルサービスリゾルバ

インターネット上のサービスを受けたいから「ドメイン名」で宛先の指定をしよう

根（名前なし）
- com
- uk — co、org
- jp — co、ac
  - 3minuniv
  - 3minuniv — net、inter、emi
- de

ドメイン名前空間

フルサービスリゾルバ ←反復問い合わせ／応答→ コンテンツサーバ1 ―ゾーン転送→ コンテンツサーバ2

ゾーン情報（コンテンツサーバ1）

net		inter	
A	IN	A	IN
3600	4	3600	4
192.168.0.1		192.168.0.2	

name		3minuniv.ac.jp	
NS	IN	NS	IN
3600	4	3600	3
192.168.0.5		name	

ゾーン情報（コンテンツサーバ2）

net		inter	
A	IN	A	IN
3600	4	3600	4
192.168.0.1		192.168.0.2	

name		3minuniv.ac.jp	
NS	IN	NS	IN
3600	4	3600	3
192.168.0.5		name	

第33回 nslookup（詳細デバックモード）

🐥 ゾーン情報をコピーするんでしたよね。

👨‍🎓 ざっとだが、DNSとはこれらの要素から成り立つシステムだ、ということだ。**(図33-3)**

🐥 了解です。覚えることいっぱいあるなぁ。

👨‍🎓 最後に、くどいようだがもう一度言おう。**DNSこそインターネットの根幹をなすシステム**だ、ということだ。

🐥 インターネットのインフラ、でしたよね。

👨‍🎓 そうだ。DNSこそが**インターネットで最も重要なプロトコル**である。ここから先いろいろなプロトコルを学んでいくと思うが、このことだけは忘れないように。

🐥 はい。肝に銘じときます。

👨‍🎓 では、今回はここまでとしておこう。次回からは別のプロトコルの説明をする。

🐥 はいっ。3分間DNS基礎講座でした〜♪

ネット君の今日のポイント

- ●詳細デバックモードを使うと、DNSメッセージを細かく表示させることができる。
- ●DNSこそがインターネットのインフラで最重要のシステム。

○月○日 ＠ネット君

補講 ④

「DNSとセキュリティ」

こんにちは、おねーさんです。さて、TSIGによるDNSのセキュリティの問題が話題に上がったかと思います。

TSIGは、「ゾーン転送の要求元（セカンダリサーバ）が正しい」、「ゾーン転送の内容が改ざんされていない」ことを証明し、それによりリソースレコードの不正な取得や改ざんを防いでいます。

DNSを使ったセキュリティに対する「攻撃」には、他にもいくつかあります。2つほど例をあげましょう。

1つ目は「DNSキャッシュポイゾニング」と呼ばれるものです。これはTSIGで説明した「ゾーン転送の内容を改ざんして不正なリソースレコードを持たせる」のと同じ攻撃です。違うのは、ゾーン転送ではなく不正なDNS応答を使う、という点です。フルサービスリゾルバ（キャッシュサーバ）は、反復問い合わせにより、DNS問い合わせを行いますが、この問い合わせに対する応答メッセージを偽装して、偽物のレコードをフルサービスリゾルバに受け取らせるという攻撃になります。

これにより、TSIGの説明のところでもありましたが、正しいドメイン名でアクセスしているのに、不正な偽サーバに接続してしまうことが起きちゃうんですね。フルサービスリゾルバのDNSキャッシュを偽レコードで「汚染」するので、「DNSキャッシュポイゾニング」と呼ばれています。キャッシュが汚染されてしまうので、そのフルサービスリゾルバを使うスタブリゾルバは全部影響されちゃうという、結構嫌な攻撃ですね。

もう1つは、「DNS Amp」と呼ばれる「サービス拒否攻撃（Denial of Service：DoS）です。DoSは大量のデータを送りつけるなどして、サーバが正規の要求に対して応答ができない、応答が著しく遅れるなどの状態にしてしまう攻撃です。

これもフルサービスリゾルバに不正なキャッシュを持たせることで行います。RDATAが大きい不正なTXTレコードをキャッシュさせ、攻撃対象になりすましてそのTXTレコードを要求します。そうすると、攻撃対象に大きなサイズのTXTレコードの応答が届いてしまい…、という攻撃ですね。

これらの攻撃には、ちゃんとした対応策をサーバでとることで対処できます。サーバ管理者の方は気をつけましょう。

5章
アプリケーションの基礎
TELNET

第34回 リモートログイン

●TELNETと端末

さて、今まで説明してきたDNSは、「インターネットのインフラ」だった。というのも、ほとんどのネットワークアプリケーションは、DNSを使ってから接続がスタートする。

ですね。インターネットでは宛先の指定にドメイン名を使うのが普通で、それにはDNSによる名前解決が必要です。

うむ。では今回からはDNSを使う側、つまりアプリケーションのプロトコルの話をしよう。ただ、プロトコルといっても数多くある。その中でも大事なものの1つが、今回から説明していく「**リモートログイン**」TELNETだ。

？　そのリモートログインってなんですか？

ふむ。その話をするためには、ちょっと昔話をしよう。そうだな、百万馬力の心優しい科学の子がいたりした頃の話だ。その頃のコンピュータはとんでもなく大きく、部屋の中央に鎮座ましましていたわけだ。

あぁ、空を超えて星の彼方の子ですね。え～っと、なんとなくイメージが湧きます。こう、スーパーコンピュータ！！　って感じでどーんと部屋の中央にそびえ立ってるような。

そう、その巨大なコンピュータの周りに、コンピュータの操作盤がいくつかあるわけだな。モニタとキーボードがあり、コンピュータに直結されて操作と表示ができる機械だ。使いたい人はその前に座り操作する。この機械を**端末**と呼ぶ。(*1)
端末は表示と入力の機能しかなく、使う人々は端末を使ってコンピュータに処理を「要求」し、コンピュータは処理結果を「応答」する。

第34回 リモートログイン

図34-1 端末とログイン

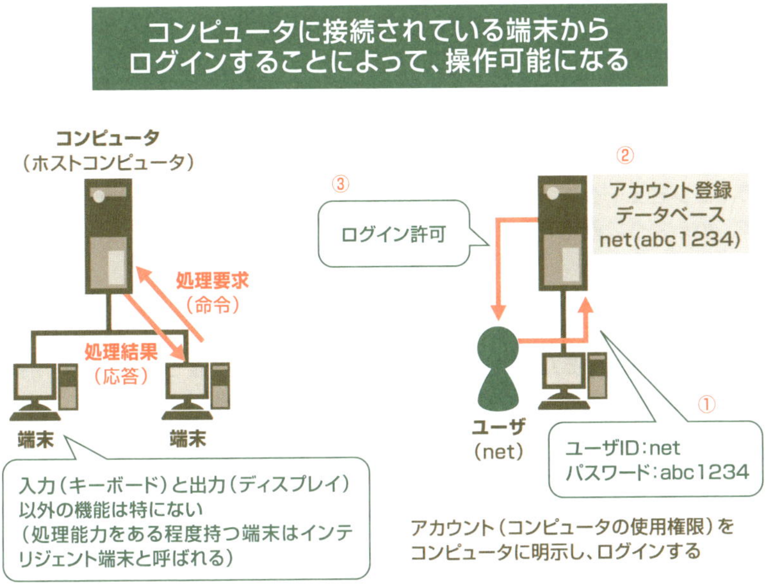

コンピュータに接続されている端末から
ログインすることによって、操作可能になる

コンピュータ
（ホストコンピュータ）

処理要求
（命令）

処理結果
（応答）

端末　端末

入力（キーボード）と出力（ディスプレイ）
以外の機能は特にない
（処理能力をある程度持つ端末はインテ
リジェント端末と呼ばれる）

③ ログイン許可

② アカウント登録
データベース
net(abc1234)

ユーザ
(net)

① ユーザID：net
パスワード：abc1234

アカウント（コンピュータの使用権限）を
コンピュータに明示し、ログインする

🤔 「要求」と「応答」？　なんか聞き覚えがある単語が登場し始めましたね。

🎓 この端末を使ってコンピュータを操作するためには、コンピュータを操作できる権限を持っていなければならない。この権限を**アカウント**と呼び、アカウントを使ってコンピュータを利用可能にする処理のことを**ログイン**と呼ぶ。(*2)(*3)（図34-1）

●仮想端末

🎓 それで、だ。コンピュータと端末は直接つながっているので、操作したい場合はその場にいなければいけない。これは正直面倒くさい。

(*1) 端末［terminal］
(*2) アカウント［Account］
(*3) ログイン［Login］　Windowsでは「ログオン（Logon）」と呼ぶ。反対にコンピュータを使えないようにする処理をログアウト（Logout）、Windowsではログオフ（Logoff）と呼ぶ。

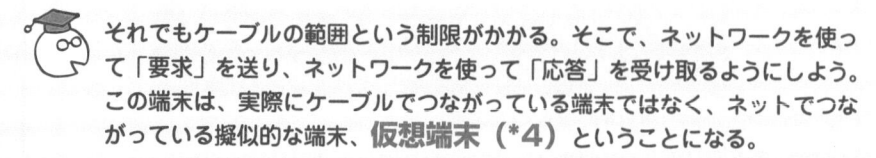

じゃあ、コンピュータと端末をつなぐケーブルをずーっと伸ばせばいいんじゃないですかね。

それでもケーブルの範囲という制限がかかる。そこで、ネットワークを使って「要求」を送り、ネットワークを使って「応答」を受け取るようにしよう。この端末は、実際にケーブルでつながっている端末ではなく、ネットでつながっている擬似的な端末、**仮想端末（*4）**ということになる。

コンピュータにつながっていないけど、ネットを使ってあたかもつながっているようにみえる「仮想端末」ってことですね。

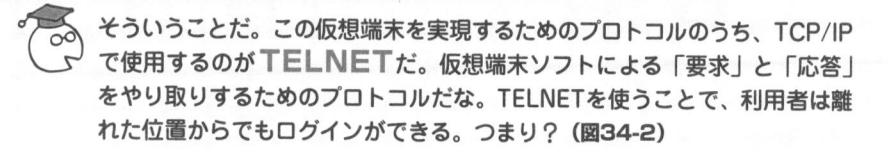

そういうことだ。この仮想端末を実現するためのプロトコルのうち、TCP/IPで使用するのが**TELNET**だ。仮想端末ソフトによる「要求」と「応答」をやり取りするためのプロトコルだな。TELNETを使うことで、利用者は離れた位置からでもログインができる。つまり？（図34-2）

つまり…離れた場所（リモート）からのログインで、「リモートログイン」ってことですね！！

うむ。TELNETでは端末側を「ユーザホスト」、コンピュータの側を「サーバホスト」と呼ぶ。まぁ、素直にクライアントとサーバでもいいけどな。（図34-2）

ふむふむ。で、博士はさっき「大事なものの1つ」っていってましたけど。何故リモートログインが大事なんですか？　古いから？

それは、リモートログインとは何か、ということを考えてみるとわかる。リモートログインとは、クライアント側からの「要求」により、サーバ側が「要求」に応じた「処理」を実施し、「応答」を返す。つまり、**サーバを操作する**ということなのだよ。

サーバを操作する？　ん～、まぁ確かにこっちの要求に応じて何かさせる、っていうことから考えれば確かに「操作」してることになるかな。

....

(*4) 仮想端末［Virtual Terminal］
(*5) リソース［Resource］　資源のこと。ネットワークではデータなどの論理資源、CPUやメモリ、プリンタなどの物理資源のことを指す。

第34回　リモートログイン

図34-2　リモートログイン

距離の離れた場所にある仮想端末から
ネットワークを使ってログインする

コンピュータ
（サーバホスト・サーバ）

仮想端末
サーバソフト

LAN/WAN　　TELNET

仮想端末
クライアント
ソフト

仮想端末
（ユーザホスト・クライアント）

WindowsのTELNETサーバへ、
WindowsのTELNETクライアントでリモートログインした例

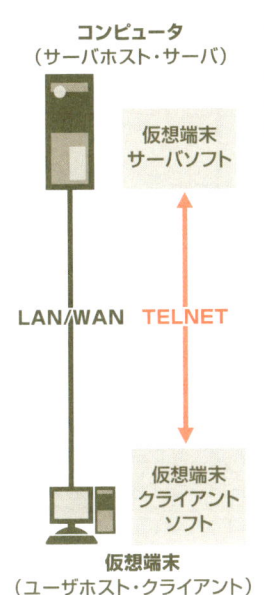

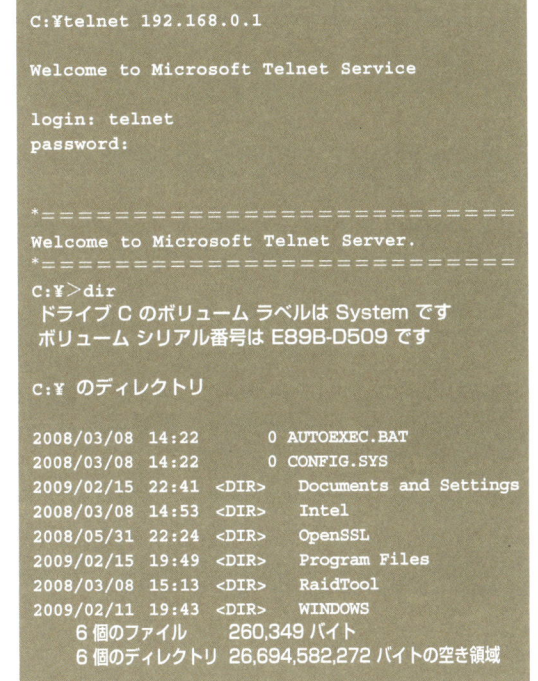

```
C:\telnet 192.168.0.1

Welcome to Microsoft Telnet Service


login: telnet
password:




*===============================
Welcome to Microsoft Telnet Server.
*===============================
C:\>dir
 ドライブ C のボリューム ラベルは System です
 ボリューム シリアル番号は E89B-D509 です

 C:\ のディレクトリ

2008/03/08  14:22                 0 AUTOEXEC.BAT
2008/03/08  14:22                 0 CONFIG.SYS
2009/02/15  22:41    <DIR>          Documents and Settings
2008/03/08  14:53    <DIR>          Intel
2008/05/31  22:24    <DIR>          OpenSSL
2009/02/15  19:49    <DIR>          Program Files
2008/03/08  15:13    <DIR>          RaidTool
2009/02/11  19:43    <DIR>          WINDOWS
               6 個のファイル         260,349 バイト
               6 個のディレクトリ  26,694,582,272 バイトの空き領域
```

🎓 そして、操作によりサーバが処理を行うわけだが、これはどういうことかというと、サーバが持つファイルやら何やらを要求したり、サーバにプログラムを実行させたり、つまりCPUとメモリを使わせたりすることになる。それは**サーバの持つリソースを使用する**ということになる。(*5)

🐱 「操作」することにより、「リソースを使用する」ことになるわけですね。

図34-3 プロトコルの原型

HTTP、FTP、SMTPなど文字ベースのプロトコルのベースとなったプロトコル

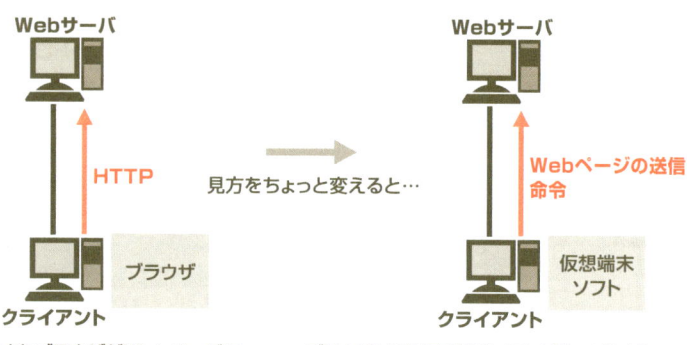

Webサーバ ─ HTTP ─ ブラウザ ─ クライアント

見方をちょっと変えると…

Webサーバ ─ Webページの送信命令 ─ 仮想端末ソフト ─ クライアント

HTTPによりブラウザがWebページを取得する

ブラウザという仮想端末ソフトがサーバに対しWebページの送信命令を行っている

HTTPはWebページの送信命令について、TELNETを専門化したプロトコルであるとも言える

仮想端末ソフト（TELNETクライアント）でWebページ（著者のサイトのホームページ）を取得する

```
C:\telnet www5e.biglobe.ne.jp 80
GET /~aji/index.html HTTP/1.1
Host:www5e.biglobe.ne.jp

HTTP/1.1 200 OK
Age: 0
Date: Sun, 15 Feb 2009 14:07:45 GMT
Content-Length: 5158
Content-Type: text/html
Server: httpd
Last-Modified: Sat, 31 Jan 2009 17:40:58 GMT
ETag: "1415e0a-1426-d2fe1e80"
Via: 1.1 bgcs4412 (NetCache NetApp/5.5R5D2)

<?xml version="1.0" encoding="shift_jis"?>
<!DOCTYPE html PUBLIC "-//W3C//DTD XHTML 1.1//EN" "http://www.w3.org/TR/xhtml11/DTD/xhtml11.dtd">
<html xmlns="http://www.w3.org/1999/xhtml" xml:lang="ja">
<head>
<meta http-equiv="Content-Type" content="text/html; charset=shift_jis" />
<meta http-equiv="Content-Script-Type" content="text/javascript" />
<meta http-equiv="Content-Style-Type" content="text/css" />
<meta name="description" content="Roads to Node ネットワーク講座サイト" />
<meta name="keywords" content="ネットワーク講座, プロトコル, TCP/IP, LAN, 3分間ネットワーキング, 3min Netwroking, 資格情報, CCNA, CCNP" />
<meta name="robots" content="INDEX, FOLLOW" />
<link rel="stylesheet" type="text/css" href="./css/home.css" />
<title>Roads to Node</title>
```

- TELNETクライアントは自動でポート23に接続しに行くのでHTTPの80番を指定する
- ブラウザは自動で命令を作成してくれるが、TELNETクライアントではしてくれないので、手動でHTTPで使われている命令を入力している
- Webサーバから応答が来ている
- Webページの中身

第34回 リモートログイン

> 簡単に言えば、**ネットワークの役割とは物理的に離れた位置にあるリソースを使用することにより、リソースの有効活用を図る**ことにある。

> そういえばそんなことを前著「3分間ネットワーク基礎講座」でおっしゃってましたね（「3分間ネットワーク基礎講座」P23参照）。

> つまり、**TELNETこそネットワークの基本そのもの**なのだよ。ものすごく極論を言えば、**TELNETは多くのアプリケーションのプロトコルの原型**であると言える。

> TELNETは「サーバを操作できる」。よって、「サーバのリソースを活用できる」。「リソースの活用こそがネットワーク」。……確かに、「TELNETこそネットワークの基本そのもの」かもしれませんね。

> そうだ。まぁ、すべてのプロトコルというといいすぎかな。TELNETはレイヤ4でTCPを使い、かつ基本的に転送するデータは文字なので、「TCPで文字を使うアプリケーション」はTELNETが原型になっている、とも言えるな。たとえば、HTTP、FTP、SMTP、POP3などなどだ。(図34-3)

> ははぁ、現在のネットワークの主役である、Web閲覧、ファイル転送、メールの原型ですか。それは確かにすごそうですね。

> では、今回はここまでとしておこう。次回からはそのTELNETを説明する。

> 了解。3分間DNS基礎講座でした〜♪

ネット君の今日のポイント

- 「端末」から「コンピュータ」を操作する。
- ケーブルではなく、ネットワークを使って端末からコンピュータを操作するのがリモートログイン。
- TELNETは多くのアプリケーションのプロトコルの原型。

○月○日 暗中ネット君

第35回 TELNETの基礎

●ネットワーク仮想端末

さて、では実際のTELNETについて話していこう。まず、前回学んだように、「コンピュータ（サーバ）」を操作する機械として「端末（クライアント）」があったわけだな（P216参照）。

はい。それをネットワークでつなげるようにして、「仮想端末」にしたのがリモートログインで、そのためのプロトコルがTELNET、でしたね。

うむうむ。そのTELNETで使うソフトウェア、つまりTELNETサーバソフトとTELNETクライアントソフトだが。これはもともとの「コンピュータ‐端末」間のやり取りを実現するためのソフトだ。

えっと、もともとの「コンピュータ‐端末」ってのは、あれですよね。端末側にキーボードとディスプレイがあって、ケーブルでコンピュータにつながって、入出力を行うってことですよね。

そう。つまり、もともと端末側にはなにもない。あるのは入出力機器とその信号のやり取りを制御する機械だけだ。しかし現在、TELNETを行う側はオペレーティングシステムを持つ普通のコンピュータだ。なので、普通のコンピュータが**端末と同じことを行えるようにエミュレートするためのソフト**がTELNETクライアントソフト、ということになる。これを**端末エミュレータ**と呼ぶ。(*1)

端末エミュレータ。「コンピュータ‐端末」でやり取りする信号を模倣（エミュレート）するためのソフトウェアってことですね。

そういうことだ。端末エミュレータが模倣するために何をするかというと、昔実際に存在した端末の仕様を模倣する。わかりやすく言えば、**端末エミュレータはソフトウェア上で昔の端末を動作させている**、ということだ。よく使われているのはVT100と呼ばれる端末だな。

第35回　TELNETの基礎

🐱 VT100っていう昔の端末をエミュレートする、と。

🎓 そうだ。このソフトウェア上で動いている端末を**ネットワーク仮想端末（NVT）**と呼ぶ。一方、サーバでもおなじように昔のコンピュータをソフトウェア上で仮想的に動作させている。NVTとサーバ上の仮想コンピュータは「コンピュータ‐端末」の関係にある。よって？（*2）

🐱 よって、NVTで仮想コンピュータに要求を出したり、応答を受け取って表示できたりする？

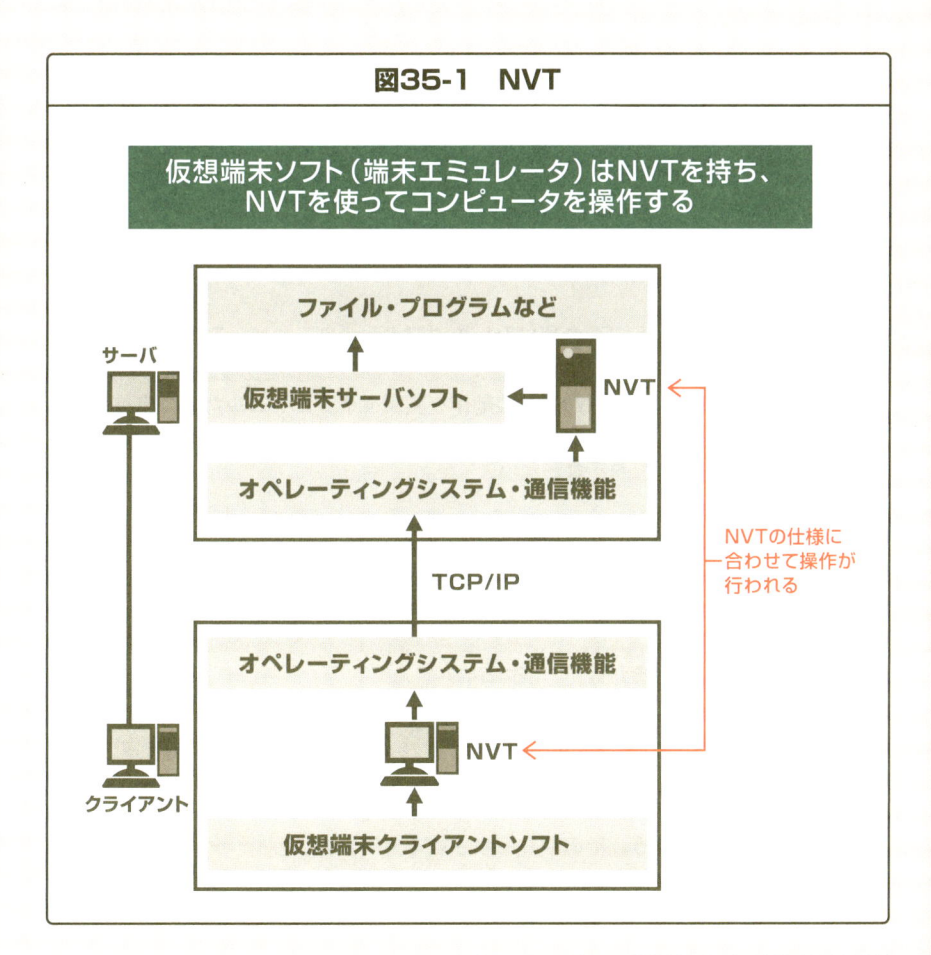

図35-1　NVT

仮想端末ソフト（端末エミュレータ）はNVTを持ち、NVTを使ってコンピュータを操作する

サーバ
ファイル・プログラムなど
仮想端末サーバソフト ← NVT
オペレーティングシステム・通信機能

TCP/IP

クライアント
オペレーティングシステム・通信機能
NVT
仮想端末クライアントソフト

NVTの仕様に合わせて操作が行われる

・・
（*1）エミュレータ［Emulator］　動作を模倣するソフトのこと。
（*2）ネットワーク仮想端末［Network Virtual Terminal］

そうなる。実際のパソコンで端末エミュレータを操作する。その操作にしたがって、端末エミュレータ上のNVTが動く。NVTが、端末が動くということはコンピュータに要求が出されるということだ。要求が出されたサーバ上の仮想コンピュータはそれを処理する。処理といっても仮想コンピュータは実体がないので、サーバの持つリソースを使う。

実際のサーバ上のファイルとかプログラムとかを使って処理を行うんですね。

そう、仮想コンピュータが実際のサーバのリソースをサーバ側のTELNETサーバソフトで使えるようにしているわけだな。これでクライアントソフトとサーバソフトが「要求」と「応答」を行えるようになるわけだ。ただ、間にネットワークがはさまっているので、TCP/IPがそのやり取りを運ぶ、ということになる。(図35-1)

このようにNVTを使ってサーバを操作することから、TELNETは「ネットワーク仮想端末」プロトコルとも呼ばれたりする。

●TELNETのやり取り

さて、実際のTELNETのやり取りの説明をしよう。まず、TELNETは**TCP**を使い、リモートログインでは**ポート番号23番**を使う。

そして、TELNETは「端末」の動作を実現するプロトコルだ。つまり、クライアントはキーボードから入力された文字を送り、サーバはその出力結果を送る。それだけしか行なわない。

なんともシンプルですね。

よって、**ヘッダもなにもない。暗号化とかもしない。**やり取りする文字と記号を送るだけだ。(図35-2)

はー、キーボードで1文字入力すると、その1文字を送るんですね。いかにもキーボードから入力しましたという感じですね。

うむ、そうだろう。そのやり取りされる文字だが、**NVT-ASCII**という文字コードが使用される。これはASCIIと同じものだ。つまり英数字記号を表わすビットコードだ。(*3)

NVT-ASCII、と。でも、ASCII以外の文字コードを使っている場合はどうなるんですか？

第35回　TELNETの基礎

図35-2　TELNETのやり取り

入力された文字・記号と、その処理結果のみを送る

リモートログインの開始

①TELNETはTCPを使用するので、まずスリーウェイハンドシェイクを行う

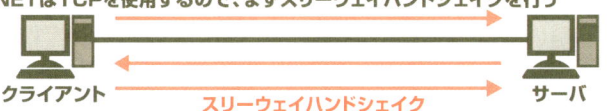

クライアント　スリーウェイハンドシェイク　サーバ

②TELNETサーバはアカウントの確認のため、ユーザIDとパスワードの入力を要求する

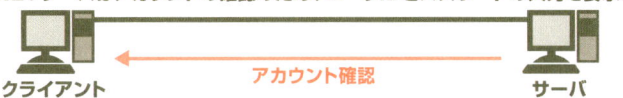

クライアント　アカウント確認　サーバ

③ユーザIDとパスワードを送信し、ログインする

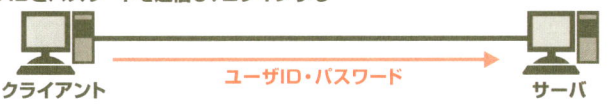

クライアント　ユーザID・パスワード　サーバ

TELNETで送信される実際のデータ

①TELNETクライアント側から送信されるデータは、基本的にキーボードでの入力をそのまま一文字ずつ送信する

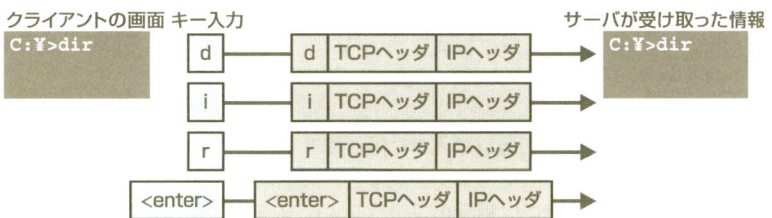

クライアント　　　　　サーバ

クライアントの画面　キー入力　　　　　　　　　　サーバが受け取った情報
C:¥>dir

d	→	d	TCPヘッダ	IPヘッダ	→	C:¥>dir
i	→	i	TCPヘッダ	IPヘッダ	→	
r	→	r	TCPヘッダ	IPヘッダ	→	
<enter>	→	<enter>	TCPヘッダ	IPヘッダ	→	

←データには1文字分だけ。それ以外はなにもなし

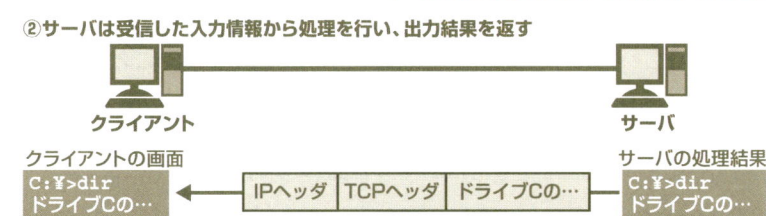

②サーバは受信した入力情報から処理を行い、出力結果を返す

クライアント　　　　　サーバ

クライアントの画面　　　　　　　　　　　　　　　サーバの処理結果
C:¥>dir
ドライブCの…　　← IPヘッダ｜TCPヘッダ｜ドライブCの…　　C:¥>dir
　　　　　　　　　　　　　　　　　　　　　　　　ドライブCの…

図35-3 英語文字コードでのNVT

NVTを間に挟むことによって、クライアント・サーバ間の差異が吸収される

クライアント（英語文字コードASCII）
① 入力はASCIIコードで行われた
入力：ABC（ASCIIコード）
仮想端末クライアントソフト
② 仮想端末ソフトがNVT-ASCIIに変換
ABC（NVT-ASCII）
NVT
ABC（NVT-ASCII）
③ NVT間の通信はNVT-ASCIIで行われる
④ 仮想端末ソフトにNVT-ASCIIで渡す
NVT
ABC（NVT-ASCII）
仮想端末サーバソフト
⑤ 仮想端末ソフトがEBCDICに変換
ABC（EBCDICコード）
サーバ（英語文字コードEBCDIC※）

※EBCDIC…IBMの汎用機などで使われている文字コード。エビシディックと読む

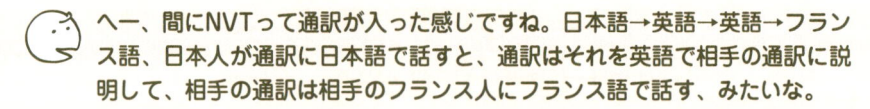

クライアント側で入力された英数字は、端末エミュレータでNVT-ASCIIに変換される。それを受け取ったサーバは、サーバで使用している英数字の文字コード（例ではEBCDIC）に直す。**(図35-3)**

へー、間にNVTって通訳が入った感じですね。日本語→英語→英語→フランス語、日本人が通訳に日本語で話すと、通訳はそれを英語で相手の通訳に説明して、相手の通訳は相手のフランス人にフランス語で話す、みたいな。

なかなかわかりやすい例だな。その通訳がNVTだな。つまり、**サーバとクライアント間の差異をTELNETで吸収している**ことになる。

(*3) ASCII〔American Standard Code for Information Interchange〕 通信でもっともよく使われる文字コード。英数字記号、制御文字などを符号化したもの。読みは「アスキー」。
(*4) クリアテキスト〔ClearText〕 暗号化されていない文字列のこと。「平文（ひらぶん）」とも言う。

第35回 TELNETの基礎

🙂 ははぁ、NVTを間に挟むことにより、サーバとクライアントで仕様に違いがあっても大丈夫ってことですね。便利ですねぇ。

🧑‍🎓 だが、欠点もある。それは**文字・記号をそのまま送る**という点だ。通常、リモートログインでは、まず最初にアカウントを確認する。つまりユーザIDとパスワードのやり取りが必要ということだが、これがそのまま送られてしまう。

🙂 ってことは、ユーザIDとかパスワードとかが盗聴できちゃう、ってことですよね。

🧑‍🎓 うむ。それ以外にも出力結果などすべてそのまま、暗号化されていない**クリアテキスト**で送られてしまう。そこが欠点だな。(*4)

🙂 なるほど。そこらへんは古いプロトコルって感じですね。セキュリティリスクを考慮してないというか。

🧑‍🎓 ま、確かに初期のプロトコルはセキュリティと無縁だったりするからな。さて、今回はここまでとしておこう。

🙂 はいなー。3分間DNS基礎講座でした～♪

ネット君の今日のポイント

- **TELNETは、「端末」と同じ動作をする端末エミュレータを使い、エミュレートする端末をNVTと呼ぶ。**
- **TELNETはNVT－ASCIIで文字・記号を送る。**
- **NVTによりクライアント・サーバ間の差異を吸収する。**

○月○日 曇 ネット君

第36回 TELNETの制御

●NVT制御文字

NVT-ASCIIで文字・記号を送るTELNETだが。ここでちょっと考えなければならないことがある。それは、ネット君が操作すると、コマンドを必ず間違えるということだ。

いきなり決めつけましたね。ま、まぁ、確かにちょっと間違うことがあるかな、みたいな。

もうちょっと自分というものをわかった方がいいぞ、ネット君。たとえばネット君が、クライアント側でサーバに対し、そうだなWindowsで「dir」を送ろうと思ったとする。

「dir」は、Windowsではカレントディレクトリの内容表示でしたね。

うむ。で、ネット君だから、「dir」を打とうと思って指がずれて「die」になった。死んでどうする、という感じだが、まぁ、打ってしまったものはしょうがない。TELNETでは「d」「i」「e」と1文字ずつ送信された。どうする？

どうするって、そりゃ間違えたんですからバックスペースを押して、「e」を消して、「r」を打ち直します。

だが、TELNETで「d」「i」「e」と送った後に、バックスペースを押して「r」を打った。その時にはサーバ側にすでに「die」は届いてしまっている。どうする？

ん〜、バックスペースを押したことを伝えて、届いた「die」の最後の文字である「e」を消してもらわないといけませんね。

第36回 TELNETの制御

図36-1 NVT-ASCIIの制御文字

キーボードの文字以外のキー入力を伝えるための特殊な文字

①TELNETクライアントから1文字ずつ送信されるが、文字を間違えてしまった場合。

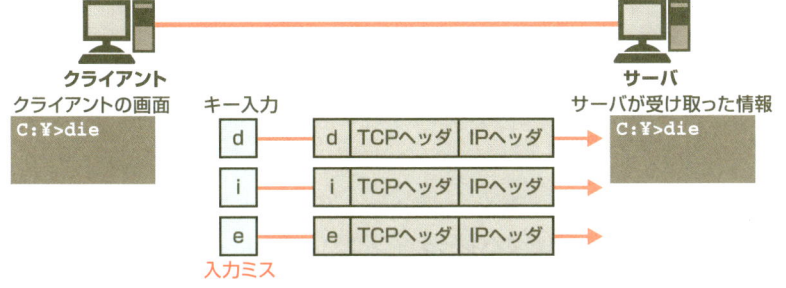

クライアント
クライアントの画面
`C:¥>die`

キー入力: d, i, e（入力ミス）

各文字が [文字][TCPヘッダ][IPヘッダ] として送信される

サーバ
サーバが受け取った情報
`C:¥>die`

②クライアントはバックスペースキーを押すので、それをサーバに伝える

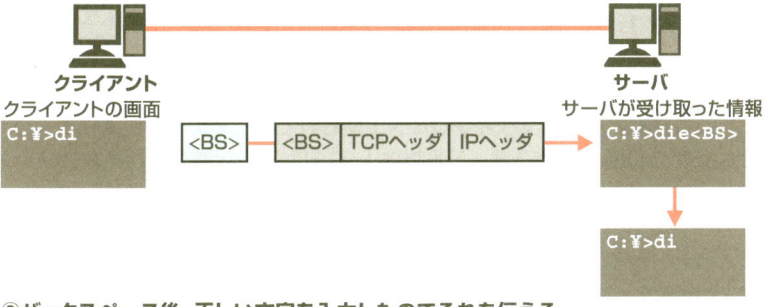

クライアント
クライアントの画面
`C:¥>di`

キー入力: `<BS>` → [<BS>][TCPヘッダ][IPヘッダ]

サーバ
サーバが受け取った情報
`C:¥>die<BS>`
↓
`C:¥>di`

③バックスペース後、正しい文字を入力したのでそれを伝える

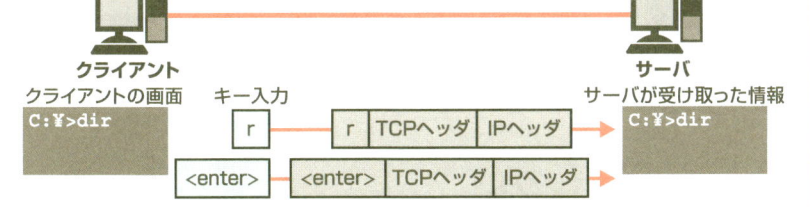

クライアント
クライアントの画面
`C:¥>dir`

キー入力: r → [r][TCPヘッダ][IPヘッダ]
`<enter>` → [<enter>][TCPヘッダ][IPヘッダ]

サーバ
サーバが受け取った情報
`C:¥>dir`

NVT制御文字

コード(16進数)	名前	意味	コード(16進数)	名前	意味
0x00	NULL	ヌル（何もない文字）文字	0x0A	LF	改行（ラインフィード）
0x07	BEL	ベル（音を鳴らす）文字	0x0B	VT	垂直タブ
0x08	BS	バックスペース文字	0x0C	FF	改ページ（フォームフィード）
0x09	HT	水平タブ	0x0D	CR	行頭復帰（キャリッジリターン）

うむうむ、その通り。つまり**文字以外のバックスペースなどの制御も送る必要がある**ということだ。キーボードには文字以外のキーもある。それを送れるようにしないと、ネット君が困る。

名指しですか。まぁ、確かに困ります。

そこで、ASCIIには、文字・記号以外の、「制御」に使う「制御文字」が用意されている。これを使う。**(図36-1)**

たとえば、さっきの例のバックスペースだと、16進数で0x08「BS」ですね。これを送る、と。

そういうことだな。あと、制御文字のポイントは「改行」だ。0x0A「LF」がそれだが、これがオペレーティングシステムによって扱いが違う。0x0D「CR」も使われる。

CR？　行頭復帰、ですか？　CRってどういう意味ですか？　それと扱いが違うって？

これはもともと英文タイプライタで使われていたもので、正式には「LF」は文字の位置は変わらず「行を送る」。CRは「行の先頭まで戻る」だ。OSによってどう違うか、ということを図にしてみた。**(図36-2)**

うわ、ややこしいですね。「CRLF」で改行がWindows、「LF」で改行がLinux/Unix/Mac OS、「CR」で改行が旧Mac OS。

うむ。なので、端末エミュレータの方で、改行が入力された場合どれを送るか、ということを設定しておかなければならない。まぁ、旧Mac OSを除けば、「CRLF」を送っておけば大丈夫なんだがな。

●TELNET制御コマンド

キーボードからの入力による制御は、NVT制御文字を使って行うということだった。そして、これ以外にも**TELNETによりNVTを制御する機能**がある。

NVTを制御する機能？　でもNVTってVT100でしたっけ、それの仕様を使うんじゃないんですか？

第36回　TELNETの制御

🎓 もちろんそうだ。だが、それ以外の、ネットワークでVT100を扱うための機能や、追加機能が必要な場合がある。そのためにTELNETでは**制御コマンド**を送る。

🐟 ははぁ、制御コマンドですか。どんなものがあるんですか？

🎓 まず、制御コマンドの送り方を説明する。たとえば「AYT」という制御コマンドがある。これは相手の生存を確認するためのコマンドで、これを受け取った側は送信側になんらかの返答を返す。「Are You There？」で「AYT」だ。

🐟 Are You There？　あなたはそこにいますか、ですか。「Are You There？」って聞かれた側はなんらかの回答を返す。「あなたはそこにいますか？」って聞かれたからなにか答えなきゃってことですか？

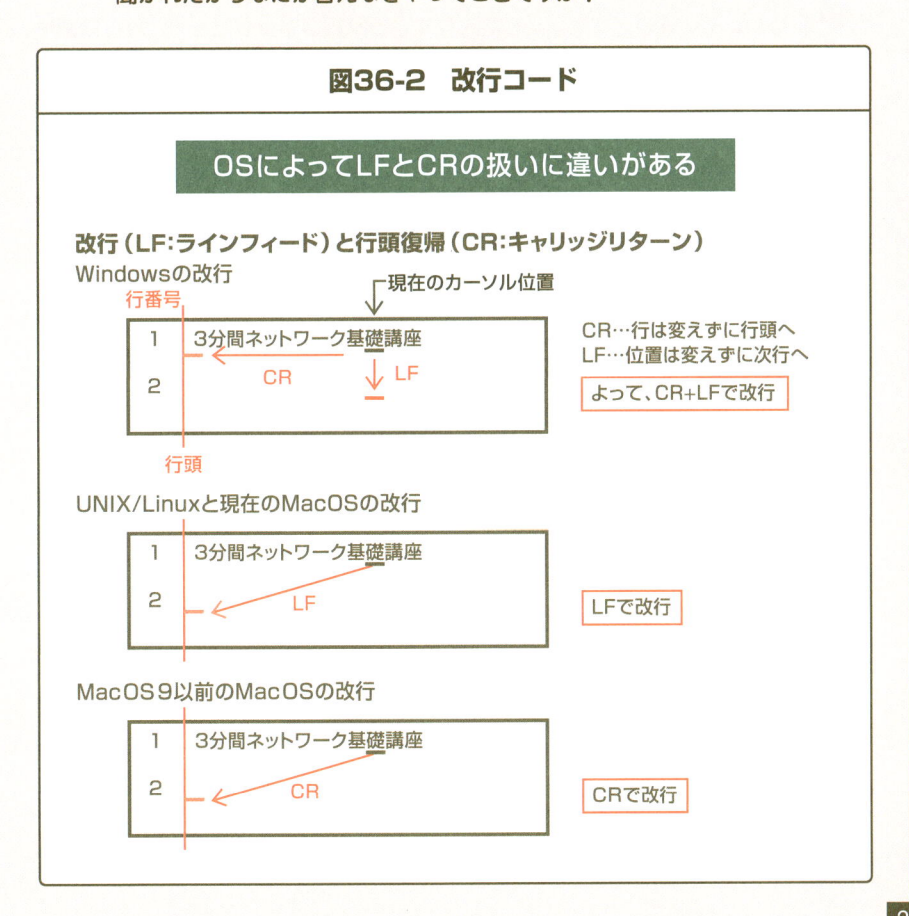

図36-2　改行コード

OSによってLFとCRの扱いに違いがある

改行（LF：ラインフィード）と行頭復帰（CR：キャリッジリターン）

Windowsの改行

```
行番号       現在のカーソル位置
  1  3分間ネットワーク基礎講座
         CR       LF
  2
     行頭
```

CR…行は変えずに行頭へ
LF…位置は変えずに次行へ

よって、CR+LFで改行

UNIX/Linuxと現在のMacOSの改行

```
  1  3分間ネットワーク基礎講座
  2       LF
```

LFで改行

MacOS 9以前のMacOSの改行

```
  1  3分間ネットワーク基礎講座
  2       CR
```

CRで改行

🎓 そう、それで相手の生存確認ができるわけだな。だが、いきなり「AYT」のコマンドを送っても、文字だと判断されてしまう可能性がある。制御コマンドの「AYT」と文字を区別しなければならない。そこで、**エスケープシーケンス**を使う。(*1)

🐧 エスケープシーケンス？

🎓 うむ。NVT-ASCIIでは文字として使用しない、0xFFのビット列だ。これをTELNETでは「IAC（Interpret as Command）」と呼ぶ。これがある文字列は、文字ではなく制御コマンドとして扱うわけだ。

🐧 Interpret As Command、コマンドとして解釈する。IACがある文字列は、コマンドとして扱ってくださいってお願いするわけですね。

🎓 うむ、その通り。さて、IACを入れて送る制御コマンドだが、これには簡単に分類すると「制御」と「オプション」の2種類がある。「オプション」は次回説明するので、今回は「制御」だ。制御コマンドでは、NVTの制御文字では実現できないような制御を行う。

🐧 NVTの制御文字には、バックスペースとかタブとかがありましたよね（P229参照）。制御コマンドでは何ができるんですか？

🎓 バックスペースは1文字削除だが、そうではなく「1行削除」を行ったり、出力を停止させたり、割り込んだりといったことができる。さっき説明したAYTもその1つだ。代表的なものを表にしておいた。**(図36-3)**

🐧 ははぁ、確かにNVTの制御文字ではできないことばっかりですね。

🎓 うむ。ともかく、IACによる制御コマンドの送信ということは覚えておくように。次回のオプションでもこれはでてくるからな。

🐧 あい、了解ですよ。

🎓 じゃあ、今回はここまで。また次回。

(*1) エスケープシーケンス [Escape Sequence]　通常の処理以外のことを行わせるために使う特殊コード。たとえば、HTMLでは「<」はタグの開始を表わす記号として処理されてしまう。そのため「<」を表示したい場合は「<」と入力する。この「&」がエスケープシーケンス。

第36回 TELNETの制御

はいなー。3分間DNS基礎講座でした〜♪

図36-3 制御コード

特別な制御をおこなうため、IACをつけてコードを送信する

制御コードの送り方
例：AYTを送る場合、IAC（コード0xFF）をつけて、AYT（コード0xF6）を送る

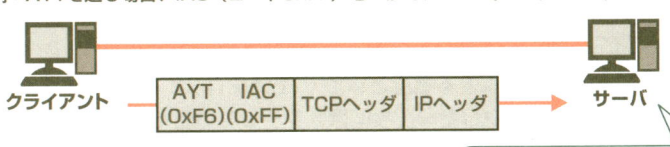

クライアント → [AYT IAC (0xF6)(0xFF)] [TCPヘッダ] [IPヘッダ] → サーバ

データの先頭にIACがあるので文字ではなくコマンドとして扱う

代表的な制御コード

コード（16進数）	名前	意味
0xF3	Break (BRK)	ブレーク信号
0xF4	Interrupt Proccess (IP)	プロセス中断。停止・割り込みの最初に送る
0xF5	Abort Output (AO)	出力停止
0xF6	Are You There (AYT)	相手確認
0xF7	Erase Character (EC)	文字消去。直前の1文字を削除
0xF8	Erase Line (EL)	行消去。行ごと削除する
0xF9	Go Ahead (GA)	送信要求。送信が終了したことを示す
0xFF	Interpret As Command (IAC)	エスケープシーケンス

（ネット君の今日のポイント）

- キーボードからの文字の入力以外のキー入力をNVT制御文字で送る。
- TELNETは制御機能を持ち、「制御」と「オプション」がある。
- 制御コマンドはエスケープシーケンスのIACをつけて送る。

○月○日
日直 ネット君

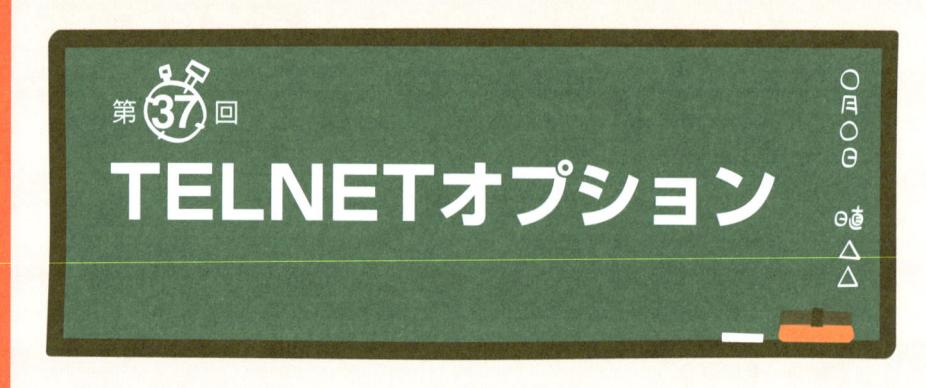

第37回 TELNETオプション

●オプション交渉

さてさて。NVTを制御する機能として、TELNETには「制御」と「オプション」があるという話をしたな。今回はオプションの話だ。簡単に言えば、オプションは**NVTでのやり取りの設定変更**だ。

NVTでのやり取りの設定の変更？　どんな設定を変更できるんですか？

それについては先で話すとして、まず、設定を変更するために**NVT間でオプション交渉**を行う。どのオプションが使えるかをNVT同士で交渉し、使うオプションを決定するわけだ。

え〜っと、「このオプション使える？」「使えるよ」みたいなやり取りですか？

ま、その解釈でいい。ここで使うのが制御コマンドの「WILL」「WON'T」「DO」「DON'T」だ。(図37-1)

相手に使わせる「DO」、自分が使いたい「WILL」、相手に使わせない「DON'T」、無効を宣言する「WON'T」？

そうだ。それに対し、「DO」なら「WILL」、「WILL」なら「DO」を返す。できないなら「WON'T」「DON'T」だな。基本的にオプションを自分が使いたいのが「WILL」、相手に使わせたいのが「DO」と覚えておくとよい。

なるほど。「使いたいんだけど（WILL）」に対する返事が「どうぞ使ってください（DO）」になるわけですね。あ、でも「WON'T」と「DON'T」には「DO」「WILL」はないんですね。

図37-1 オプション交渉

NVTが使用するオプションを決定するため、NVT間で交渉する

代表的なオプション

コード（16進数）	名前	意味
0x01	ECHO	リモートエコー
0x03	Suppress Go Ahead	Go Ahead 抑制
0x18	Terminal Type	ターミナルタイプの変更
0x22	Line Mode	ラインモード

オプション交渉に使用する制御コード

コード（16進数）	名前	意味
0xFB	WILL	オプションの使用を宣言する
0xFC	WON'T	オプションの無効化を宣言する
0xFD	DO	オプションの使用を要求する
0xFE	DON'T	オプションの無効化を要求する
0xFA	Sub-negotiation Begin (SB)	オプションの詳細な値を交渉する二次交渉の開始
0xF0	Sub-negotiation End (SE)	二次交渉の終了

IACの後ろに交渉用コードと使用したいオプションのコードを入れて送信する。それに対し受信側はその返答を送信する

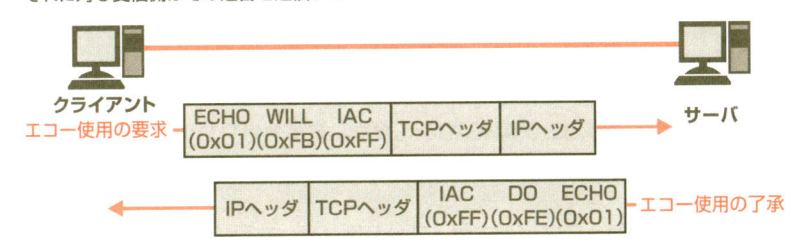

クライアント
エコー使用の要求
ECHO WILL IAC (0x01)(0xFB)(0xFF) | TCPヘッダ | IPヘッダ → サーバ

← IPヘッダ | TCPヘッダ | IAC DO ECHO (0xFF)(0xFE)(0x01) エコー使用の了承

オプション交渉の組み合わせ

送信側		受信側		結果
オプションの使用を宣言	WILL	使用を了承	DO	使用
		使用を了承しない	DON'T	無効
オプションの使用を要求	DO	使用する	WILL	使用
		使用しない	WON'T	無効
オプションの無効化を宣言	WON'T	了承する	DON'T	無効
オプションの無効化を要求	DON'T	無効にする	WON'T	無効

無効化の宣言、無効化の強制に対する拒否はできないことになっている。

●TELNETオプション

さて、このTELNETオプションだが。代表的なものを説明していこう。まず、「SUPPRESS GO AHEAD」。これは制御コマンドの「GO AHEAD」を使わないというオプションだ。「GO AHEAD」は自分の送信が終わった後に送る制御コマンドだ。「自分の通信は終わりました。次はあなたの番です、どうぞ？」だ。

……トランシーバーでの通信みたいですね。こちらが話したいことを言い終わったら「どうぞ」をつける。

そう、トランシーバーでの通信、つまり**半二重通信**で使う制御コマンドだ。だが、TELNETが使うTCPは**全二重通信**ができる。よって、わざわざ送信と受信を切り替える必要はない。(*1)

じゃあ、意味がない制御コマンドじゃないですか？

うむ。よって、TELNETでは一番最初、データをやり取りする前に「WILL SUPPRESS GO AHEAD」、GO AHEAD抑制オプションを送る。受け取った側は「DO SUPPRESS GO AHEAD」を返す。これでGO AHEADを使わなくなる。

だったら最初からGO AHEADなんかなしにすればいいのに。

まぁ、端末時代の名残だと思っていればいい。次が「ECHO」、エコーだ。現在のコンピュータはGUIで、「キーボードから入力したものが表示される」のが普通だ。だが、CUIなどはそうではない。

…キーボードから入力したものが表示されないんですか？　それってなんか変ですね。

(*1) 半二重通信・全二重通信［Half-Duplex］［Full-Duplex］　送信・受信の片方しか行えないのが半二重通信。同時に行えるのが全二重通信。

第37回　TELNETオプション

🎓 表示されるためには**表示がエコーされる**必要がある。これには**リモートエコー**と**ローカルエコー**がある。（図37-2）

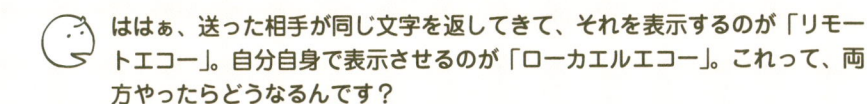

🐤 ははぁ、送った相手が同じ文字を返してきて、それを表示するのが「リモートエコー」。自分自身で表示させるのが「ローカエルエコー」。これって、両方やったらどうなるんです？

🎓 1回のキー入力で2文字表示される。通常はリモートエコーを使うのがデフォルトだが、そのための交渉が「ECHO」オプションだな。さて、オプション3つ目が「LINE MODE」、ラインモードだ。通常TELNETでは1文字1文字送るわけだが、正直これは効率がいいとは言えない。NVT－ASCIIは1文字1オクテットだ。

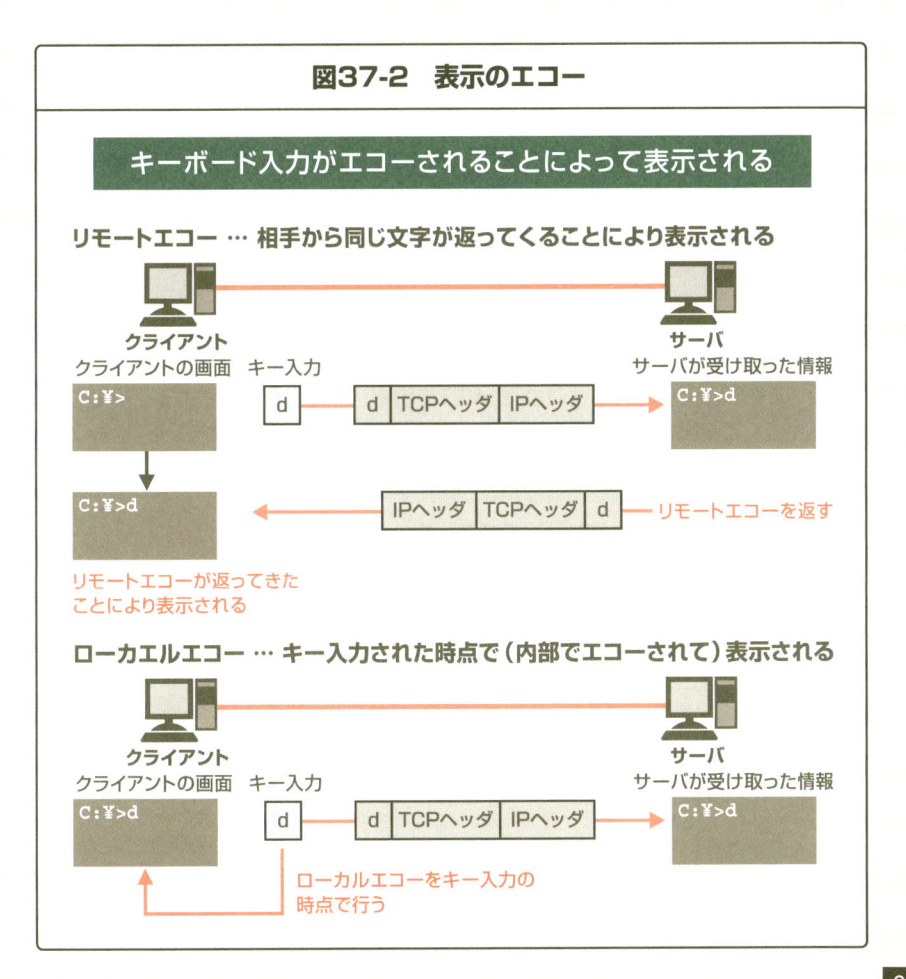

図37-2　表示のエコー

キーボード入力がエコーされることによって表示される

リモートエコー … 相手から同じ文字が返ってくることにより表示される

クライアント　　　　　　　　　　　　　　サーバ
クライアントの画面　キー入力　　　　　　　サーバが受け取った情報

C:¥>　　　　　　　d　→　d｜TCPヘッダ｜IPヘッダ　→　C:¥>d

C:¥>d　　←　IPヘッダ｜TCPヘッダ｜d　── リモートエコーを返す

リモートエコーが返ってきたことにより表示される

ローカエルエコー … キー入力された時点で（内部でエコーされて）表示される

クライアント　　　　　　　　　　　　　　サーバ
クライアントの画面　キー入力　　　　　　　サーバが受け取った情報

C:¥>d　　　　　d　→　d｜TCPヘッダ｜IPヘッダ　→　C:¥>d

ローカルエコーをキー入力の時点で行う

えっと、文字1オクテット、TCPとIPヘッダが20オクテット、イーサネットだとするとイーサヘッダ・トレーラが18オクテット。トータル59オクテットで、**64オクテット未満**だから1文字送ると64オクテット。データ量が1/64とはなんとも効率が悪いですね。**(*2)**

なので、1行分入力してから送るようにするのが、ラインモードだ。ラインモードでは文字を入力し、改行キーが押されると1行と判断し、その分が送信される。この場合ローカルエコーが必須で、リモートエコーは禁止にされる。

え？　あ、あぁ、そうか。ローカルエコーがないと、文字を打っても表示されないから1行分打つのは大変ですよね。リモートエコーは送った文字が返ってきてから表示されるから、1行分送らないと表示されないし。

そういうことだ。まぁ効率のよいモードなので、これが使えるTELNETクライアントソフトは多い。さて、最後に「TERMINAL TYPE」オプションを説明しよう。通常、NVTではVT100が標準と説明したが、別のNVTを使えるなら使ってもよい。例えば、VT100の一個前のVT52とかだな。そこで相手側に使用できるＮＶＴの種類を聞き、使用するＮＶＴを交渉するのがTERMINAL TYPEだ。**(図37-3)**

なるほど、TELNETって結構いろいろできるんですね。

そうだな。さて、TELNETはこれでお終いにしよう。これから別のプロトコルを学んでいく時も、このTELNETで説明したことがちょこちょこでてくる。古くて単純だからといっても、やはり基礎となった重要なプロトコル、ということだ。

すべてのアプリケーションのプロトコルの原型、でしたっけ。

そういうことだ。では、また次回。

あいあい。3分間DNS基礎講座でした〜♪

(*2) 64オクテット未満　イーサネットの最少フレームサイズは64オクテットなので、不足分は空白を入れて64オクテットにして送信される。

第37回　TELNETオプション

図37-3　TERMINAL TYPE

使用するNVTのタイプを交渉する

①まず最初にターミナルタイプオプションの使用を要求し、応答をもらいます

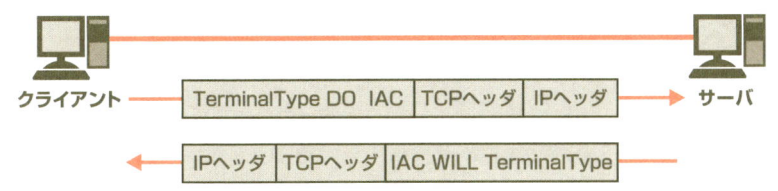

クライアント → [TerminalType DO IAC | TCPヘッダ | IPヘッダ] → サーバ

← [IPヘッダ | TCPヘッダ | IAC WILL TerminalType]

②二次交渉を使い、使用できるターミナルタイプを要求します。通知されてきたターミナルタイプでよいならそのまま通常の通信を、違うターミナルタイプを希望するなら再度要求を出し通知をもらいます。

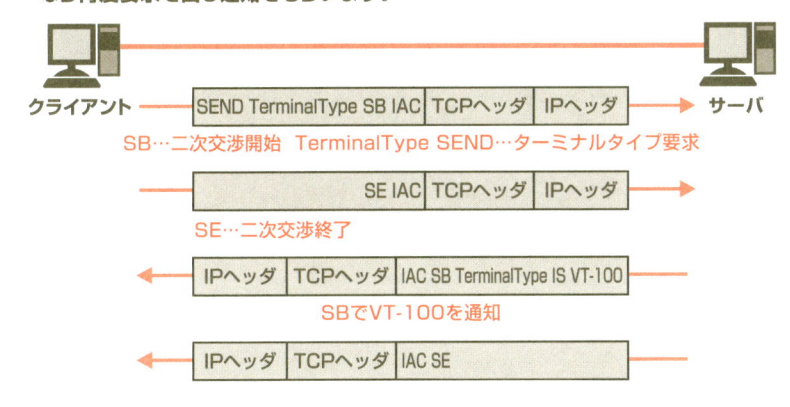

クライアント → [SEND TerminalType SB IAC | TCPヘッダ | IPヘッダ] → サーバ

SB…二次交渉開始　TerminalType SEND…ターミナルタイプ要求

[SE IAC | TCPヘッダ | IPヘッダ]

SE…二次交渉終了

← [IPヘッダ | TCPヘッダ | IAC SB TerminalType IS VT-100]

SBでVT-100を通知

← [IPヘッダ | TCPヘッダ | IAC SE]

(ネット君の今日のポイント)

- NVTの設定を変更するため、オプション交渉を行う。
- オプション交渉は「WILL」「DO」をやり取りすることで行う。
- エコーやラインモードなど、オプションによりNVTの動作を変更できる。

補講 5

「取るに足りないFTP？」

　こんにちは、おねーさんです。この本でのコラムもこれが最後になります。ここまでDNS・TELNETときて、次がFTPです。このコラムでは、もう1つのFTPについて説明しちゃいます。

　詳しくは次の章を読んでもらえるといいんですけど、FTPは結構すごいプロトコルです。「ファイルを転送する」ということに特化しているといってもいいかもしれません。現在は、Webで使うHTTPでなんでもかんでも転送していますけど、「ファイルを転送する」という一点に限れば、やはりFTPにかないません。

　ただ、そんなFTPにも欠点があります。それは機能を豊富に持っているため、ちょっと複雑で、そのためFTPクライアントソフトはサイズが大きくなりがちになっていまいます。もちろん、大きいと言ってもパソコンで使用するなら問題ないサイズなんですけれど、パソコン以外のルータやプリンタなどではちょっと困ってしまいます。

　そこで、FTPをもっと簡単にしたものが使われます。それが「TFTP（Trivial FTP）」です。「Trivial」はテレビでも「雑学・ちょっとした知識」って意味で使われていますね。TFTPはその「ちょっとした・取るに足りないFTP」という名前なんです。実際は「簡易型FTP」とでもいうべきものですけどね。

　TFTPはTCPではなくUDPを使い、ユーザ認証、フォルダ（ディレクトリ）の移動・削除・追加、ファイルの削除、ファイルリストの取得もなにもない、単純に「ファイルの保存・転送」だけしかできないプロトコルです。単純ですね。

　その分TFTPクライアントソフトのサイズが小さいので、ルータやプリンタなどが持つには問題ないサイズ、ということで使われています。たとえばルータのオペレーティングシステムのバージョンアップや、設定ファイルを別の場所に保存するなどの使い道で使われていますね。

　さて、最後のコラムでしたので、私こと「おねーさん」の出番もこれで終わりです。ご静聴ありがとうございました。この本の元となったWebサイト「Roads to Node」では私が講義をしているページもありますので、よろしければ見にきてくださいね〜。

6章
ファイル転送
FTP

第38回 ファイルの転送

●リモートログインとファイル転送

さて、前章で説明したのが、リモートログイン、TELNETだった。TELNETはものすごくぶっちゃけると「ネットワークを通してサーバを操作する」プロトコルだったわけだ。

またぶっちゃけましたね。確かに、「要求」を送ってサーバに処理をしてもらっていましたよね。

そうだ。このTELNETは、「端末」時代の発想で作られている。「端末」は単なる入力装置で、命令して結果を送ってもらうだけだ。それに比べ今の「端末」はどうだ？

今はパソコンですから、自分で処理ができるし、ネットも見られるし、昔に比べて高性能ですよね。その内に知性をもって人間に反逆しますよ。

おぉ、それはある意味楽しみだな。ともかく、「自分で処理」ができるようになると、データも端末側で保存するようになる。つまり「ファイル」だな。そうなると今度は違うことをサーバとしたくならないか？

人類を殲滅ですね。サイボーグを過去に送り込みたくなります。

I'll be back！！ そうでなくてな、サーバにあるファイルを受け取ったり、サーバにファイルを送ったりしたくならないか？

なりません。人類を滅ぼすんです。新型のサイボーグを過去に送り込みたくなります。

Hasta La Vista,Baby！！ それはもういい。つまり、ファイルのやり取り、**ファイル転送**だ。そして、これに特化したプロトコルが登場する。**ファイル転送プロトコル、FTP**だ。

ファイル転送ですか。TELNETでファイル転送はできないんですか？

できないことはないが、かなり面倒なのだよ。考えてみればわかる。TELNETはリモートログインを行う、つまりクライアントをサーバの「端末」にするということだ。端末は自分自身では何も行わず、入力をサーバに送り、サーバからの出力を表示するだけだ。つまり、クライアント自身が持つソフトやデータを使うことはできない。

う～ん、そうなるのかな。TELNETにより「端末」になることで、サーバを操作できるわけですよね。

そうだ、操作できる。逆に言えば「サーバを操作」しているのであって、クライアントを操作しているのではないという状態になる。この状態でクライアントが持っているファイルを送ったり、サーバが持っているファイルをクライアントが受け取ることはできない。それをするためには、クライアントも操作しなければならないからだ。

ふむふむ。TELNETではクライアント側を操作できないから、ファイルのやり取りができない、と。でも博士、さっきTELNETでもできるって。

できないことはない、というだけだ。TELNETクライアントソフトを使ってサーバを操作しながら、別のソフト（この場合はテキストエディタ）を操作しなければならなくなるがな。**(図38-1)**

●ファイル転送プロトコル

さてTELNETではできない「ファイルのやり取り」を実現するためのプロトコルがFTPなのだが。FTP以外にも、ファイル転送をするためのプロトコルは存在する。有名なのはWindowsファイル共有の**SMB**、UNIX/Linuxで使われる**NFS**だな。**(*1)**

(*1) SMB、NFS [Server Message Block] [Network File System]

図38-1　TELNETとファイル転送

TELNET単独ではサーバにあるファイルをクライアントに保存できない

TELNETはサーバを操作する

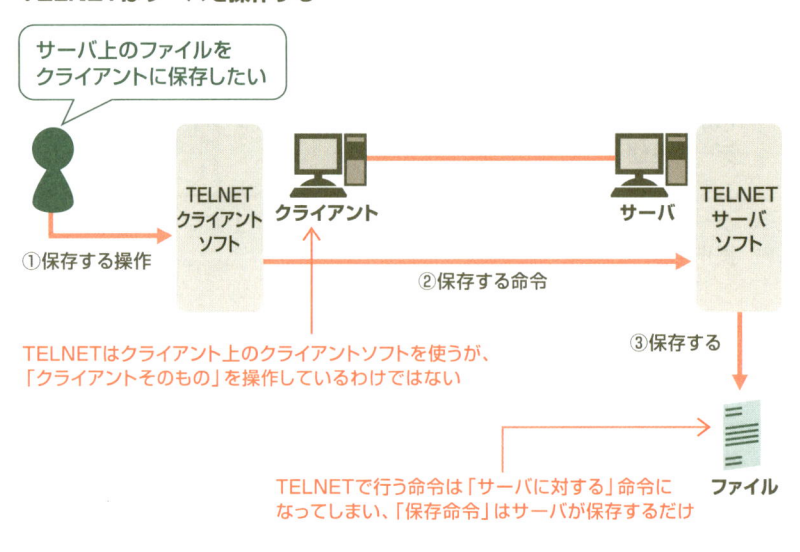

サーバ上のファイルをクライアントに保存したい

① 保存する操作 → TELNETクライアントソフト → クライアント
② 保存する命令 → サーバ → TELNETサーバソフト
③ 保存する → ファイル

TELNETはクライアント上のクライアントソフトを使うが、「クライアントそのもの」を操作しているわけではない

TELNETで行う命令は「サーバに対する」命令になってしまい、「保存命令」はサーバが保存するだけ

TELNETを使ってサーバ上にあるファイルをクライアントに保存する

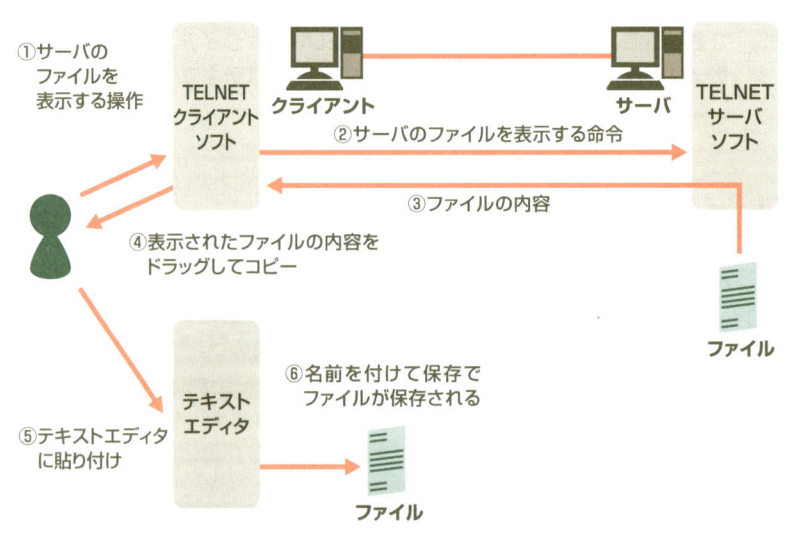

① サーバのファイルを表示する操作 → TELNETクライアントソフト → クライアント
② サーバのファイルを表示する命令 → サーバ → TELNETサーバソフト
③ ファイルの内容 ← ファイル
④ 表示されたファイルの内容をドラッグしてコピー
⑤ テキストエディタに貼り付け → テキストエディタ
⑥ 名前を付けて保存でファイルが保存される → ファイル

244

第38回　ファイルの転送

🐧 へぇ。Windowsファイル共有ってあれですよね、「マイネットワーク」をダブルクリックして開くやつ。んで、ドラッグアンドドロップで移動したり、コピーしたり。研究室でも使ってますよね。

👨‍🏫 うむ、ソレだ。簡単でいいよな。これらのファイル転送は、**マウント**するタイプのもので、「転送」というより「共有」のほうがしっくりくる。**(*2)** マウントとは、オペレーティングシステム（OS）に対し、ファイル・フォルダを使えるようにする、とでも考えるといいかな。たとえばハードディスクやDVD-ROMにあるファイル、フォルダをOSに対して使用可能にするのがマウントだ。これをネットワーク越しに、他のコンピュータのフォルダに対して行うのが、SMB、NFSだ。

🐧 他のコンピュータのフォルダをマウントする？　そうすると、オペレーティングシステムでそのフォルダが使えるようになる？

👨‍🏫 そういうことだ。あたかも直接つながっているストレージのフォルダのように使えるようになるわけだ。つまり、マウントされる側のコンピュータから見れば、ネットワーク内の他のコンピュータに対してファイルを「共有」している、と考えることができる。（**図38-2**）

🐧 他のコンピュータが自分の持っているファイルを使えるように「共有」する、「ファイル共有」ですね。ん～っと、じゃあFTPは違うんですか？

👨‍🏫 明確な違い、というわけではないが。「マウント」するタイプの場合、ファイルを「自分に接続されているファイル」のように扱う。一方のFTPは、「要求」と「応答」により、ファイルを「転送」する。

🐧 「要求」と「応答」。TELNETでもでてきましたね（P217参照）。

👨‍🏫 まぁ、第1章で説明した「クライアント・サーバ」だからな。ファイルをサーバに保存したい場合は、「送信したデータをファイルとして保管する要求」を出し、「保管したという応答」をもらう。その逆の場合は？

🐧 サーバからファイルを受け取る場合ですね。「指定したファイルを送信する要求」を出して、「ファイルのデータという応答」をもらう、ってことですか？

(*2) **マウント [Mount]**　ハードディスクやCD-ROMなどを認識し、操作可能にすること。

図38-2 マウント

オペレーティングシステムが記憶装置や
ネットワーク経由の共有フォルダを利用可能にする

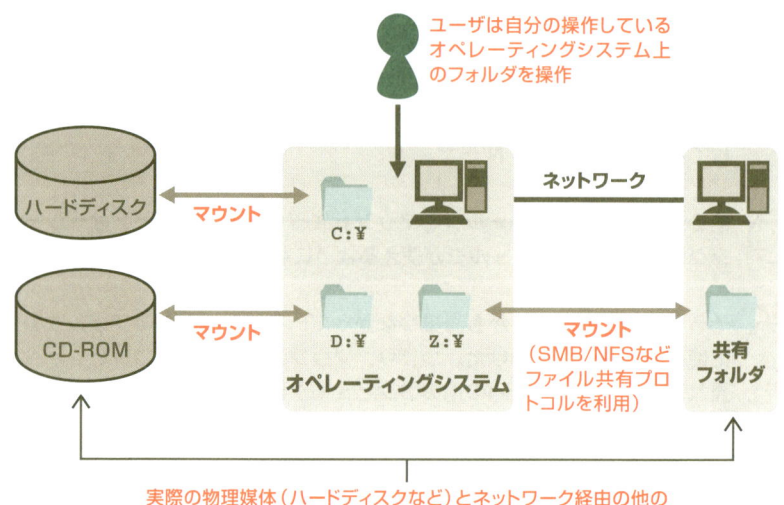

ユーザは自分の操作している
オペレーティングシステム上
のフォルダを操作

ハードディスク ←マウント→ C:¥

CD-ROM ←マウント→ D:¥　Z:¥ ←マウント（SMB/NFSなどファイル共有プロトコルを利用）→ 共有フォルダ

オペレーティングシステム　ネットワーク

実際の物理媒体（ハードディスクなど）とネットワーク経由の他の
パソコンの共有されているフォルダもおなじように使用できる

うむ、それでよい。FTPの基本的な動作はそれだな。**「ファイル」に対する「取得」または「保管」を行うためのプロトコル**、ということだ。（図38-3）
よく使われる例として、Webサイトを作る際のWebページファイルのアップロードだとか、フリーのソフトウェアを公開する場合などにFTPは使われている。まぁ、最近はHTTP、つまりWebを使ったりする場合も多いがな。

そうですねぇ。最近はなんでもかんでもブラウザでできちゃいますよね。わざわざFTPを使う場面の方が少ないかなぁ。

確かにそうだ。だが、FTPはTELNETの「リモートログイン」サービスと並んで、「ファイル転送」サービスという昔からのサービスを実現するプロトコルだ。いろいろと面白いところもあるので、その特徴を是非学んでほしいところだな。

なるほど、がんばります。

第38回　ファイルの転送

図38-3　FTPの基本的な動作

サーバ上に保存されているファイルを取得する、サーバ上にファイルを保管する

①サーバに「保管」する

- ファイル保管要求　①要求
- クライアント → サーバ　②保管する
- ファイル保管応答　③応答

②サーバから取得する

- ファイル取得要求　①要求
- クライアント ← サーバ
- ファイル取得応答　②応答
- ③保存

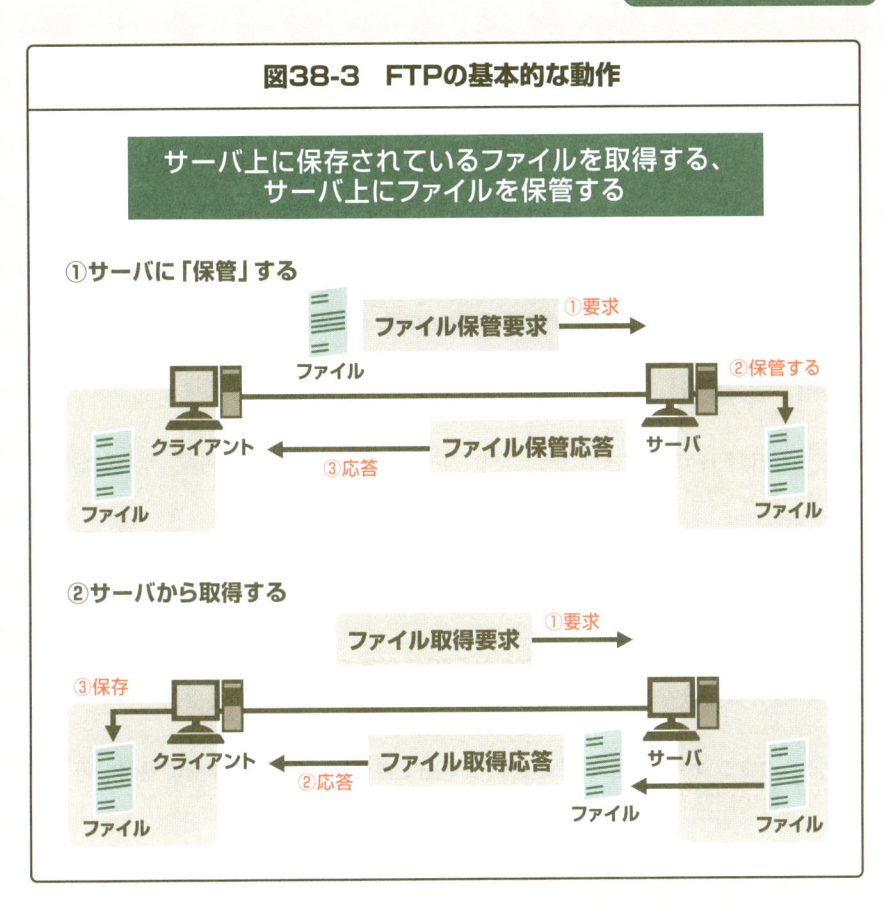

では、今回はここまでとしておこう。次回からはFTPの詳細な説明に入る。

了解です。3分間DNS基礎講座でした～♪

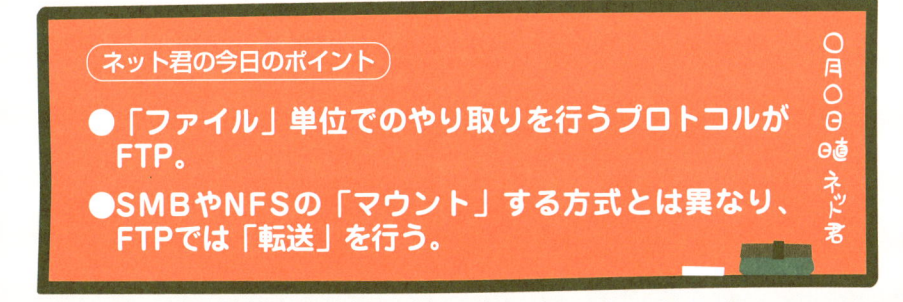

ネット君の今日のポイント

- 「ファイル」単位でのやり取りを行うプロトコルがFTP。
- SMBやNFSの「マウント」する方式とは異なり、FTPでは「転送」を行う。

第39回 FTPの構造

●FTPの構造

🎓 ではFTPの説明といこう。まず、FTPは**TCPを使用する**。ポート番号は**20番と21番**を使用する。

🐥 20番と21番？　どっちかを使うってことですか？

🎓 いや、違う。両方使う。これはFTPに特有で、他のプロトコルには見られないしくみだ。つまり、**コネクションを2本使用する**わけだ。

🐥 コネクション？　TCPのところで出てきましたよね。「事前に通信を行うことの確認をとる」ことでしたっけ（P36参照）。

🎓 うむ、コネクションを確立することにより、TCPでの通信が可能になるんだったな。それが2本あるということは、**論理的に2本の回線を使用する**という意味になる。実際の接続はどうあれ、FTPではサーバとクライアントが2本の線がつながっている、というイメージで動作すると考えたまえ。

🐥 ははぁ、2本ですね。なんで2本もあるんですか？　さっき「FTP独特」といってましたけど、FTP以外で2本使うプロトコルはないんですか？

🎓 FTP以外で2本のコネクションを使用するプロトコルはない。そして、2本使う理由だが、それはFTPの構造を見ればわかる。キーワードは「**PI**」と「**DTP**」だ。**(*1)**（図39-1）

🐥 ぷろとこるいんたぷりたー、でーたとらんすふぁーぷろせす？　なんですか、これ？

(*1) PI、DTP [Protocol Interpreter] [Data Transfer Process]

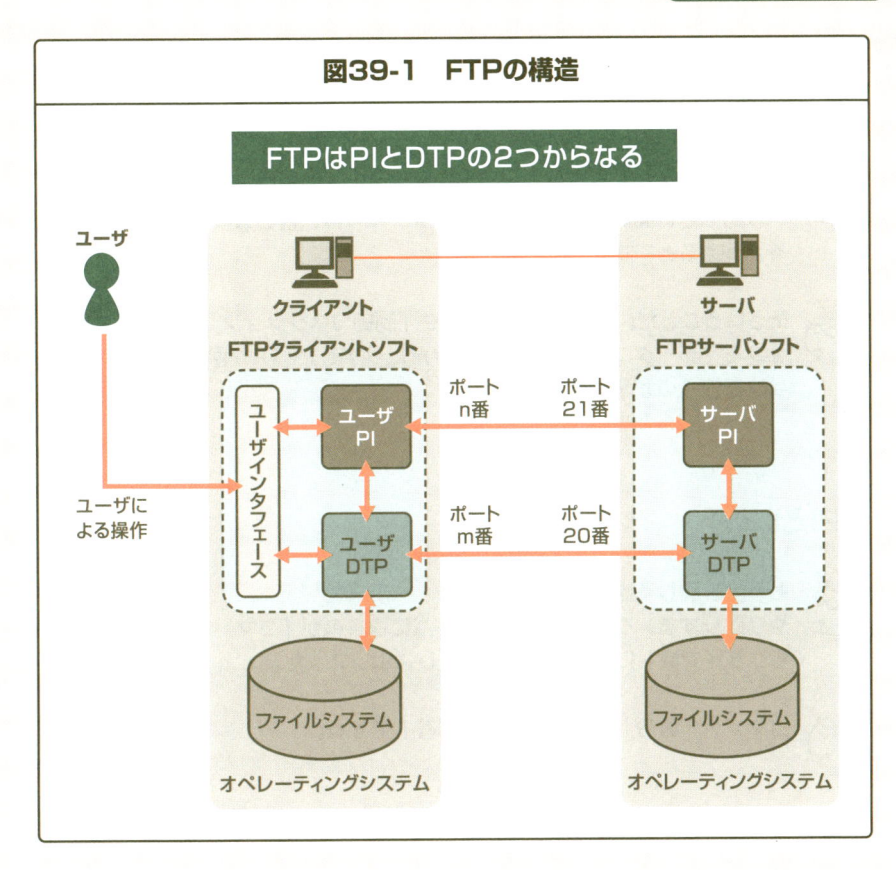

第39回　FTPの構造

図39-1　FTPの構造

FTPはPIとDTPの2つからなる

（図：ユーザ → クライアント（FTPクライアントソフト：ユーザインタフェース、ユーザPI、ユーザDTP） ←→ サーバ（FTPサーバソフト：サーバPI、サーバDTP）。ユーザPI⇔サーバPI間はポートn番～ポート21番、ユーザDTP⇔サーバDTP間はポートm番～ポート20番。両サーバはファイルシステム／オペレーティングシステムに接続）

> まずPI。**サーバとクライアントのPI間でコマンドのやり取りをする**。コマンドとは、「保存」や「取得」、「フォルダ作成」「フォルダ移動」などの、要は「命令」だ。これのやり取りを行うのが、**ポート番号21番のコネクション**だ。

> ははぁ。コマンド、つまり「命令」のやり取りを行うのがPIの役割ということですね。ちなみに図の中にあるユーザインタフェースって何ですか？

> ユーザインタフェースは、ユーザが操作する画面のことだと思えばいい。つまり、ユーザが操作すると、ユーザPIがそれをFTPで使用する「命令」に変換して送信する、ということだ。

> ユーザが操作すると、それがPIで「命令」となってサーバに送信されるわけですね。で、DTPはなんですか？

DTPは、データをサーバとクライアント間でやり取りする。データとはまぁ、「ファイル」のことだな。このやり取りは**ポート番号20番のコネクション**で行われる。

　むむむ、ってことは「ファイルを保存しろ」とか「ファイルをよこせ」っていう命令と、実際にやり取りされるファイルは、別のコネクションで扱われる、ってことですか？

　そういうことだ。PIのコネクションを「制御コネクション」、DTPのコネクションを「データコネクション」と呼んだりする。FTPが何故2本のコネクションを使うのか？　それは**コマンドとデータを別コネクションでやり取りする**からだ。

●PIとDTP

　もう少し詳しく説明しよう。PIは**FTPコマンド・FTPレスポンス**をやり取りする。クライアントがサーバに送るのが「コマンド」で、サーバからクライアントに返ってくるのが「レスポンス」だ。

　コマンド「命令」とレスポンス「応答」ですね。

　コマンドとレスポンスについては、先のところで細かく説明する（P254参照）。そして、PIによるコマンド・レスポンスのやり取りによってDTPが動作する。つまり「xxxというファイルを送れ」「いいよ」というコマンドのやり取りの後に、実際のファイルがDTPによってやり取りされるってことだ。

　ふむふむ？　つまり、DTPのデータコネクションはファイルのやり取りのみを行うってことですか？

　「どのファイルを」「どんな形式のファイルを」「取得/保管する」という命令や、「転送します」「転送しました」という報告も、すべてPIの制御コネクションで行う。DTPのデータコネクションは、データのみ、だ。あぁ、正確には「ファイルのみ」じゃないな。

　え？　ファイルのみじゃないんですか？　他に何を転送するんですか？

第39回 FTPの構造

🎓「ファイル一覧」だ。現在のフォルダにあるフォルダ・ファイルの一覧も、データコネクションで転送される。さて、そのDTPだが。これは**OSのファイルシステムに依存する**。つまり、使用しているOSのファイル形式に合わせて作られているのだよ。

🙂 どういうことですか？

🎓 DTPは簡単に言えば、**ファイルの変換を行う**。つまりクライアントのOSのデータ形式を、転送用のデータ形式に変換、受け取ったサーバはサーバのOSのデータ形式に変換、という作業を行う。これにより**特定のOSに依存しないファイル転送が可能**になる。(図39-2)

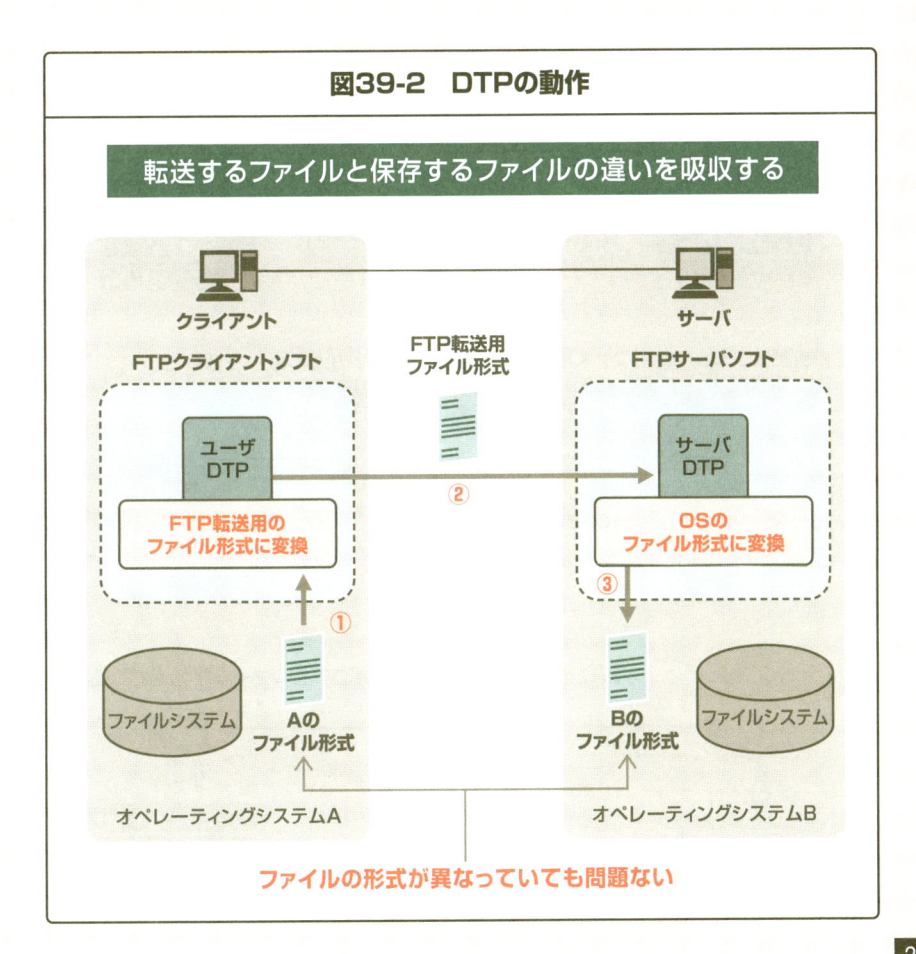

図39-2 DTPの動作

転送するファイルと保存するファイルの違いを吸収する

```
クライアント                              サーバ
FTPクライアントソフト     FTP転送用         FTPサーバソフト
                        ファイル形式
┌─────────────┐                      ┌─────────────┐
│   ユーザ    │         ≡≡≡          │   サーバ    │
│    DTP      │ ──────────────→       │    DTP      │
│             │          ②           │             │
│ FTP転送用の │                      │    OSの     │
│ファイル形式 │                      │ファイル形式 │
│  に変換     │                      │  に変換     │
└─────────────┘                      └─────────────┘
       ↑ ①                                  ↓ ③
   ≡≡≡                                  ≡≡≡
┌─────┐  Aの                      Bの  ┌─────┐
│ファイル│  ファイル形式         ファイル形式 │ファイル│
│システム│                              │システム│
└─────┘                                └─────┘

オペレーティングシステムA              オペレーティングシステムB
```

ファイルの形式が異なっていても問題ない

図39-3 PIとDTPの動作

PIによる制御コネクションとDTPによるデータコネクションによりFTPは動作する

① クライアント側から、PIを使って制御コネクションが確立される。クライアントは任意のポート、サーバは21番でTCPを使うためスリーウェイハンドシェイクを実行する

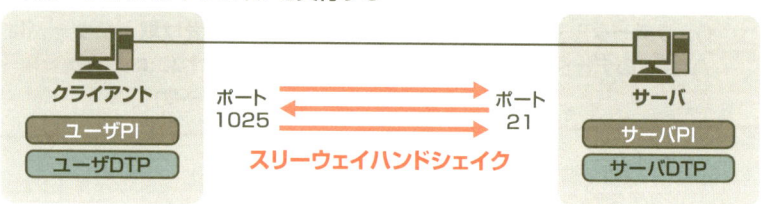

```
クライアント          ポート              ポート         サーバ
 ユーザPI            1025  ⇄             21         サーバPI
 ユーザDTP              スリーウェイハンドシェイク    サーバDTP
```

② PI間で制御コネクションが確立されると、コマンド・レスポンスを制御コネクションを使ってやり取りする

```
クライアント          ポート   制御コネクション   ポート        サーバ
 ユーザPI            1025  ⇄              21        サーバPI
 ユーザDTP                                          サーバDTP
```

③ 制御コネクションでファイルの取得などのコマンドがやり取りされると、DTP間でサーバ側からデータコネクションを確立する。サーバ側は20番、クライアントは任意のポートを使う。

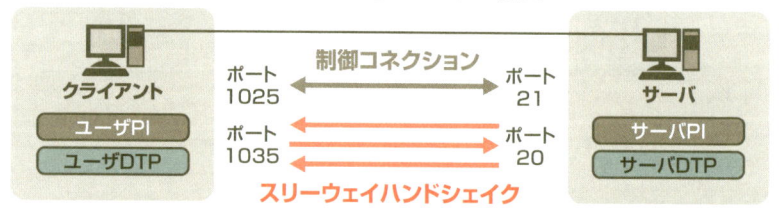

```
クライアント       ポート   制御コネクション   ポート       サーバ
 ユーザPI         1025  ⇄              21       サーバPI
 ユーザDTP        ポート                    ポート      サーバDTP
                 1035  ⇄              20
                  スリーウェイハンドシェイク
```

④ データコネクションが確立されると、コマンドで指定されたファイルが転送される

```
クライアント       ポート   制御コネクション   ポート       サーバ
 ユーザPI         1025  ⇄              21       サーバPI
 ユーザDTP        ポート   データコネクション   ポート      サーバDTP
                 1035  ⇄              20
```

第39回 FTPの構造

🐱 あ、あれ？ それってTELNETのところでも出てきませんでした？ NVT-ASCIIの話で（P226参照）？

👨‍🏫 うむ。TELNETではNVTがその役割を担っていたが、FTPではDTPがその役割を担う、ということだ。ではこのPIとDTPという構造から、FTPの動作を説明しよう。まずPIによる制御コネクションが確立され、コマンドとレスポンスがやり取りされる。
そして、「ファイルリストの取得」「ファイルの保管/取得」のコマンドがPIで実行されると、DTPによるデータコネクションが確立される。

🐱 データをやり取りする必要があると、データコネクションが使われるんですね。ポート番号20番でしたよね。

👨‍🏫 そういうことだ。ここでポイントが2つ、「**データコネクションはサーバ側から確立される**」ということと、「**ファイル1つごとにデータコネクションが確立される**」ということを覚えておきたまえ。（図39-3）

🐱 サーバ側から確立される？ データコネクションはファイルごと？

👨‍🏫 そうだ。それについてはまた先で話そう（P260参照）。今回はここまで。

🐱 はいなー。3分間DNS基礎講座でした～♪

ネット君の今日のポイント

- **FTPはTCPの20番と21番の2つのコネクションを使う。**
- **FTPはPIとDTPからなる。**
- **コマンドをやり取りするのが制御コネクション。**
- **ファイルやファイル一覧をやり取りするのがデータコネクション。**
- **データコネクションはサーバ側から確立される。**

○月○日 日直 ネット君

第40回 コマンドとレスポンス

●コマンドとレスポンス

🎓 さて、今回はまず、PIによる制御コネクションで使われる、コマンドとレスポンスから説明していこう。FTPの動作はこのPIが決定する、ということはいいな？

🐱 そうですね、DTPはファイル一覧とファイルのみのやり取りですから、動作を決定するのはPIになりますよね。

🎓 さて。そのPIのやり取り、コマンドを送ってレスポンスをもらう、というやり取りだが。これはほぼTELNETと同じだ。**NVT-ASCIIを使い、TELNETのラインモードでやり取りする。**

🐱 NVT-ASCIIってことは、英数字を使うってことですね。で、ラインモードだから、1行単位でやり取りするってことですか（P237参照）。

🎓 うむ。クライアントが送信するのが**FTPコマンドとそのパラメータ**。サーバが送り返すのが**レスポンスコードと説明文**だ。代表的なコマンドと、レスポンスコードは図のようになる。（図40-1）

🐱 「USER」「PASS」「STOR」「RETR」などがコマンド、ですね。
で、こっちのレスポンスコードってなんですか？ 3桁の数字？

🎓 うむ。レスポンスコードは、3桁の数字からなっていて、それぞれの桁に意味がある。100の桁が「応答の種類」。10の桁が「応答の詳細」。1の桁が「番号」だ。たとえば、331だとどういう意味になる？

🐱 100の桁の3は「肯定中間」で、次の10の桁の3が「認証」。1の桁が1だから、「肯定中間の認証の1番」の応答？

第40回 コマンドとレスポンス

図40-1　コマンドとレスポンスコード

コマンドはコマンドとパラメータ、レスポンスはレスポンスコード説明からなる

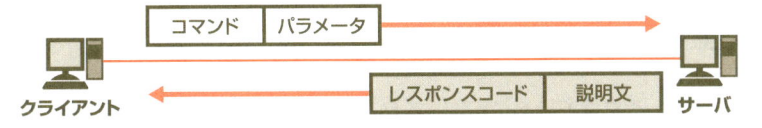

クライアント　→　コマンド　パラメータ　→　サーバ
クライアント　←　レスポンスコード　説明文　←　サーバ

コマンド＝コマンド＋パラメータ（コマンドで実行される内容）

コマンド	パラメータ	説明
USER	ユーザID	認証でユーザIDをサーバに通知
PASS	パスワード	認証でパスワードをサーバに通知
QUIT	−	制御コネクション切断
ABOR	−	データ転送中止
PORT	IPアドレス、ポート番号	クライアントが待ち受けポートをサーバに通知
PASV	−	パッシブオープンを要求
TYPE	A、Iなど	ファイルタイプを指定
STOR	ファイル名	ファイル名のファイルを保管
RETR	ファイル名	ファイル名のファイルを取得
CWD	ディレクトリ名	ワーキングディレクトリ変更
CDUP	−	上位ディレクトリにワーキングディレクトリを変更
MKD	ディレクトリ名	ディレクトリ作成
RMD	ディレクトリ名	ディレクトリ削除
DELE	ファイル名	ファイル削除

レスポンス＝レスポンスコード（3桁の数値）＋説明文（サーバソフトによって異なる）
レスポンスコード100の桁の意味

レスポンスコード	意味	説明
1xx	肯定先行	正しいコマンドを受け付けて処理中である
2xx	肯定完了	正しいコマンドを受け付けて処理を完了した
3xx	肯定中間	正しいコマンドを受け付けて、次に別のコマンドを要求する
4xx	一時否定完了	誤ったコマンドを受け付けた。再送を望む
5xx	否定完了	誤ったコマンドを受け付けた。エラーを修復する必要がある

レスポンスコード10の桁の意味

レスポンスコード	意味	説明
x0x	構文	コマンドの記述がエラーである
x1x	情報	状態やヘルプなど情報に対する要求へのレスポンス
x2x	コネクション	コネクションに対するレスポンス
x3x	認証・アカウント	ログインやアカウントに対するレスポンス
x5x	ファイルシステム	サーバのファイルシステムに関するレスポンス

もうちょっと日本語にすると「認証についての応答で、肯定中間応答の1番」だな。実際には「パスワードの要求」という意味になる。つまり、**レスポンスコードの100と10の桁で意味がわかる**ということになる。

331はパスワードの要求。x3xだから「認証に関するレスポンス」で、3xxの肯定中間だから「正しいコマンドを受け付けて、次に別のコマンドを要求する」ですね。正しい要求を受け付けたので次にパスワードを要求する、って意味かな。ちなみにその他のレスポンスコードにはどんなのがあるんですか？

まぁ、それはおいおい説明していこう。なお、このレスポンスコードの100の桁、10の桁は**FTP、HTTP、SMTPで共通の意味**なので、覚えておくと役に立つぞ。

え？　HTTPやSMTPでもこのレスポンスコードを使うってことですか？

うむ。HTTPやSMTPでも3桁のレスポンスコードを使い、100の桁、10の桁にそれぞれ意味がある。その意味はFTPのものと同じ、2xxなら肯定完了だし、x3xなら認証だ。

へ〜〜〜、なんか面白い話ですね。

●ログイン・ログアウト

さて、実際のコマンドについて説明していこう。まず、「**USER**」と「**PASS**」というユーザ認証を行うコマンドだ。まぁ、おおよそわかると思うが？

えっと、「ユーザ認証」ですから、アカウントであるユーザIDとパスワードを送るんですね？

そういうことだ。FTPも、TELNETと同じようにアカウントを持つユーザのみが利用できるのが基本だ。**USERがユーザID、PASSがパスワード**を送るためのコマンドだ。ただし、制御コネクションはTELNETのラインモードと同じだったよな（P254参照）。つまり？　TELNETでユーザIDとパスワードを送る際の注意点は？

文字・記号をそのまま送るのがTELNETでしたよね。ってことは、ユーザIDとパスワードを送ると、それがそのまま送られるので盗聴できちゃう？

第40回 コマンドとレスポンス

🎓 うむ。FTPを使う場合はそれに注意、だ。あともう1つ、通常はアカウントを持つユーザのみがFTPを利用できるのだが、不特定多数にファイルのダウンロードなどをさせたい場合には誰でも使えるようにしたい。この場合は**anonymousアクセス**をFTPサーバに許可させる。

🙂 あのにまうす？

🎓 読みは「アノニマス」だ。意味は「匿名」。つまり、誰でも「匿名」で使えることができるFTPサーバ、ということだ。この場合、USERは「anonymous」、PASSは慣例でメールアドレスを入れると使うことができるようになる。（図40-2）

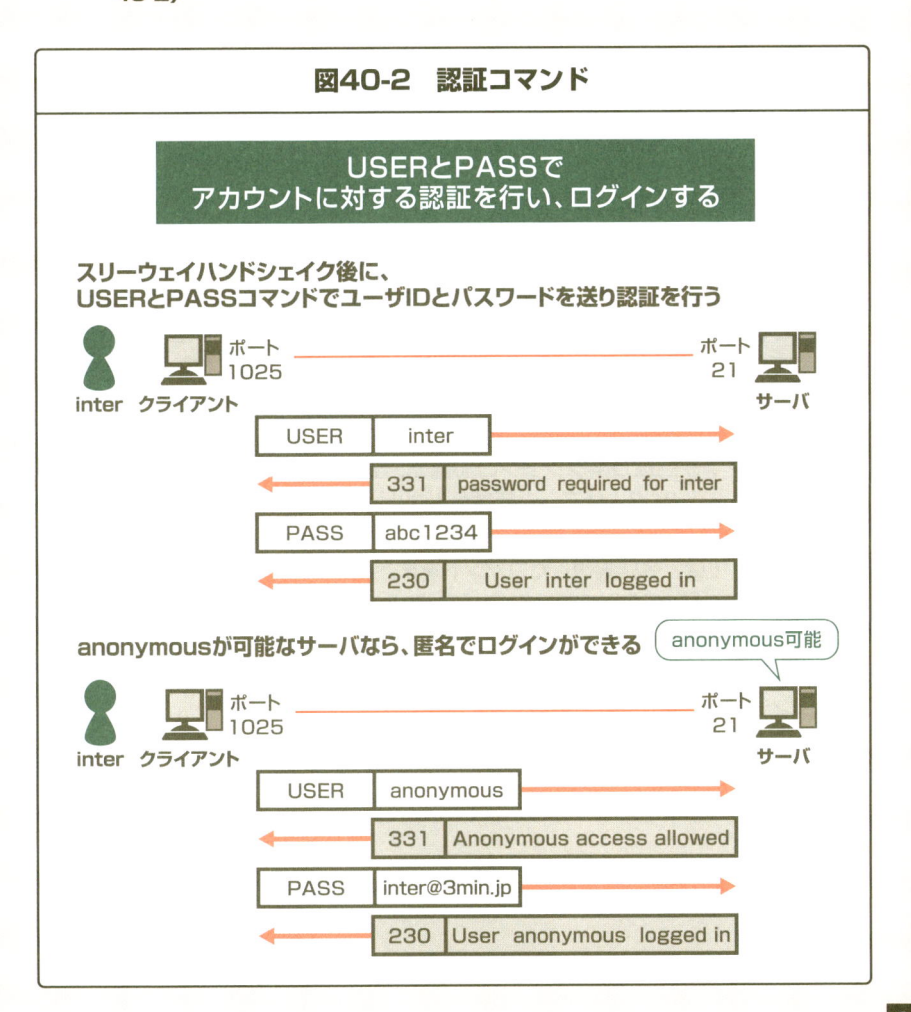

図40-2　認証コマンド

**USERとPASSで
アカウントに対する認証を行い、ログインする**

スリーウェイハンドシェイク後に、
USERとPASSコマンドでユーザIDとパスワードを送り認証を行う

inter クライアント　ポート1025 ──────── ポート21　サーバ

USER	inter
331	password required for inter
PASS	abc1234
230	User inter logged in

anonymousが可能なサーバなら、匿名でログインができる　（anonymous可能）

inter クライアント　ポート1025 ──────── ポート21　サーバ

USER	anonymous
331	Anonymous access allowed
PASS	inter@3min.jp
230	User anonymous logged in

🐤 ははぁ、通常はユーザIDとパスワードをFTPサーバに伝えて、アカウントの確認を行う。誰でも使えるサーバの場合、ユーザID「匿名」、パスワードはメールアドレスで使える、ということですね。

🎓 そういうことだ。FTPでは、**まず最初に認証コマンドを使ってログインを行う**ということだな。ここらへんはTELNETでも同じだがな。そして、ログインしたらログアウトもある。この場合は「**QUIT**」だ。QUITを送ると、制御コネクションが切断される。つまり、FTPによるアクセスが終了、ということだ。

🐤 制御コネクションが切断されたらFTPは終了なんですか？

🎓 うむ。制御コネクションこそがFTPの制御を担うので、制御コネクションの切断＝FTPの終了なのだ。もしデータコネクションがあった場合でも、「QUIT」で制御コネクションが切断されると、データコネクションも切断される。

🐤 データコネクションだけを切断ってできないんですか？

🎓 それはできない。が、現在転送中のデータを中止させるのは「**ABOR**」でできる。ABORを送ると、データ転送が中止され、それまで転送されていた分のデータは破棄される。**(図40-3)**

🐤 「QUIT」が制御コネクションの切断で、データコネクションも一緒に切断される。「ABOR」はデータ転送のみ中止、ってことですね。

🎓 うむ。では、今回説明したコマンドをまとめると、アカウントの認証つまり、「USER」「PASS」でログイン、「QUIT」でログアウトということだ。

🐤 ふむふむ。制御コネクションを確立し、認証してログイン。制御コネクションの切断で終了、ログアウトと。

🎓 そういうことだ。次回もコマンドがらみの話をしよう。ではまた次回。

🐤 あいあい。3分間DNS基礎講座でした～♪

図40-3　FTPの終了

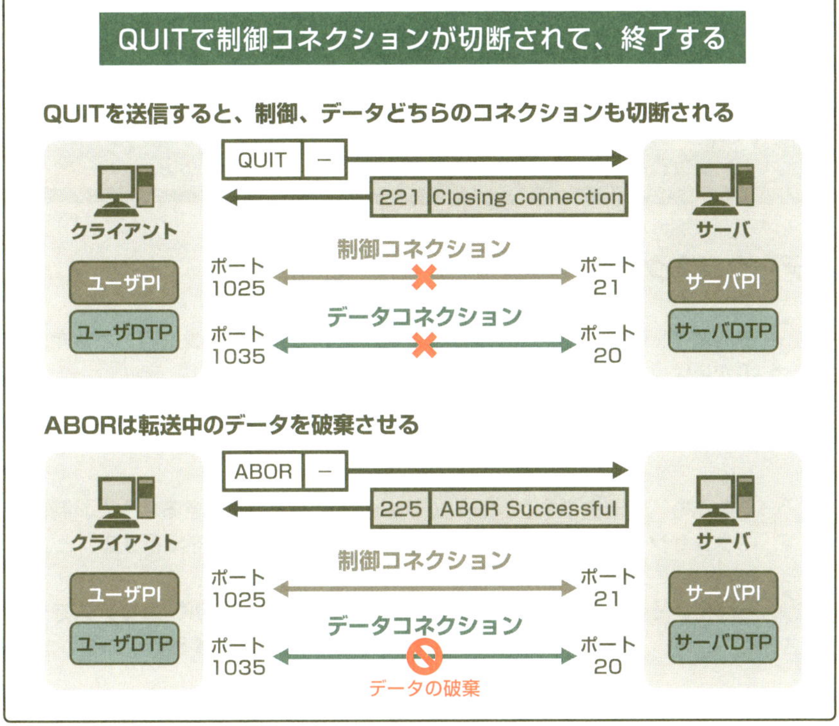
QUITで制御コネクションが切断されて、終了する
QUITを送信すると、制御、データどちらのコネクションも切断される
QUIT
－
221
Closing connection
クライアント
サーバ
制御コネクション
ポート
1025
ポート
21
ユーザPI
サーバPI
データコネクション
ユーザDTP
サーバDTP
ポート
1035
ポート
20
ABORは転送中のデータを破棄させる
ABOR
－
225
ABOR Successful
クライアント
サーバ
制御コネクション
ポート
1025
ポート
21
ユーザPI
サーバPI
データコネクション
ユーザDTP
サーバDTP
ポート
1035
ポート
20
データの破棄

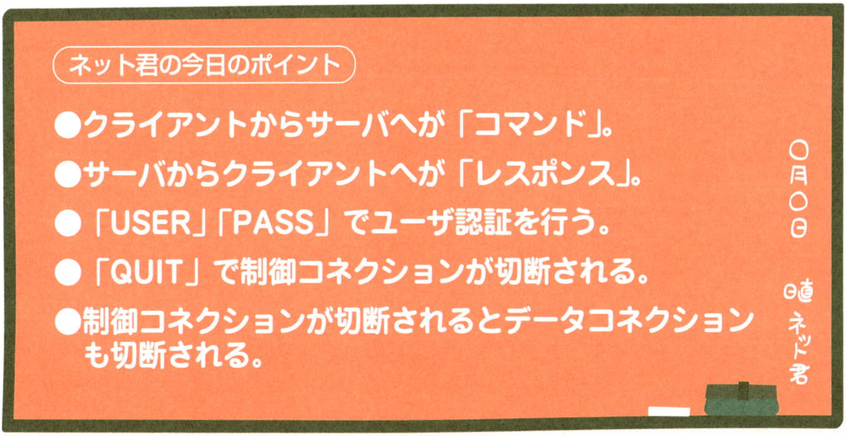
ネット君の今日のポイント
●クライアントからサーバへが「コマンド」。
●サーバからクライアントへが「レスポンス」。
●「USER」「PASS」でユーザ認証を行う。
●「QUIT」で制御コネクションが切断される。
●制御コネクションが切断されるとデータコネクションも切断される。
○月○日
日直 ネット君

第41回 データコネクションの確立

●データコネクションの確立

🎓 さてさて、最初に制御コネクションを確立して、ログインを行うわけだ。その次には、**ファイル一覧やファイルの転送を行うためのデータコネクションの確立**を行うのが一般的だ。そのために、データコネクションを確立をするコマンドを送る。

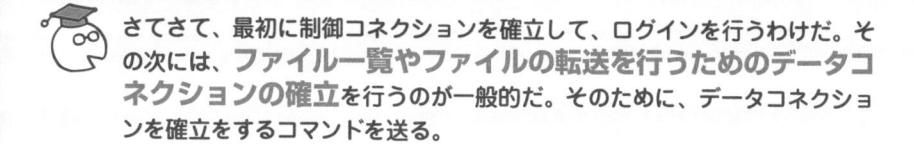

🐥 ふむふむ。データコネクションでファイルなどを転送できるように、制御コネクションでデータコネクション確立のためのコマンドを実行する、と。

🎓 そうだ。そのために使うのが、**PORT**コマンドだ。PORTコマンドで、**自身のIPアドレスと待ち受けポート番号を通知**する。

🐥 IPアドレスと、待ち受けポート番号？ んんん？ いまいち意味が？

🎓 前も話したように（P253参照）、**データコネクションはサーバ側から確立される**。クライアントはデータコネクションのための待ち受けポートを決定し、それと自身のIPアドレスを入れて、PORTコマンドでサーバに通知する。**(図41-1)**

🐥 ふむふむ？ そうすると、サーバ側からクライアントの待ち受けポートに対し、スリーウェイハンドシェイクが行われ、コネクションが確立する？

🎓 そういうことだ。これによりデータコネクションが確立される。これでファイルなどを転送するための道ができるわけだな。

🐥 そこで「ファイル一覧の取得」か「ファイルの取得/保管」を行うと、データコネクションを使ってデータが転送されるわけですね。

第41回 データコネクションの確立

図41-1 PORTコマンド

PORTでデータコネクションで使用するIPアドレスと待ち受けポート番号を指定する

①PORTでIPアドレスと待ち受けポート番号を指定する

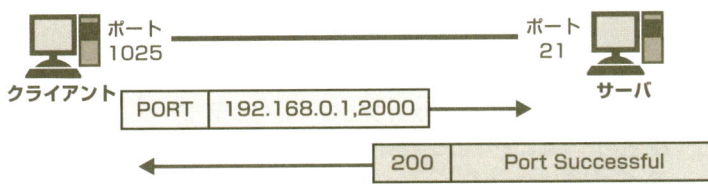

クライアント(ポート1025) → サーバ(ポート21)
PORT 192.168.0.1,2000 →
← 200 Port Successful

本当のPORTコマンドは、8ビットごとにカンマが入る。　PORT 192,168,0,1,7,208

192,168,0,1の部分→IPアドレス(192.168.0.1)

7,208の部分→ポート番号(16ビット)を先頭8ビット、後半16ビットに分け、それぞれ10進数にしている
つまり 7(0000 0111)+208(1101 0000)=2000(0000 0111 1101 0000)

②PORTコマンドで指定されたポート番号へサーバから接続する

クライアント(ポート1025) — サーバ(ポート21)
クライアント(ポート2000) ← サーバ(ポート20)
スリーウェイハンドシェイク

🎓 そうだ。だが、それについてはもう2つコマンドが必要なのでまた先で話すとして（P266参照）、ここではデータコネクションのポイントについて説明しよう。まず、**データコネクションはファイル/ファイル一覧1つで1本使う**。つまり、1回使ったらデータコネクションはすぐに切断される。

🐧 1回こっきりの使い捨て、ってことですか？ 2つのファイルを転送したい場合、1つ目のデータコネクションと2つ目のデータコネクションの2本いる？

🎓 そうだ。通常は1つ目のファイルのデータコネクションの確立と切断、2つ目のファイルのデータコネクションの確立と切断、というように連続して行う。

●パッシブオープン

さて、データコネクションの2番目のポイントは、さっきも話した「サーバ側からスリーウェイハンドシェイクを行いデータコネクションを確立する」ということだ。これが実は結構な問題になる。何が問題かというと、**セキュリティ機器との問題**だ。

セキュリティ機器？　どんなセキュリティ機器ですか？

ファイアウォールだ。ファイアウォールはファイアウォールの外側からの接続を禁止することによって、内側の機器のセキュリティを守る。つまり、**ファイアウォールがあると外側にあるサーバからデータコネクションを確立できない**ということになる。(*1)（図41-2）

ん、ん〜〜と。サーバ側がPORTコマンドによって指定されたIPアドレス・ポート番号の機器にデータコネクションを確立しようとすると、外部からのコネクションの接続＝不正なアクセスとみなされる？

そうだ。内部から外部のサーバへのコネクションの確立は問題ないが、逆の外部から内部へのコネクションの確立は「内部ネットワークを守る」ために禁止される。出て行くのはかまわんが、入ってくるのはいかん、ということだ。

でも、そうするとFTPができなくなってしまいますよ？　データコネクションが確立されないことには、ファイルが転送できないんですから。

うむ。よって、**パッシブオープン**というものを使う。パッシブオープンは通常サーバ側から確立するデータコネクションを、**クライアント側から確立する**というしくみだ。(*2)

クライアント側からの確立なら、ファイアウォールも許してくれるんですよね。「出て行く」形になりますから。

うむ、そのとおり。データコネクションを確立するため、通常は「PORT」コマンドで通知を行うところ、パッシブオープンではPORTの代わりに「**PASV**」コマンドを送る。そうするとサーバ側が、待ち受けているIPアドレスとポート番号を通知してくる。（図41-3）

(*1) ファイアウォール【FireWall】　防火壁。通常インターネットと組織のネットワークの境界に配置され、インターネットから組織のネットワークへの不正なアクセスを防ぐ。

図41-2 FTPとファイアウォール

ファイアウォールは外部からの接続（スリーウェイハンドシェイク）を禁止する

①ファイアウォールは内部ネットワークを不正なアクセスから守ります。そのため、内部ネットワークから外部への接続は許可しますが…

クライアント　ポート1025　内部　ファイアウォール　外部　ポート80　サーバ

内部ネットワークの機器からのスリーウェイハンドシェイクは許可する

②外部から内部ネットワークへの接続は禁止し、内部へアクセスできないようにしています。

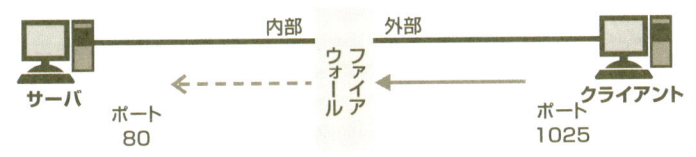

サーバ　ポート80　内部　ファイアウォール　外部　ポート1025　クライアント

外部ネットワークの機器からのスリーウェイハンドシェイクは禁止する
（一番最初のSYNが禁止され、コネクションが確立されない）

③よって、内部クライアントから接続が行われる制御コネクションは確立されますが…

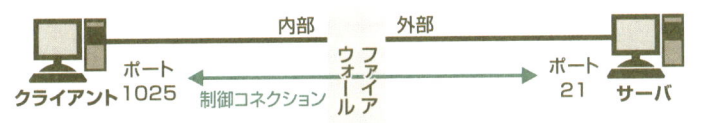

クライアント　ポート1025　制御コネクション　内部　ファイアウォール　外部　ポート21　サーバ

④PORTコマンド後にクライアントが待ち受けていても、ファイアウォールが外部からのコネクションの確立を禁止するので、データコネクションが確立されません

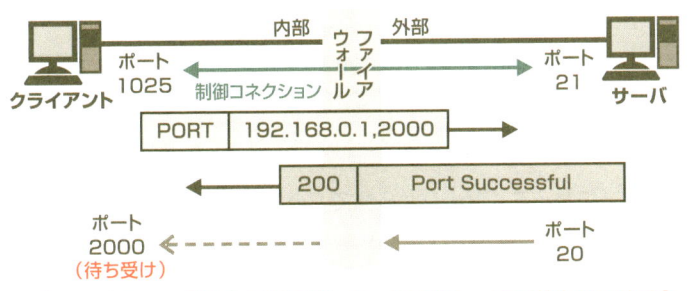

クライアント　ポート1025　制御コネクション　内部　ファイアウォール　外部　ポート21　サーバ

PORT　192.168.0.1,2000 →
← 200　Port Successful

ポート2000（待ち受け） ←------ ← ポート20

データコネクション確立のためのスリーウェイハンドシェイクが禁止されてしまう

図41-3 パッシブオープン

データコネクションをクライアント側から確立する

①PASVを送信すると、サーバはIPアドレスと待ち受けポート番号を通知してきます。

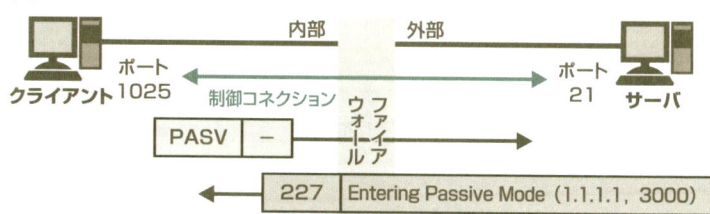

クライアント ポート1025 ― 制御コネクション ― ポート21 サーバ
内部／外部／ファイアウォール
PASV →
← 227 Entering Passive Mode (1.1.1.1, 3000)

②クライアント側からサーバの待ち受けているポートへコネクションの確立を行います。これは内部からの接続になるので、ファイアウォールに禁止されません。

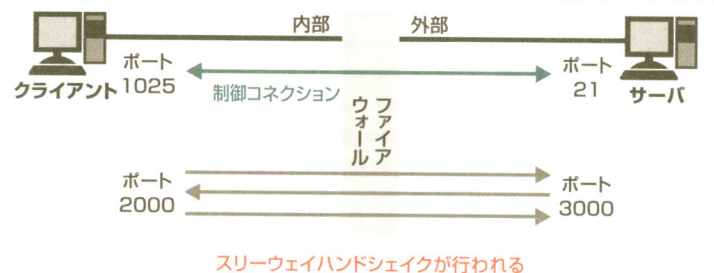

クライアント ポート1025 ― 制御コネクション ― ポート21 サーバ
内部／外部／ファイアウォール
ポート2000 ←→ ポート3000

スリーウェイハンドシェイクが行われる

🐧 ふむふむ。PASVへのレスポンスとして通知してきたIPアドレスとポート番号に対し、クライアント側からデータコネクションの確立を行う、と。確かにこの方法ならファイアウォールがあってもデータコネクションが確立されますね。

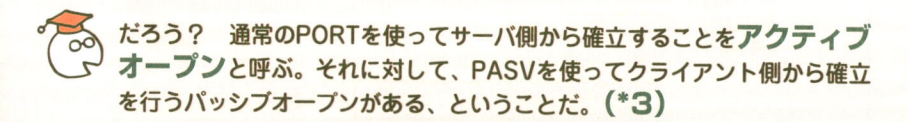

🎓 だろう？ 通常のPORTを使ってサーバ側から確立することを**アクティブオープン**と呼ぶ。それに対して、PASVを使ってクライアント側から確立を行うパッシブオープンがある、ということだ。**(*3)**

🐧 ははぁ。これって「サーバから見て」のネーミングですよね。サーバが確立する「アクティブ」と、サーバが確立される「パッシブ」。

第41回 データコネクションの確立

そうなるな。ただ、パッシブオープンを使わなくても大丈夫なファイアウォールもある。クライアントがPORTコマンドをサーバに送ってファイアウォールを通過する時に、「FTPのアクティブモードが実行されている」と判断して、サーバからのデータコネクションの確立を許す、というしくみになっている。

はー、FTPだけ特別扱いしてくれるんですか？ これだとアクティブ、パッシブをいちいち考えなくていいですね。

うむ、そういうことだ。FTPの事情を最初からファイアウォール側が加味してくれているわけだ。
では次回もデータコネクションがらみの話だ。

いぇっさー。3分間DNS基礎講座でした〜♪

(*2) パッシブオープン【Passive Open】 もしくは「パッシブモード」と呼ぶ。
(*3) アクティブオープン【Active Open】 もしくは「アクティブモード」と呼ぶ。

> ネット君の今日のポイント
>
> ●ログイン後にPORTコマンドでデータコネクションを確立する。
> ●データコネクションは1ファイルごとに確立・切断される。
> ●データコネクションをサーバ側から行うのがアクティブオープン。
> ●クライアント側から行うのがパッシブオープン。
> ●パッシブオープンはPORTの代わりにPASVを使う。

○月○日
晴
ネット君

第42回
データタイプと
データ転送

●データタイプ

> 前回、データコネクションの確立の説明をしたが、実をいうとその前に**運ぶデータの形式**を通知しておかなければならない。これを**データタイプ**と呼ぶ。

> データタイプ？　どんな形式があるんですか？

> データタイプには4種類存在するが、実際に使われるのは2種類だけだ。**ASCII**と**イメージ**の2種類だ。

> ASCIIって、NVT-ASCIIのASCII、つまり英数字文字ですよね。イメージって、画像ですか？

> ふむ、順番に説明しよう。まずASCIIタイプ。これは名前のとおりNVT-ASCIIを使用して**文字データを転送する**時に使うタイプだ。DTPが文字コードに合わせて変換してくれるのがASCIIタイプだ。

> ふむふむ。文字データ。ってことはテキストファイルとか、MicrosoftのWordファイルとかですか？

> あー、Wordファイルは違う。ASCIIタイプは本当に文字データだけの場合に使う。テキストファイルやHTMLファイルなどだな。Wordファイルは文字データ以外にもWordで使われている制御データが入っているからな。

> あぁ、そういえばそうですね。ん〜っと、じゃあWordファイルみたいに文字データ以外も含むファイルを転送したい場合はどうするんですか？

第42回　データタイプとデータ転送

🎓 その場合に使うのがイメージタイプだ。**データのビット列をそのまま転送する**タイプだ。イメージというと「画像」という考えを持つが、そうではなくて文字データのように変換しない、変換すると困るファイルの場合に使うのがイメージタイプだ。

🐧 ASCIIタイプではDTPが文字コードにあわせて変換するけど、変換しないで送信するのがイメージタイプ。画像だけじゃないんですね？

🎓 うむ。つまり一部のテキストファイルだけがASCIIタイプで、そのほかはすべてイメージタイプ、と覚えておくとよい。(図42-1)

🐧 なるほどなるほど。文字を送るか、ビットを送るかって感じですかね。

🎓 まぁ、文字も実際はビットだが、考え方としては間違ってない。そして、データコネクションを確立する前に、その**データコネクションで使用するデータタイプをTYPEコマンドで指定する**。ASCIIなら「TYPE A」、イメージなら「TYPE I」という形だな。

🐧 データコネクションを確立する前？　ってことは、「TYPE」コマンドを実行してから、「PORT」「PASV」ってことですか？

🎓 そういうことだ。説明の都合上、PORT/PASVを先に説明したが、実際はTYPE、PORT/PASVの順だな。

●データ転送

🎓 さて、データタイプを指定し、データコネクションを確立したらいよいよ、実際のデータ転送だ。データコネクションを使って転送されるものには2種類、動作は3種類あった。なんだった？

🐧 え～～～と、ファイル一覧かファイルを転送するんですよね。動作は「ファイル一覧の取得」「ファイルの保管」「ファイルの取得」の3つかな？（P253参照）

🎓 うむうむ、いいぞネット君、その通り。まず「ファイル一覧の取得」から説明しよう。これは現在ログインしている**サーバのフォルダのファイル一覧**を取得するコマンドだ。**LIST**または、**NLIST**コマンドを使う。(図42-2)

図42-1 ASCIIタイプとイメージタイプ

文字データを変換して送信するASCIIタイプと、ビットをそのまま送信するイメージタイプ

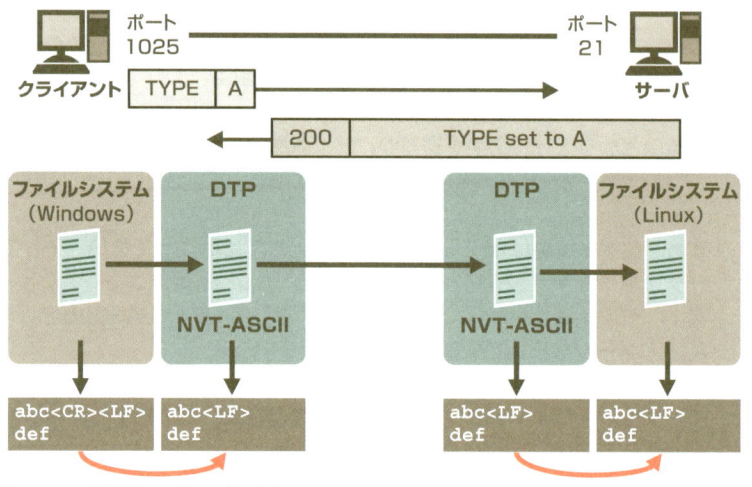

ASCIIタイプでの転送の場合

クライアント ポート1025 → サーバ ポート21
TYPE A →
← 200 TYPE set to A

ファイルシステム(Windows) → DTP NVT-ASCII → DTP NVT-ASCII → ファイルシステム(Linux)

abc\<CR>\<LF>def → abc\<LF>def → abc\<LF>def → abc\<LF>def

Windowsの改行コードである\<CR>\<LF>をNVT-ASCIIの改行コード\<LF>に変換している

NVT-ASCIIの改行コードである\<LF>をLinuxの改行コード\<LF>に変換している（実際には変換なし）

イメージタイプでの転送の場合

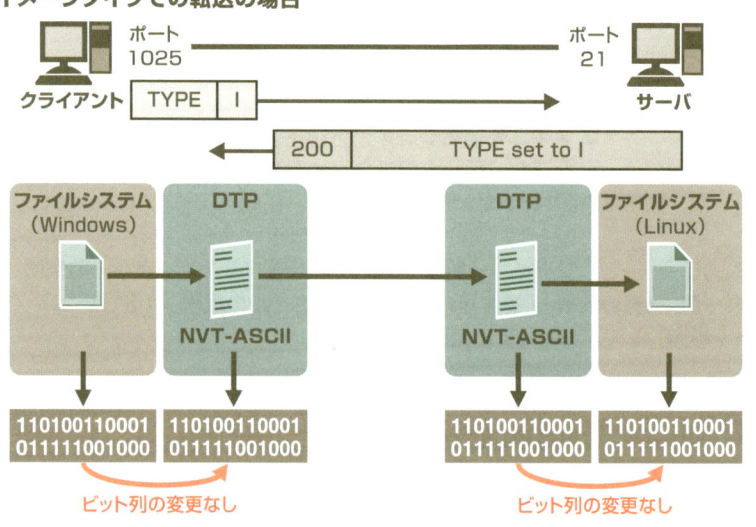

クライアント ポート1025 → サーバ ポート21
TYPE I →
← 200 TYPE set to I

ファイルシステム(Windows) → DTP NVT-ASCII → DTP NVT-ASCII → ファイルシステム(Linux)

110100110001 011111001000 → 110100110001 011111001000 → 110100110001 011111001000 → 110100110001 011111001000

ビット列の変更なし　　　　　ビット列の変更なし

第42回　データタイプとデータ転送

図42-2　ファイル一覧の取得

LISTまたはNLISTコマンドでファイル一覧を取得する

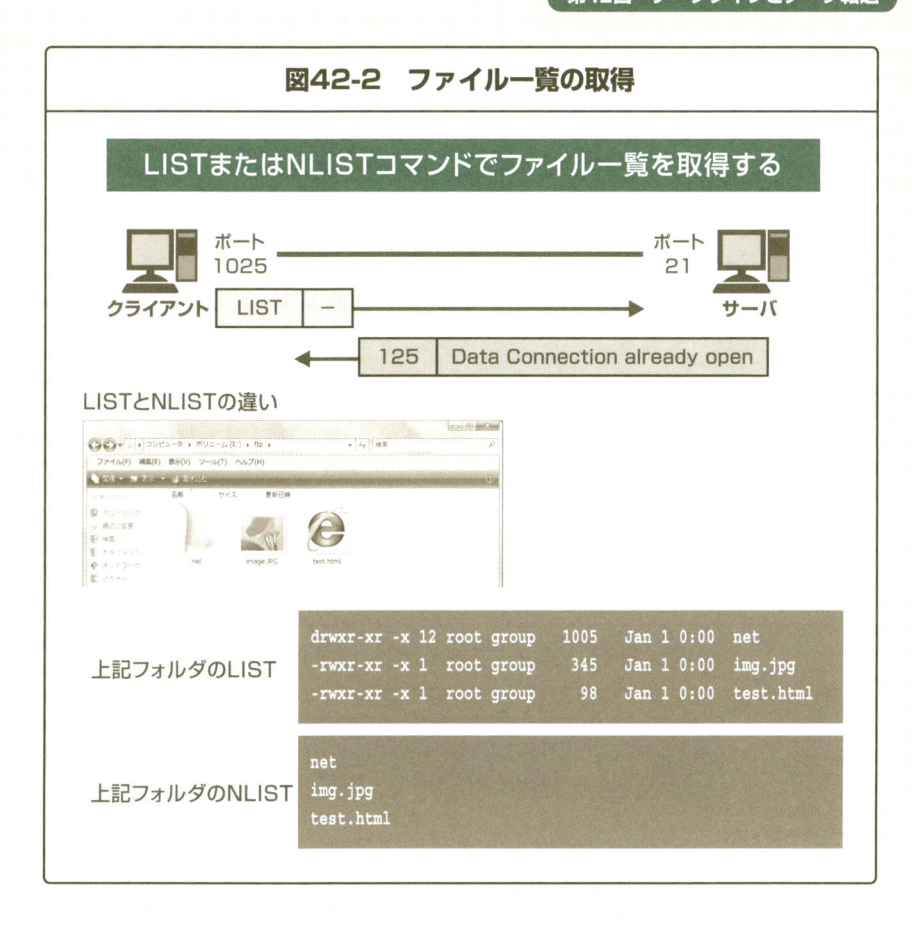

クライアント ポート1025 → サーバ ポート21
LIST —
← 125 Data Connection already open

LISTとNLISTの違い

上記フォルダのLIST
```
drwxr-xr-x 12 root group   1005  Jan 1 0:00  net
-rwxr-xr-x  1 root group    345  Jan 1 0:00  img.jpg
-rwxr-xr-x  1 root group     98  Jan 1 0:00  test.html
```

上記フォルダのNLIST
```
net
img.jpg
test.html
```

🐥 ん？　どう違うんですか？

🧙 LISTは「ファイル名とその情報」たとえば、更新日時とかファイルサイズなども取得できる。NLISTは「ファイル名」だけの取得だな。これを、ASCIIタイプでデータコネクションを確立してから取得する。

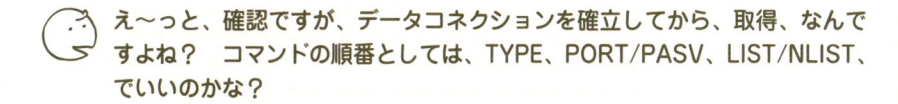

🐥 え〜っと、確認ですが、データコネクションを確立してから、取得、なんですよね？　コマンドの順番としては、TYPE、PORT/PASV、LIST/NLIST、でいいのかな？

🧙 うむうむ、あってるぞ。次は「ファイルの保管」「ファイルの取得」だな。ファイルの保管、つまり「クライアントからサーバへファイルを送る」。ファイルの取得は「サーバからクライアントへファイルを送る」だ。このためのコマンドが「**STOR**」と「**RETR**」だ。

🐱 すいません、どっちがどっちですか？

🎓 あぁ、ちょっとわかりにくいか。**保管がSTOR、取得がRETR**だ。保管する［Store］と、回収する［Retrieve］だな。このコマンドを送るときに、ファイル名を指定すると、そのファイルが保管/取得される。

🐱 ははぁ、これもやっぱりデータコネクション確立後、ですよね？ TYPE、PORT/PASV、STOR/RETRですね。

🎓 そうだ。ここでのポイントは、データ転送の終了のレスポンスだ。例として、保管で説明するが、例えばとあるファイル、3min.txtをサーバから取得するとする。「RETR 3min.txt」というコマンドをサーバに送る。そうすると？

🐱 そうすると？ データコネクションで3min.txtを転送するんじゃないですか？

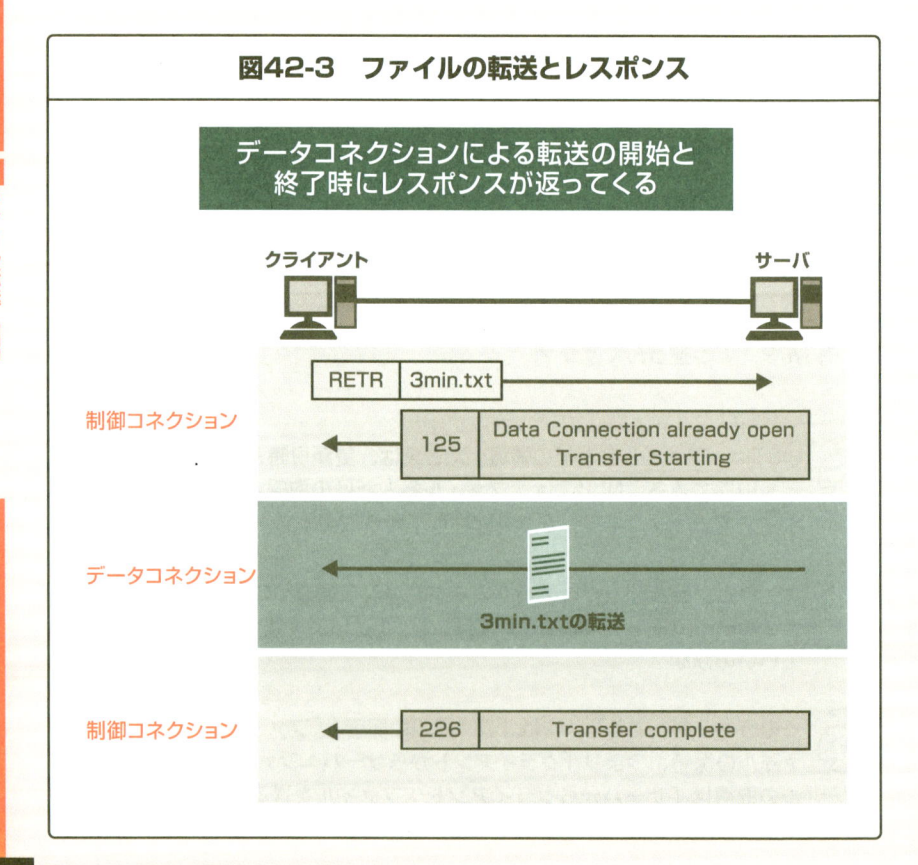

図42-3　ファイルの転送とレスポンス

データコネクションによる転送の開始と
終了時にレスポンスが返ってくる

制御コネクション	クライアント → サーバ： RETR 3min.txt
	サーバ → クライアント： 125 Data Connection already open Transfer Starting
データコネクション	3min.txtの転送（サーバ → クライアント）
制御コネクション	サーバ → クライアント： 226 Transfer complete

いや、そのまえに「転送を開始します」というレスポンスがある。そうして3min.txtを全部転送し終わり、データコネクションが切断されると、制御コネクションで、「転送終了」というレスポンスが返される、という順番になる。(図42-3)

ん〜、なんか当たり前っぽい気がしますが…。

ここで説明したかったのは、RETRコマンド、レスポンス、データ転送ではなく、RETRコマンド、レスポンス、データ転送、レスポンスの順だ、ということだ。**データコネクションによるデータ転送の開始と終了でレスポンスが送信される**ということだな。

あぁ、そういう意味ですか。なるほど、了解しました。

さてさて、これで主要なFTPコマンドは説明したが、あと少し残っている。それはまた次回だな。

はいはい。3分間DNS基礎講座でした〜♪

ネット君の今日のポイント

- データコネクションで転送するデータのファイルタイプを決定するのがTYPEコマンド。
- 文字データを転送するASCIIとビット列を転送するイメージがある。
- データコネクションではファイル一覧またはファイルを転送する。
- ファイル一覧はLIST/NLISTコマンドを使う。
- ファイルの転送はSTOR/RETRを使う。

第43回 ファイル転送の動作

●ディレクトリ操作

さて、ここまでのところでFTPコマンドを説明してきたが、残ったのが**ディレクトリの操作**関係のコマンドだ。FTPはファイル転送、つまりファイルを保管したり取得したりする。このファイルのサーバの配置場所を**ワーキングディレクトリ**と呼ぶ。(*1)

ワーキングディレクトリ。クライアントからサーバへ転送したファイルの保管場所であり、サーバから取得するファイルの場所でもあるわけですね。

そうだ。そこに新しく別のディレクトリ(フォルダ)を作ったり、削除したり、作ったフォルダに移動したり、ということをしたい。ファイルの削除もあるな。そのためのコマンドがある、ということだ。

ふむふむ。ディレクトリの作成、削除、変更。ファイルの削除、と。

これらを行うのが、「MKD」「RMD」「CWD」「CDUP」「DELE」「PWD」などのコマンドだ。それぞれ「ディレクトリの作成」「ディレクトリの削除」「ディレクトリ移動」「上位ディレクトリへ移動」「ファイル削除」「現在のディレクトリ確認」だな。(図43-1)

へぇ、こういうファイル転送以外のしくみもちゃんとある、ってことですね。

そういうことだ。ここで覚えておくべきポイントはCDUP、つまり上位のディレクトリへの移動だ。ユーザはFTPでログオンすると、サーバによって設定されたフォルダがワーキングディレクトリとなる。このログオン直後のワーキングディレクトリは**ホームディレクトリ**と呼ばれる。

(*1) ワーキングディレクトリ [Working Directory] 作業用ディレクトリ(フォルダ)の意味。

図43-1 ディレクトリ操作

サーバ側のワーキングディレクトリの変更、ディレクトリの追加・削除などを実行できる

QUITを送信すると、制御、データどちらのコネクションも切断される

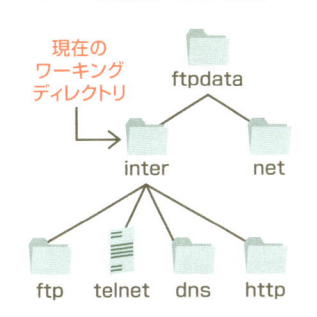

（現在のワーキングディレクトリ → inter）
ftpdata / inter, net / ftp, telnet, dns, http

実行されるコマンド	結果
CDUP	ワーキングディレクトリがftpdataになる
CWD ftp	ワーキングディレクトリがftpになる
MKD http	httpディレクトリが作成される
RMD dns	dnsディレクトリが削除される
DELE telnet	telnetファイルが削除される
PWD	現在のワーキングディレクトリが表示される(/ftpdata/inter)

🐥 ログイン直後のワーキングディレクトリがホームディレクトリ。ユーザにとって基準となるディレクトリですね。

🎓 それでだ。**ホームディレクトリより上のディレクトリへの移動はできない**。ホームディレクトリでCDUPコマンドを送っても、それより上へは上がれない、ってことだ。
これはセキュリティの問題だ。たとえば、WindowsでC:¥ftpdata¥interがホームディレクトリだったとする。ここから、「CDUP」「CDUP」「CWD Windows」ってコマンドを実行するとどうなる？

🐥 えっと、CDUPが2回だから、「C:¥」になって。そこから「CWD Windows」だから、C:¥Windowフォルダがワーキングディレクトリになりますね。

🎓 そう、Windowsのシステムファイルが入っているディレクトリだ。このディレクトリでFTPが行われたりすると、重要なファイルを上書きされたり、削除されたりする可能性がある。そして、他のユーザのディレクトリに対しても、同じことができてしまう。これはセキュリティ的にまずいだろう。**(図43-2)**

🐥 う～ん、確かに。そんなことができれば、他人のファイルを見放題、システム壊し放題ですね。

図43-2　ホームディレクトリ

ユーザの基準となるディレクトリがホームディレクトリ
ホームディレクトリより上位のディレクトリには移動できない

セキュリティが考慮されていない場合

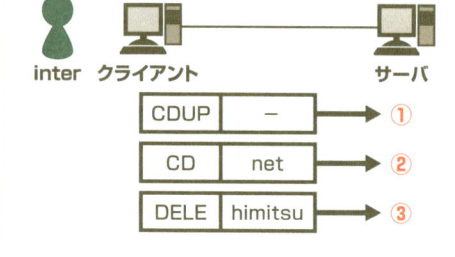

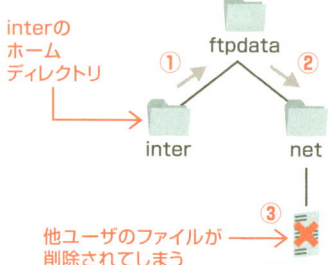

inter クライアント ── サーバ

CDUP	－	→ ①
CD	net	→ ②
DELE	himitsu	→ ③

interの
ホーム
ディレクトリ

ftpdata
├─ inter ①
└─ net ②
   └─ himitsu ③

他ユーザのファイルが
削除されてしまう → ✗

セキュリティが考慮されている場合

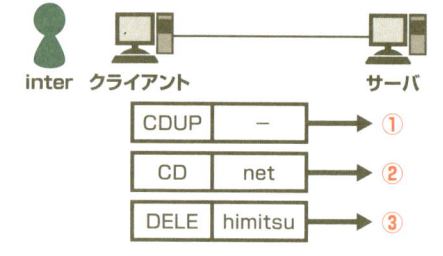

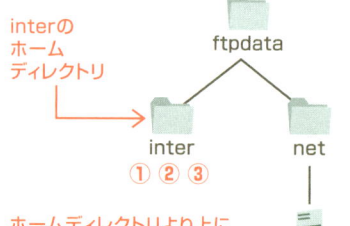

inter クライアント ── サーバ

CDUP	－	→ ①
CD	net	→ ②
DELE	himitsu	→ ③

interの
ホーム
ディレクトリ

ftpdata
├─ inter　①②③
└─ net
   └─ himitsu

ホームディレクトリより上に
移動できないので
エラーか何も起きない

🎓 そういうことができないよう、通常はホームディレクトリより上にCDUPできないのだよ。まぁ、たまに設定ミスでできてしまうのを見かけることもあるがな。

●FTPの動作

🎓 さてさて、FTPについて主要なコマンドは説明し終わった。バラバラに話してきたので、つながりがいまいちわかりづらいと思うので、例をあげてFTPの動作を説明していこう。そうだな、ホームディレクトリにある3min.txtファイルをアクティブオープンで取得するとしよう。まず最初は何かね？

😀 え〜〜〜と、サーバの21番ポートに対してTCPで接続して、制御コネクションを確立します。

そうだ。まずそれがスタートだな。制御コネクションが確立されたら、次は認証だ。「USER」と「PASS」でユーザIDとパスワードを送り、アカウントを確認する。そうしたら、次はそうだな、ワーキングディレクトリのファイル一覧を入手しよう。

そうなると、ファイル一覧はデータコネクションで転送されるので、データコネクションの確立ですね。ファイル一覧はASCIIモードですので、「TYPE A」。アクティブオープンなので「PORT」コマンドで自分のIPアドレスと待ち受けポート番号を通知します。

よしよし。そうしたら、サーバが待ち受けポート番号に対しTCPで接続してデータコネクションを確立する。確立したら「LIST」コマンドを制御コネクションで送信する。そうするとデータコネクションでファイル一覧が転送されてくる。次は3min.txtファイルの取得だ。

データコネクションは1回の転送で切断されてしまうので、またデータコネクションを確立します。「TYPE A」「PORT」で、先ほどと同じようにIPアドレスと待ち受けポート番号を通知します。

サーバ側から待ち受けポート番号に対し、TCPで接続、データコネクションの確立だ。今回はファイルの取得なので、「RETR 3min.txt」と制御コネクションで送る。

データコネクションで3min.txtが送られてきて、データコネクションが切断されて。「QUIT」で制御コネクションを切断して、おしまいです。**(図43-3)**

うむうむ。FTPの基本的な流れはこのようになる。**2つのコネクションによるファイル転送**ということがよくわかるだろう？

そうですね、コマンドを送る「制御コネクション」と、データを送る「データコネクション」。この2つをうまく使ってる感じですね。

さてさて。この講座もそろそろ終わりが近づいてきたが。今回の講座では、「DNS」「TELNET」「FTP」という3つのプロトコルを説明した。この3つは現在のインターネットの「基盤」と「原型」という大事なプロトコルだ。

DNSは「名前解決」を使い、現在のインターネットの基盤となってますよね。TELNETとFTPは「リモートログイン」「ファイル転送」というネットワークの基本中の基本のプロトコルってことですね。

図43-3 FTPの一連の動作

基本的なFTPの動作を理解しよう

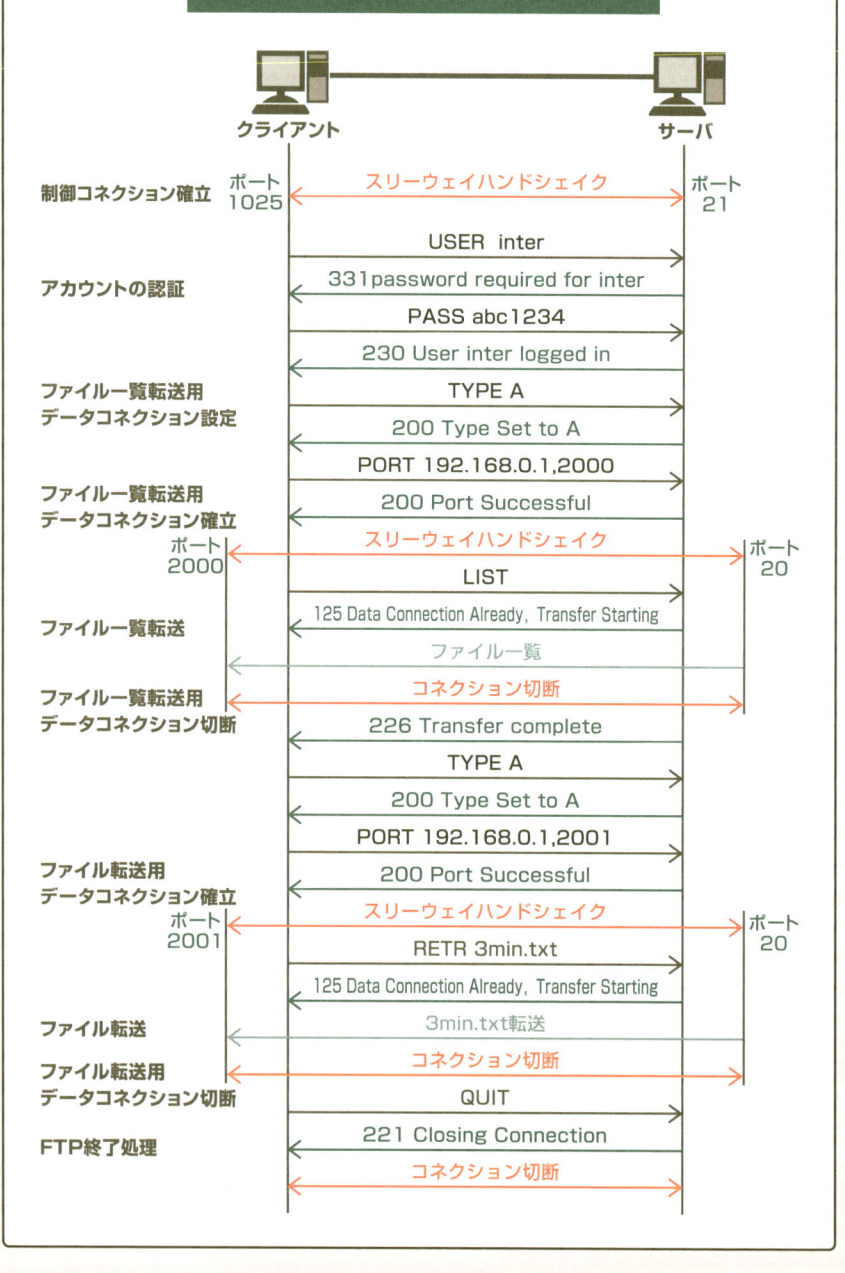

クライアント		サーバ

動作	クライアント側	通信内容	サーバ側
制御コネクション確立	ポート1025	スリーウェイハンドシェイク	ポート21
アカウントの認証		USER inter	
		331 password required for inter	
		PASS abc1234	
		230 User inter logged in	
ファイル一覧転送用データコネクション設定		TYPE A	
		200 Type Set to A	
		PORT 192.168.0.1,2000	
ファイル一覧転送用データコネクション確立		200 Port Successful	
	ポート2000	スリーウェイハンドシェイク	ポート20
		LIST	
ファイル一覧転送		125 Data Connection Already, Transfer Starting	
		ファイル一覧	
ファイル一覧転送用データコネクション切断		コネクション切断	
		226 Transfer complete	
		TYPE A	
		200 Type Set to A	
		PORT 192.168.0.1,2001	
ファイル転送用データコネクション確立		200 Port Successful	
	ポート2001	スリーウェイハンドシェイク	ポート20
		RETR 3min.txt	
		125 Data Connection Already, Transfer Starting	
ファイル転送		3min.txt転送	
ファイル転送用データコネクション切断		コネクション切断	
		QUIT	
FTP終了処理		221 Closing Connection	
		コネクション切断	

第43回 ファイル転送の動作

そういうことだ。この3つのプロトコルは正直言って今のインターネットでは目立たない。DNSは裏方だし、TELNET/FTPは過去のものとして扱われてさえいる。HTTPやSMTPのように表立って使われてはいない。だが、だからといって大事じゃないわけじゃない、ということだ。

特にDNSなんか、裏方仕事ですけど、めちゃくちゃ大事ですよね。なんといってもインフラなんですから。

そうだ。それにTELNET/FTPは現在のプロトコルの原型とも言えるプロトコルで、これを知っておくと新しいプロトコルのしくみの理解が早まる。どうして今回の講座が「DNS」「TELNET」「FTP」という3つのプロトコルに絞って説明しているかわかったかね？

なんていうんですか？　インターネットの裏側というか、しくみを理解するため？

そうだな、そうとらえておくとよい。この3つのプロトコルはインターネットやネットワークのしくみを理解するためにもっとも役立つプロトコルと言えるだろう。それを学ぶことにより、ネットワークのしくみ、使われているプロトコルに対する理解を促すとか、なんとかそういう理由だ。

わかったようなわかんないような言い方ですね。

ま、何事も勉強だ。がんばるように。ではこの講座はこれにて終了。

わっかりました！！　ありがとうございます！！
3分間DNS基礎講座でした～。またどこかで会おうね～。

ネット君の今日のポイント

●FTPではディレクトリの作成、削除、変更。ファイルの削除などができる。

●ホームディレクトリより上位のディレクトリへ移動できるようにするとセキュリティの問題が発生する。

ネット君の まとめノート その①

すべての名前を持つホストが存在する木構造＝「ドメイン名前空間」

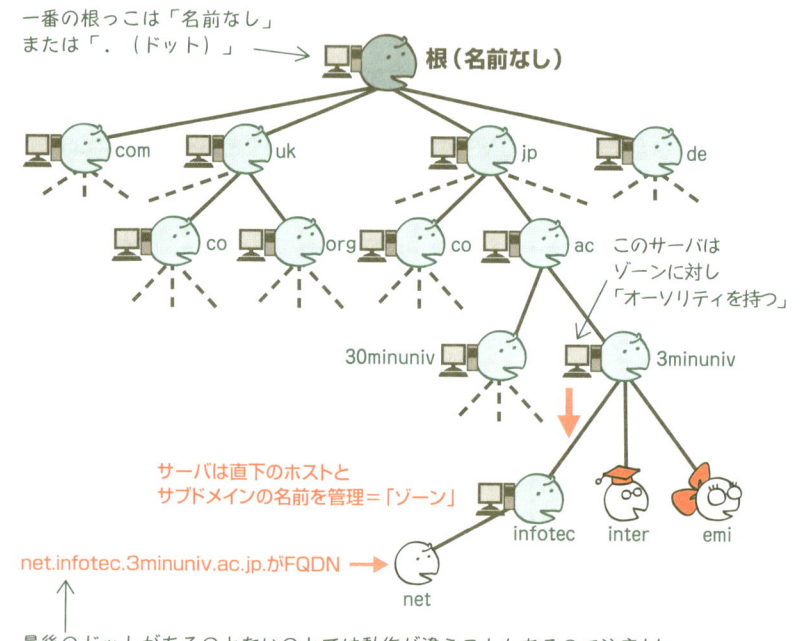

一番の根っこは「名前なし」または「．（ドット）」→ 根（名前なし）

com / uk / jp / de

co / org / co / ac

このサーバはゾーンに対し「オーソリティを持つ」

30minuniv / 3minuniv

サーバは直下のホストとサブドメインの名前を管理＝「ゾーン」

infotec / inter / emi

net.infotec.3minuniv.ac.jpがFQDN → net

最後のドットがあるのとないのとでは動作が違うこともあるので注意！！

- ●ドメイン名前空間
  - ーすべてのホストとドメインが存在する
  - ードメイン名前空間の根からすべてのホストを探し出せる
- ●ゾーンとオーソリティ
  - ーサーバはドメインに配置される
  - ーサーバは直下のホストとサブドメインを管理
  - ーサーバはゾーンに対しオーソリティを持つ
- ●FQDN
  - ー名前を葉から根へ順番に前から並べたものがFQDN

ネット君の まとめノート その②

ゾーンの情報を記述するのが「リソースレコード」

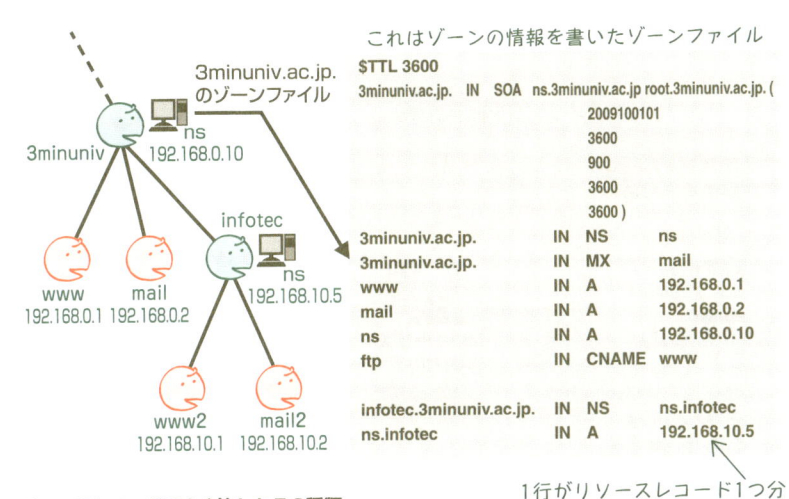

```
これはゾーンの情報を書いたゾーンファイル
$TTL 3600
3minuniv.ac.jp.    IN   SOA   ns.3minuniv.ac.jp root.3minuniv.ac.jp. (
                                  2009100101
                                  3600
                                  900
                                  3600
                                  3600 )

3minuniv.ac.jp.          IN   NS      ns
3minuniv.ac.jp.          IN   MX      mail
www                      IN   A       192.168.0.1
mail                     IN   A       192.168.0.2
ns                       IN   A       192.168.0.10
ftp                      IN   CNAME   www

infotec.3minuniv.ac.jp.  IN   NS      ns.infotec
ns.infotec               IN   A       192.168.10.5
```

3minuniv.ac.jp. のゾーンファイル
ns 192.168.0.10
3minuniv
www 192.168.0.1
mail 192.168.0.2
infotec
ns 192.168.10.5
www2 192.168.10.1
mail2 192.168.10.2

1行がリソースレコード1つ分

リソースレコードでよく使われる6種類

A	NS	MX	CNAME	SOA	PTR
名前とIPアドレスの対応	ドメイン名とオーソリティのサーバ	ドメインのメール交換ホスト	別名	オーソリティの情報。ゾーン転送で使う	逆引き用。IPアドレスと名前を対応

- ゾーンの情報は、リソースレコードと呼ばれるデータで記述される
- リソースレコード
  - Aレコード…名前とIPアドレスの対応を記述する
  - NSレコード…ドメインとドメインにオーソリティを持つサーバを記述する
  - MXレコード…ドメインのメール転送ホスト（メールを受け取るサーバ）を指定する
  - CNAMEレコード…ホストに別の名前をつける
  - SOAレコード…ドメインのオーソリティを示す。ゾーン転送に使用する値を設定する
  - PTRレコード…逆引きに使用する。Aレコードの逆

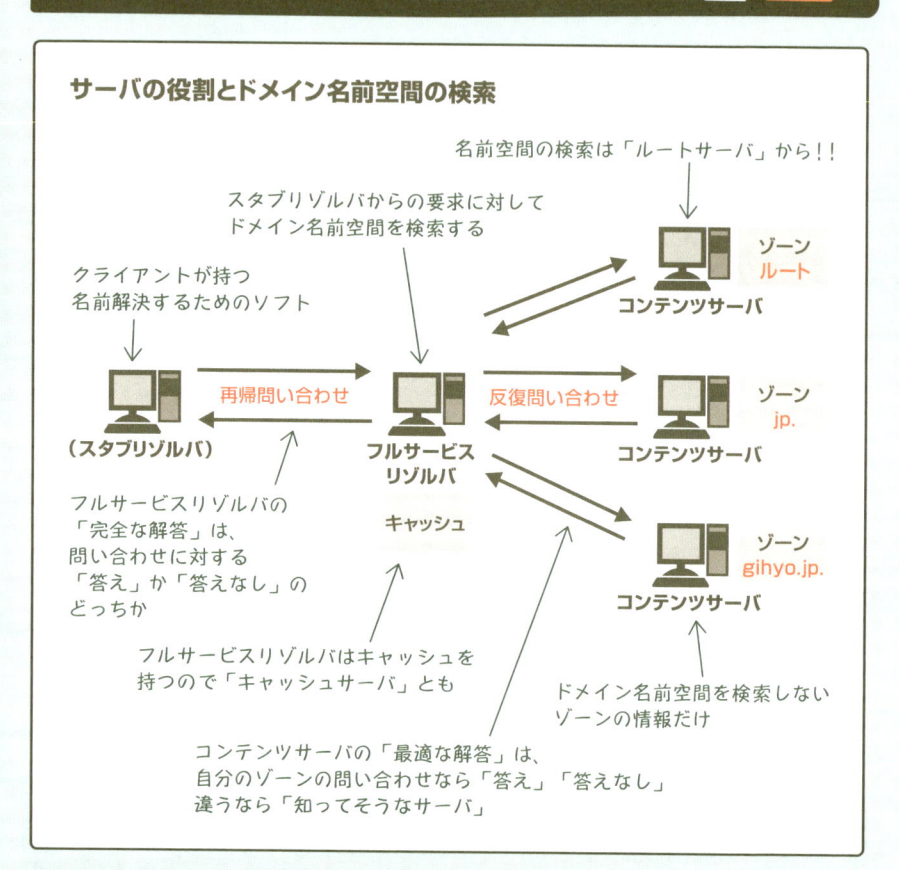

ネット君の まとめノート その③

サーバの役割とドメイン名前空間の検索

名前空間の検索は「ルートサーバ」から！！

スタブリゾルバからの要求に対して
ドメイン名前空間を検索する

クライアントが持つ
名前解決するためのソフト

（スタブリゾルバ） ←再帰問い合わせ→ フルサービスリゾルバ ←反復問い合わせ→ コンテンツサーバ（ゾーン ルート）

フルサービスリゾルバ
キャッシュ

コンテンツサーバ（ゾーン jp.）

コンテンツサーバ（ゾーン gihyo.jp.）

フルサービスリゾルバの「完全な解答」は、問い合わせに対する「答え」か「答えなし」のどっちか

フルサービスリゾルバはキャッシュを持つので「キャッシュサーバ」とも

コンテンツサーバの「最適な解答」は、自分のゾーンの問い合わせなら「答え」「答えなし」違うなら「知ってそうなサーバ」

ドメイン名前空間を検索しないゾーンの情報だけ

● DNSソフト、サーバの役割
- スタブリゾルバ…クライアントが持つ問い合わせを行うソフト。ブラウザなどの要求により問い合わせする
- フルサービスリゾルバ…スタブリゾルバからの要求に対し、ドメイン名前空間の検索を行い「完全な解答」を返す。応答のキャッシュも行うので「キャッシュサーバ」の役割も持つ
- コンテンツサーバ…ドメイン名前空間の検索を行わない。ゾーン以外の問い合わせに対しては「知っていそうなサーバ」を通知する。ルートサーバなど

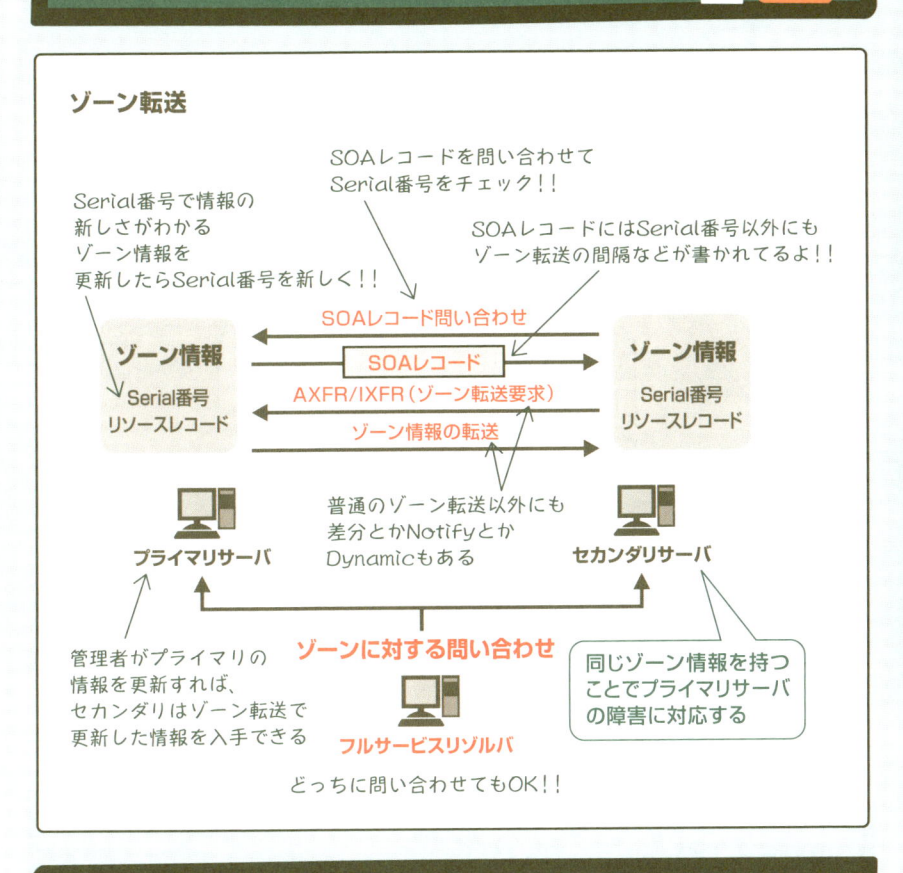

ネット君の まとめノート その④

ゾーン転送

Serial番号で情報の新しさがわかるゾーン情報を更新したらSerial番号を新しく!!

SOAレコードを問い合わせてSerial番号をチェック!!

SOAレコードにはSerial番号以外にもゾーン転送の間隔などが書かれてるよ!!

ゾーン情報 ← SOAレコード問い合わせ → **ゾーン情報**
- Serial番号
- リソースレコード

SOAレコード
AXFR/IXFR（ゾーン転送要求）
ゾーン情報の転送

- Serial番号
- リソースレコード

プライマリサーバ — **セカンダリサーバ**

普通のゾーン転送以外にも差分とかNotifyとかDynamicもある

管理者がプライマリの情報を更新すれば、セカンダリはゾーン転送で更新した情報を入手できる

ゾーンに対する問い合わせ

フルサービスリゾルバ

同じゾーン情報を持つことでプライマリサーバの障害に対応する

どっちに問い合わせてもOK!!

- ●障害に対応するため、ネームサーバを複数用意し、同じ情報を持たせる
  - プライマリサーバのゾーン情報をセカンダリサーバにコピーする（ゾーン転送）
  - SOAレコードでゾーン転送を制御
    - ・Serial番号が情報の新しさ
    - ・Refresh、Retry、Expireでゾーン転送の間隔を制御
  - 自動で更新するDynamic Update
  - 変更分だけを転送する差分ゾーン転送
  - 変更をプライマリサーバ側から通知するNotify

ネット君の まとめノート その⑤

TELNET（リモートログイン）

サーバとクライアントの差異をなくす
「コンピュータ」と「端末」のエミュレータがNVT

```
クライアント ── TELNETソフト ── NVT ──────── NVT ── TELNETソフト ── サーバ
```

クライアントの画面　　キー入力　　　　　　　　　　　　　　　サーバが受け取った情報
`C:\>dir`

d	→	d	TCPヘッダ	IPヘッダ	→
i	→	i	TCPヘッダ	IPヘッダ	→
r	→	r	TCPヘッダ	IPヘッダ	→
<enter>	→	<enter>	TCPヘッダ	IPヘッダ	→

`C:\>dir`

TELNETはTCP／23番を使って、1文字ずつデータを送信する

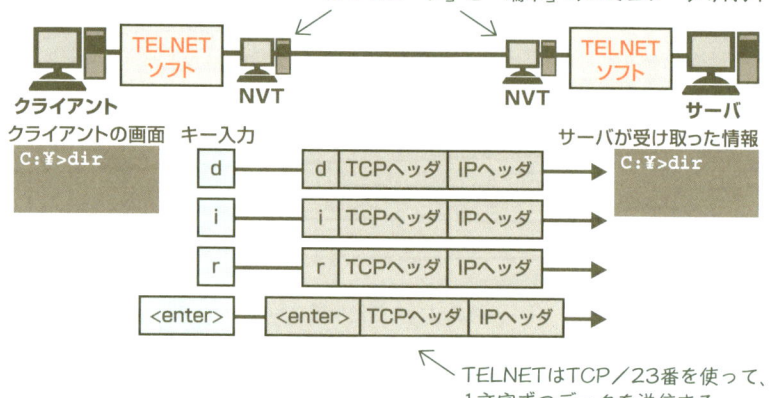

TELNETはネットワークの基礎！！

リモートログインで「サーバを操作する」＝「サーバの資源を使う」
これって、「サーバに命令することができる」ってことだから、他のWebやメールだって結局は「サーバに命令」してるんだから同じだよね。で、TELNETはこれらの「原型」ってことらしい

- ●リモートログイン（TELNET）
  - ーネットワークを間に挟んで、クライアントからサーバへ「ログイン」するためのプロトコル
  - ーログインすることにより、サーバを操作できる
  - ー仮想的な端末（NVT）を使う
  - ーTELNETはTCPを使い、文字を1文字づつ送る
  - ー制御文字やコマンドを利用することで、特殊な動作も可能
- ●TELNETは多くのプロトコルの原型
  - ーTELNETは「サーバに命令をする」ことができる
  - ーTELNETソフトを使って、Webやメールを行うこともできる（＝TELNETが原型だから）

ネット君の まとめノート その⑥

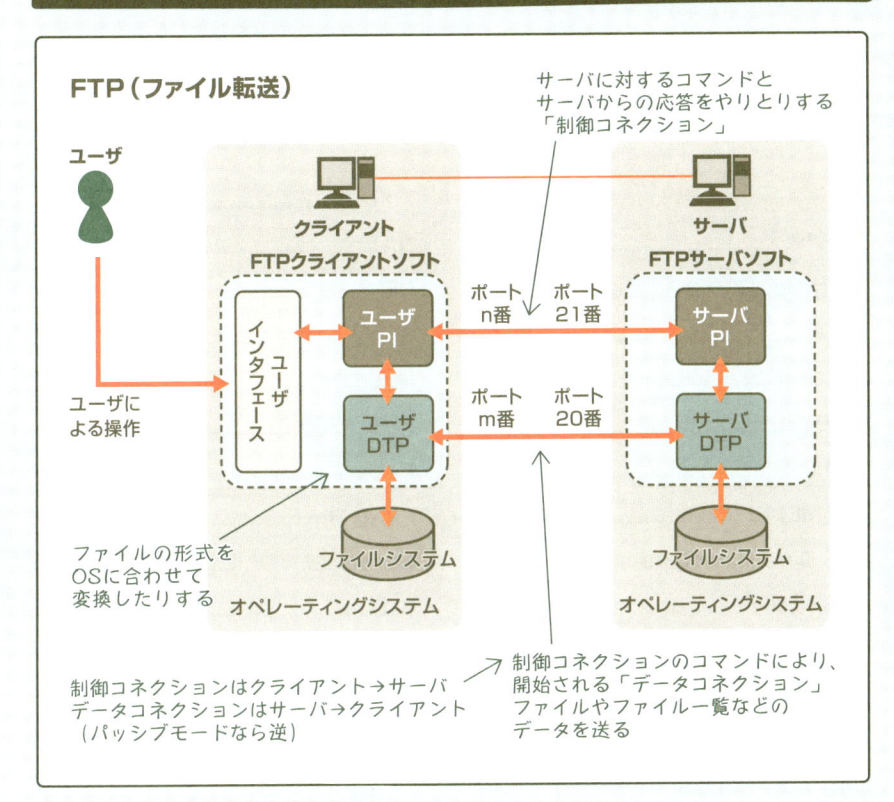

FTP（ファイル転送）

- サーバに対するコマンドとサーバからの応答をやりとりする「制御コネクション」
- クライアント：FTPクライアントソフト
  - ユーザインタフェース
  - ユーザPI（ポートn番 ⇔ ポート21番）
  - ユーザDTP（ポートm番 ⇔ ポート20番）
  - ファイルシステム
  - オペレーティングシステム
- サーバ：FTPサーバソフト
  - サーバPI
  - サーバDTP
  - ファイルシステム
  - オペレーティングシステム

ファイルの形式をOSに合わせて変換したりする

制御コネクションはクライアント→サーバ
データコネクションはサーバ→クライアント
（パッシブモードなら逆）

制御コネクションのコマンドにより、開始される「データコネクション」
ファイルやファイル一覧などのデータを送る

- ●ファイル転送プロトコル（FTP）
  - ー2本のコネクションを使用する
  - ー制御コネクション…FTPコマンドとレスポンスをやりとりし、データのやりとりそのものを制御する
  - ーデータコネクション…データを運ぶためのコネクション。データ、ファイル一覧を送受信するときに開始される。使い捨てなのでデータ1つごとに開始
    - ・データコネクションはサーバからクライアントへコネクションを確立する（アクティブモード）
    - ・ファイアウォールなどでできない場合には、逆にクライアントからサーバへ確立する（パッシブモード）

索引

英字

TCP/IP 12
anonymousアクセス 257
AXFR 174
Aレコード 104
BIND 122
ccTLD 84
CNAMEレコード 106
DNS Dynamic Update 180
DNS Notify 186
DNSサフィックス 131
DNSヘッダ 153
DNSメッセージ 151
DNSラウンドロビン 106
DTP 248
FQDN 87
FTP 243
FTPコマンド 254
gTLD 84
Hosts 68
Hostsファイル 68
ICANN 25
IP 16
IPアドレス 16
IXFR 189
MXレコード 116
NAT 27
NFS 243
nslookup 202
NSレコード 110
NVT-ASCII 226
PI 248
PTRレコード 198
Serial 168
SLD 85
SMB 243
SOAレコード 166
TCP 34
TELNET 218
TELNET制御コマンド 230
TLD 84
TSIG 191
TTL 101
UDP 46
Well-Knownポート 31

あ行

アカウント 217
アクティブオープン 264

暗号化	191
ウィンドウサイズ	40
エスケープシーケンス	232
オーソリティ	95
オプション交渉	234

か行

回答セクション	153
確認応答	36
仮想端末	217
カプセル化	14
木構造	72
逆引き	155
キャッシュ	101
キャッシュサーバ	138
クライアント・サーバシステム	54
クリアテキスト	227
グローバルアドレス	25
権限委譲	113
コネクション	36
コンテンツサーバ	137

さ行

サーチパス	131
再帰問い合わせ	149
再送	37
サブドメイン	81
差分ゾーン転送	187
質問セクション	153

詳細デバックモード	208
スタブリゾルバ	130
スリーウェイハンドシェイク	36
スレーブサーバ	138
制御コネクション	250
正引き	155
セカンダリサーバ	167
セカンドレベルドメイン	85
セグメント	37
絶対ドメイン名	85
全二重通信	236
ゾーン	93
ゾーン情報	93
ゾーン転送	167
ゾーンファイル	122

た行

代替ネームサーバ	134
タイプ	99
端末	217
端末エミュレータ	222
データコネクション	250
データタイプ	266
トップレベルドメイン	84
ドメイン	74
ドメイン名前空間	74
ドメイン名	62

な行

名前解決 62
ネームサーバ 92
ネガティブキャッシュ 169
ネットワークアドレス 24
ネットワーク仮想端末（NVT）...... 223

は行

パッシブオープン 262
ハッシュ関数 191
半二重通信 236
反復問い合わせ 150
ピアツーピアシステム 54
ファイアウォール 125
ファイル転送 243
フォワーダサーバ 138
プライベートアドレス 27
プライマリサーバ 167
フルサービスリゾルバ 136
プレフィックス長 23
ブロードキャスト 47
プロトコル群 12
分散型データベース 72
ヘッダ 14
ポート番号 30
ホームディレクトリ 272

ま・や行

マウント 245

マルチキャスト 47
メール交換ホスト 116
優先ネームサーバ 132

ら・わ行

リソースレコード 98
リモートエコー 237
リモートログイン 216
ルータ 18
ルーティング 16
ルートサーバ 142
ルートヒント 144
レジストラ 80
レジストリ 79
レスポンスコード 254
ローカルエコー 237
ログイン 217
ワーキングディレクトリ 272

■著者略歴

網野 衛二（あみの えいじ）

文系大学卒業後、紆余曲折してコンピュータ系の専門学校の講師として、ネットワークの構築・管理・授業を行っている。また、Web サイト「Roads to Node」の管理人として、「3 分間 Networking」というネットワーク講座を公開しており、その他にも雑誌や Web サイトなどにネットワーク系の連載を行っている。近著に「自分のペースでゆったり学ぶ TCP/IP」「3 分間ネットワーク基礎講座」「3 分間ルーティング基礎講座」（技術評論社）がある。

カバーデザイン ● デジカルデザイン室
カバーイラスト ● マルイチ
本文デザイン ● 株式会社 ユニゾン
DTP ● 株式会社 ライラック

■お問い合わせについて

本書の内容に関するご質問は、下記の宛先まで FAX または書面にてお送りいただくか、弊社 Web サイトの質問フォームよりお送りください。お電話によるご質問、および本書に記載されていない内容以外のご質問には、一切お答えできません。あらかじめご了承ください。

〒162-0846　東京都新宿区市谷左内町 21-13
株式会社技術評論社　書籍編集部
「3 分間 DNS 基礎講座」質問係
FAX：03-3513-6167
技術評論社 Web サイト：https://book.gihyo.jp/

なお、ご質問の際に記載いただいた個人情報は質問の返答以外の目的には使用いたしません。
また、質問の返答後は速やかに削除させていただきます。

3分間 DNS 基礎講座
ぶんかん ディーエヌエス き そ こうざ

2009 年 7 月 10 日　初版　第 1 刷　発行
2023 年 6 月 13 日　初版　第 8 刷　発行

著　者　　網野 衛二
　　　　　あみの えいじ
発行者　　片岡 巌
発行所　　株式会社技術評論社
　　　　　東京都新宿区市谷左内町 21-13
　　　　　電話　03-3513-6150　販売促進部
　　　　　　　　03-3513-6160　書籍編集部
印刷／製本　日経印刷株式会社

定価はカバーに表示してあります。

本書の一部または全部を著作権法の定める範囲を越え、無断で複写、複製、転載、あるいはファイルに落とすことを禁じます。

©2009　網野 衛二

造本には細心の注意を払っておりますが、万一、落丁（ページの抜け）や乱丁（ページの乱れ）がございましたら、弊社販売促進部へお送りください。送料弊社負担でお取り替えいたします。

ISBN978-4-7741-3863-3 C3055
Printed In Japan